TRIZ创新方法
案例集

张晓晖　刘小兰　卢尚工　主　编
赵　洁　佟　翔　刘百顺　副主编
梁成刚　主　审

化学工业出版社
·北京·

内容提要

本教材是《创新方法与创新思维》的配套教材，是 TRIZ 理论的实际应用案例集。所选的 16 个案例来源于实际的技术改造和革新项目，案例内容涉及机械、电气、能源、电力、化工、冶金等领域。每个案例按照“问题引入”“问题分析”“知识链接”“问题解决”来描述。

本教材适合作为高职高专机电一体化、电气自动化、机械制造与设计、电厂热能动力装置、风力发电技术等专业学生创新创业指导类课程的教材。

图书在版编目（CIP）数据

TRIZ 创新方法案例集 / 张晓晖，刘小兰，卢尚工主编. —北京：化学工业出版社，2020.7(2022.7 重印)
ISBN 978-7-122-36845-4

Ⅰ.①T… Ⅱ.①张… ②刘… ③卢… Ⅲ.①创造性思维-高等职业教育-教学参考资料 Ⅳ.①B804.4

中国版本图书馆 CIP 数据核字（2020）第 080259 号

责任编辑：刘　哲　　装帧设计：王晓宇
责任校对：盛　琦

出版发行：化学工业出版社（北京市东城区青年湖南街 13 号　邮政编码 100011）
印　　装：涿州市般润文化传播有限公司
787mm×1092mm　1/16　印张 11¼　字数 265 千字　2022 年 7 月北京第 1 版第 2 次印刷

购书咨询：010-64518888　　售后服务：010-64518899
网　　址：http://www.cip.com.cn
凡购买本书，如有缺损质量问题，本社销售中心负责调换。

定　　价：35.00 元

前言

在国家全面实施创新驱动发展的战略背景下，高校创新教育被赋予了为社会培育大批有创新意识、创新思维和创新能力的高素质人才的重要责任，这就要求高校创新教育必须寻求专业教育作为依托，在专业教育中培植新的增长点和发展方向。专业教育正是通过与创新教育的结合，进一步激发了传统专业教育的新活力。高校人才培养模式全面变革，通过专业教育—通识教育—创新教育的发展过程，培养出既有专业知识又能充分协作，且能够创新性地解决问题的高级人才。

包头轻工职业技术学院作为教育部首批全国创新创业50强高校及全国创新创业示范校，近几年在创新创业教育中，尤其是专创融合过程中取得了显著成效，创新教育教学团队成员在专创融合教育教学过程中，不断探索，形成了基于TRIZ创新方法与能源类、机械类专业课程教学融合的典型案例。为了将该教学成果进行推广，本书整理了部分专创融合案例，以供读者在创新教育与专业教育教学中借鉴参考。

本教材是《创新方法与创新思维》的配套教材，是TRIZ理论的实际应用案例集。所选的16个案例来源于实际的技术改造和革新项目，案例内容涉及机械、电气、能源、电力、化工、冶金等领域，每个案例按照“问题引入”“问题分析”“知识链接”“问题解决”来描述。本教材案例强调TRIZ理论的具体应用方法，对于所获得的方案的可行性不做验证，侧重于方法的讲解和传授。

本教材适合作为高职高专机电一体化、电气自动化、机械制造与设计、电厂热能动力装置、风力发电技术等专业学生创新创业指导类课程的教材。

担任本书主编的是包头轻工职业技术学院教师张晓晖、刘小兰和卢尚工，包头轻工职业技术学院教师赵洁、佟翔、刘百顺担任副主编。

本书绪论由卢尚工编写；案例一、案例二由刘小兰、王玮编写；案例三由卢玉峰编写；案例四由刘百顺编写；案例五由赵洁、张晓晖编写；案例六、案例十一、案例十五由张晓晖编写；案例七由刘娜编写；案例八由宋飞燕编写；案例九、案例十由卢尚工编写、案例十二由刘艳春编写；案例十三、案例十四由王玮编写；案例十六由佟翔、丁丽娜编写。内蒙古金属材料研究所侯永亮，包头市东华热电有限公司白海峰，内蒙古包钢钢联股份有限公司巴润矿业分公司张同杰，包头轻工职业技术学院教师赵馨、邓莎莎、曹静宇、班淑珍、王彩英、张玉杰、巩真、刘利平、张晓燕、曹琳、靳玮和武学宁等提供了部分案例。本书由包头轻工职业技术学院梁成刚教授主审，在编写过程中提出了许多宝贵意见。

本书的编写工作得到了科技部创新方法工作专项项目《内蒙古高职高专院校创新方法教育、研究、协同推广机制研究 2017IM010600》的资助，在这里一并表示感谢！

由于编者水平有限，书中难免存在不足之处，欢迎读者指正！

编者

2020 年 3 月

目录

Design Sketch

Design Sketch

案例十五
一种柴油型汽车燃油预热装置
158

案例十六
防止风力发电机组齿轮传动系统断齿
163

附录
168

参考文献
170

TRIZ

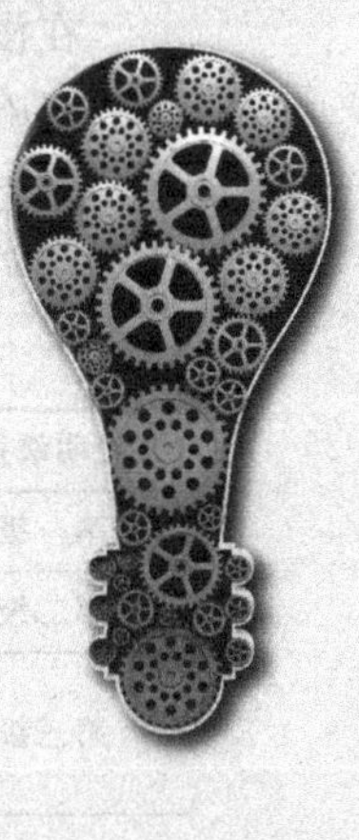

绪论

什么是创新？创新的意义是什么？

创新是人类社会发展的基本动力，是一个民族进步的灵魂，是一个国家兴旺发达的不竭源泉。我国把创新驱动发展战略作为国家重大战略，置于国家发展全局的核心位置。21 世纪，对于我们来说，树立创新意识，掌握创新方法，提高创新能力，是时代赋予我们的使命。

通俗地讲，创新（innovation）是指创造新鲜事物，并使之能够产生效益。创新存在于社会生活的方方面面，如技术创新、产品创新、制度创新、管理创新、观念创新等。发明创造（invention and creation）是创新活动的主要内容之一。人类的发明创造，促进了科学技术的发展和人类文明的进步，提高了社会生产力，改善了人们的生活。例如电子计算机的发明提高了信息的处理速度，互联网的发明则加速了人类信息的交流，智能手机（图 0-1）将电脑、网络和电话的功能融为一体，成为我们生活不可或缺的一部分，它的发明改变了我们的生活方式。

图 0-1　智能手机

在漫漫的历史长河中，产生了不计其数的发明创造。这些发明创造有的给人类带来了巨大的影响，比如我国古代的四大发明；有的只是一些小的革新。为了对这些发明创造的水平、获得发明所需要的知识以及发明创造的难易程度有一个量化的了解，人们把这些发明创造划分了五个等级（表 0-1）。

表 0-1 发明创造的等级划分

发明级别	创新程度	知识来源	比例
第一级	对系统简单的改进或仿制	个人的知识和经验	32%
第二级	对系统某一个组件进行了改进，系统功能得到改善	本专业的知识和方法	45%
第三级	对系统的多个组件进行了改进，系统功能得到极大提升	本学科多专业的知识和方法	18%
第四级	对系统进行了原理性的改进，系统功能得到根本性的提高	多学科的知识和方法	4%
第五级	全新的系统诞生	全新的发现	<1%

第一级发明是级别最低的发明，是对系统简单的改进、仿制或参数的调整，如锯的发明，水杯的发明，用大型拖车代替普通卡车，以实现运输成本的降低等。这类发明创造仅凭自己的知识和经验就能够实现，不需要太高的创造性，大约 32%的发明创造属于此类。

第二级发明属于小型发明，是指在解决一个技术问题的时候，对系统某一个组件进行了改进。这类问题的解决，主要采用的是本专业已有的知识和方法。例如，把自行车设计成可以折叠的；把斧头的手柄做成空心，便于存放钉子等。这类发明大约占发明总数的 45%。

第三级发明是对系统的多个组件进行了改进，改进的过程运用了本专业以外但仍属于一个学科的知识和方法。例如计算机鼠标、带离合器的电钻等。这类发明大约占发明总数的 18%。

第四级发明是采用全新的原理完成对现有系统基本功能的创新。这类发明通常需要多学科知识的交叉，主要是从科学底层的角度，而不是从工程技术的角度出发，充分挖掘和利用科学知识、科学原理来实现。例如内燃机代替蒸汽机，集成电路的发明等。这类发明大约占发明总数的 4%左右。

第五级发明属于重大发明，这类发明利用最新的科学原理、科学发现，导致一种前所未有的系统的诞生。例如计算机、蒸汽机、激光、晶体管、X 光透视技术等首次发明。这类发明大约占人类发明总数的 1%或更少。

创新需要方法吗？发明创造有没有方法？

早期的发明创造更多地依赖于个人的经验、艰辛的劳动以及获得的灵感。发明创造是发明家们不断地尝试着各种可能，在一次又一次的失败中积累经验，并承受着长期的迷茫与困惑，偶然之间“灵光一现”的结果。然而这种“灵光”并不是总能出现，有的人终其一生也没有结果。传说爱迪生在发明电灯泡时，曾经选用了 1600 多种灯丝材料，进行了 6000 多次试验才获得成功。难怪有人感叹：“发明是偶然顿悟的结果”“创新能力是上帝给予少数‘聪明人’的礼物”。艰辛的劳动虽然不能阻止发明家们前进的脚步，但是低下的发明效率和极高的创造成本远远不能适应现代社会科学技术的飞速发展。

创新需要科学的方法来指导。

目前共有三百多种创新方法与理论，其中人们公认体系最为完整、最为有效的方法当属TRIZ。

TRIZ是“发明问题解决理论”的俄文翻译转换成拉丁文以后各单词首字母的缩写。TRIZ是由苏联科学家和发明家根里奇·阿奇舒勒（G. S. Altshuller，1926—1998）于1946年创立的。阿奇舒勒通过对250万份专利进行研究，找到了发明创造所遵循的一些规律，抽象出了一系列解决发明问题的基本方法，这些方法可以普遍地适用于新出现的发明问题，帮助人们快速获得这些发明问题的最有效的解。这些规律和方法构成了TRIZ的基础。

阿奇舒勒的经典TRIZ的理论体系非常庞大，内容十分丰富，从基本理论、基本概念到问题的分析工具、解题工具以及解题的流程等，构成了一个相对完整的系统（图0-2）。

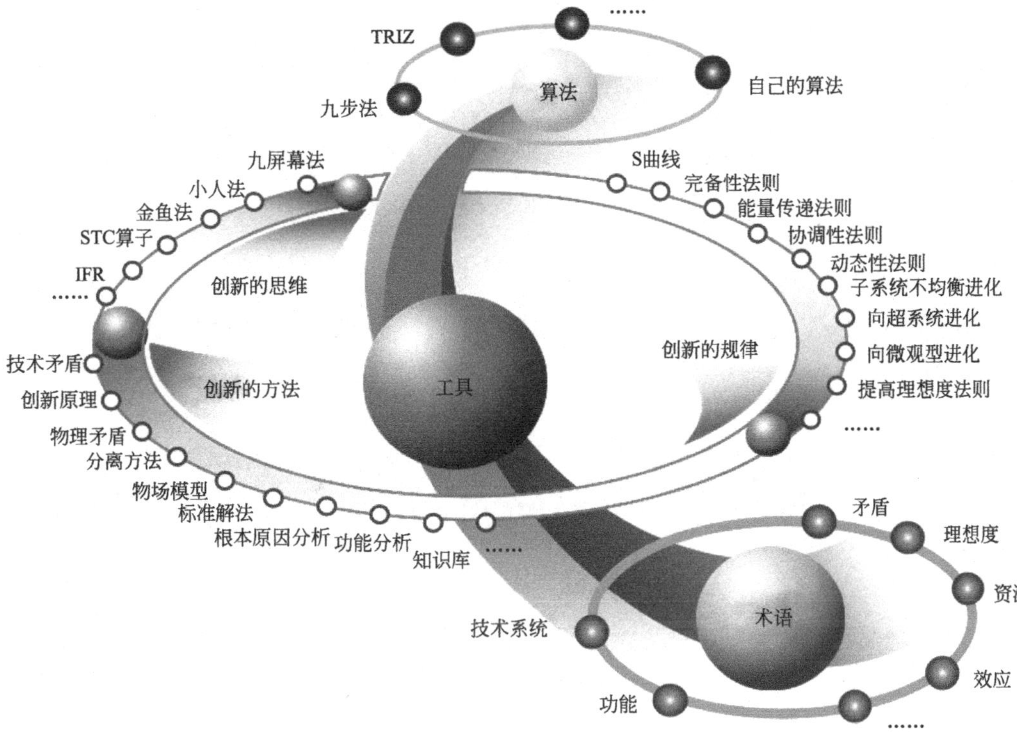

图0-2 TRIZ理论的体系框架

TRIZ理论认为：

① 在解决发明问题的实践中，人们遇到的各种矛盾以及相应的解决方案总是重复出现的；

② 用来彻底而不是折中解决技术矛盾的创新原理与方法，其数量并不多，一般科技人员都可以学习、掌握；

③ 解决本领域技术问题最有效的原理和方法，往往是来自其他领域的科学知识。

利用TRIZ可以解决一级到四级的发明问题，对于第五级的发明问题是无法利用TRIZ来解决的。TRIZ来源于发明专利，因此通常人们认为，TRIZ更擅长于解决技术领域的发明问题。

TRIZ起源于苏联，在苏联的军事、工业、航空航天等领域被广泛使用，发挥了巨大作用。1985 年以后，随着部分 TRIZ 专家移居到欧美等国，TRIZ 理论在全世界范围内开始传播，并得到了广泛应用，成为了现代企业制胜的法宝。我国于 20 世纪 90 年代中后期开始对 TRIZ 进行持续的研究和应用工作。进入 21 世纪，TRIZ 在我国已经逐步得到企业界和科技界的青睐，也受到了国家的高度重视。

实践证明，利用 TRIZ 理论可以大大加快人们发明创造的进程，获得高质量的创新产品。它能够帮助我们系统地分析问题，快速发现问题的本质或者矛盾，它能够帮助我们突破思维定式，以新的视角进行系统思维，并使用丰富的工具快速找到解决问题的方法，还能够根据技术进化规律预测未来发展趋势，帮助我们开发富有竞争力的产品。当然，作为一种科学的方法论，TRIZ 仍然需要在实践中不断地丰富和发展，从而焕发出强大的生命力。

案例一 基于TRIZ创新方法的平面连杆机构分析

机械创新设计一直是机械设计教学关注的重点，很多影响人类进步的重大发明都来自于灵光一现的机械发明。当传统的机械设计和 TRIZ 理论发生碰撞后，又会产生什么样的火花呢？通过实践教学改革，将 TRIZ 创新方法的基本理论与机械设计教学相结合，不仅可以将 TRIZ 理论以机械设计为载体进行了渗透，更可使机械设计基础课程教学内容得到升华，一方面调动学生的学习积极性，另一方面培养学生勤于思考、善于观察、乐于动脑的创新意识和发现问题、解决问题的创新能力。

1.1 问题引入——雨伞使用中存在的问题

1.1.1 雨伞的产生与发展

说到雨伞，首先我们先来了解一下雨伞的产生与发展。关于雨伞的发明有许多的说法，流传较广而又有文字记载的是鲁班（图 1-1）。

发现问题　　分析问题　　解决问题

图 1-1　鲁班造伞的传说

从前，世界上并没有伞，那时候，人们出门很不方便。夏天，顶着大太阳，皮肤被晒得火辣辣地痛。下雨天，衣服被淋得湿漉漉的。于是，鲁班就动起了脑筋，想要做个又能遮太阳又能挡雨的东西。他跟几个木匠先是造了个顶子尖尖的、四面用几根柱子撑着的亭子，可是亭子没办法总带在身上。要是能把亭子做得很小，让大家带在身上，该多好啊！

一天，天气热极了，他一边做工，一边抹汗。忽然看见许多小孩子“扑通扑通”跳到荷花塘里去玩水。过了一会儿，他们上岸来，都摘了一张荷叶，倒过来顶在小脑袋上。鲁班觉得挺好玩，就问他们：“你们头上顶着张荷叶干什么呀？”小孩子说：“鲁班师傅，您瞧，太阳像个大火轮，我们头上顶着荷叶，就不怕晒了。”

鲁班抓过一张荷叶来，仔细瞧了一瞧，荷叶圆圆的，上面有一丝丝叶脉，朝头上一罩，又轻巧，又凉快。鲁班心里一下亮堂起来，赶紧跑回家去，找了一根竹子，劈成许多细条，照着荷叶的式样扎了个架子；又找了块羊皮，把它剪得圆圆的，蒙在竹架子上。可他的妻子说：“不错，不错。不过，雨停了，太阳下山了，还顶着这个玩意儿走路，可就不方便啦。要是能把它收起来，那才好呢。”

鲁班听了很高兴，于是他跟妻子一起动手，把这玩意儿改成一个可以活动的东西，用着它，就把它撑开；用不着，就把它收拢起来。这就是今天人们所用的伞。

中国是世界上最早发明雨伞的国家，从发明之日到现在至少有 3500 年的历史。后魏时期，伞被用于官仪，老百姓将其称为“罗伞”。官阶高低不同，罗伞的大小和颜色也有所不同。皇帝出行要用黄色罗伞，以表示“荫庇百姓”，其实主要目的还是为了遮阳、挡风、避雨。伞在中国诞生之后，随着对外开放和交流的日益扩大，也就逐渐传到了国外。

1747 年，英国一位叫祖纳斯的商人到中国旅行，发现中国人打着油纸伞在雨中行走，雨停后把伞一收随身携带，甚为方便，回国时便买了一把。回去后不久，正逢一个雨天，他便撑开带回去的那把雨伞在伦敦街头行走。按当时英国的宗教传统认为：天上下雨是上帝的旨意，用伞遮住雨就是违反天意，是大逆不道的。祖纳斯因此受到嘲骂和诅咒，甚至有些人向他投掷鸡蛋。但是，雨伞的好处却人人可见，终于在一片反对声中逐渐盛行起来。到 19 世纪中叶，雨伞成了英国人的生活必备品，而且用伞也成了英国人的一种荣耀。

现如今，伞已不再是传统意义上仅为遮风挡雨所用，它的家族可谓子孙繁衍，款式众多。有置于案头、茶几上的灯罩伞，有直径达 2 米多的海滨浴场遮阳伞，有飞行员必备的降落伞，有折叠自如的自动伞，还有用于装饰的小小的彩色伞 …… 随着科学技术的发展和人们生活水平的提高，人们对伞的样式、功能的追求也在不断求新，因而一些多功能、新样式的伞不断被发明出来。如日本现在已出现了一种十分别致的伞，伞柄上装有收音机，伞一撑开，就可以听到优美的音乐。另外，日本人还针对通常的伞不能避免鞋子被雨淋湿的情况，发明了一种鞋伞。这种伞立于鞋尖，下雨时撑开就可以防止鞋子和脚被雨淋湿，但在伞不撑开时，它在鞋子的头部却是一种装饰。国外还有一种带香味的伞，伞一撑开，芬芳浓郁，可以想象得到，在雨中打着这种伞，心情是何等舒畅！

TRIZ先生出现了

雨伞的产生与发展过程，如图 1-2 所示，也是遵循 TRIZ 理论中关于解决技术难题的一般流程和技术系统进化的动态性进化法则的。

(1) 问题提出

夏天，人们顶着大太阳，皮肤被晒得火辣辣地痛。下雨天，衣服给淋得湿漉漉的。

(2) 初步解决方案及存在的问题

造了个顶子尖尖、四面用几根柱子撑着的亭子，可是亭子没办法总带在身上。

(3) 最终理想解

要是能把亭子做得很小，让大家带在身上，该多好啊!

(4) 分析问题

从小孩子头顶荷叶得到启发。

(5) 解决问题

鲁班找了一根竹子，劈成许多细条，照着荷叶的式样，扎了个架子；又找了块羊皮，把它剪得圆圆的，蒙在竹架子上。进而又把它改成一个可以活动的东西，用着它，就把它撑开；用不着，就把它收拢起来。

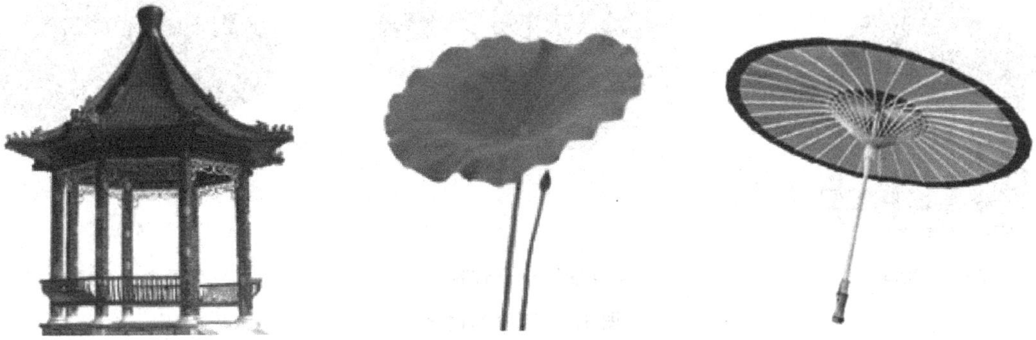

亭子　　荷叶　　雨伞

图 1-2　雨伞的产生

(6) 技术系统进化

TRIZ 理论三大核心问题：一个是 40 个发明原理，另一个是工程系统的进化趋势，还有就是科学效应库。通过对大量专利的分析，大量成功的产品或技术是遵循了一定的客观规律。将这些进化的趋势及规律进行总结，从而得出了技术发展的八大进化法则：

① 技术系统的 S 曲线进化法则；

② 提高理想度法则；

③ 子系统的不均衡进化法则；

④ 动态性和可控性进化法则；

⑤ 向超系统进化法则；

⑥ 子系统协调性进化法则；

⑦ 向微观级和增加场应用的进化法则；

⑧ 减少人工介入的进化法则。

动态性技术系统的进化应该沿着结构柔性、可移动性、可控性增加的方向发展，以适应环境状况或执行方式的变化。掌握“动态性和可控性进化法则”，有助于提高技术系统的高度适应性。“动态性和可控性进化法则”包括三个子法则：结构柔性、可移动性、可控性，比如结构柔性就是指任何产品都可以由刚体向场进行进化（图 1-3 和图 1-4）。

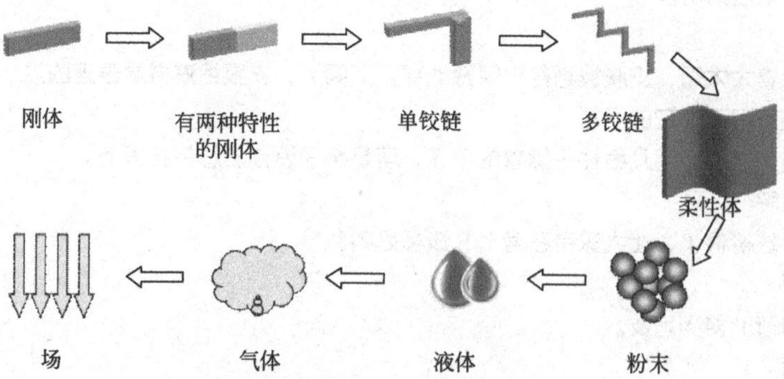

图 1-3 动态性进化法则

亭子——刚体

油布伞——单铰链

折叠伞——多铰链

图 1-4 雨伞的进化

1.1.2 传统雨伞使用中存在的问题

虽然雨伞有种种好处，可以为我们遮风挡雨，但传统雨伞在使用过程中也存在许多不尽人意的问题（图 1-5）：进门、进车收伞的时候，总要在外面淋几秒，躲了一路雨，瞬间湿身的感觉总不那么美好。进到车里后，湿漉漉的伞好像放哪儿都不合适，如果你粗心大意，随手一放，那极有可能沾湿重要的东西。下车时，还要再淋次雨……不仅如此，在人多拥挤的地方，开伞的时候也要小心翼翼，否则很容易戳到、误伤他人。如果下雨再遇上大风天，那根本就撑不住，打伞跟不打伞效果无异。有人想过种种问题的存在，是不是伞的结构设计有什么不合理的地方？那又该怎样改进呢？

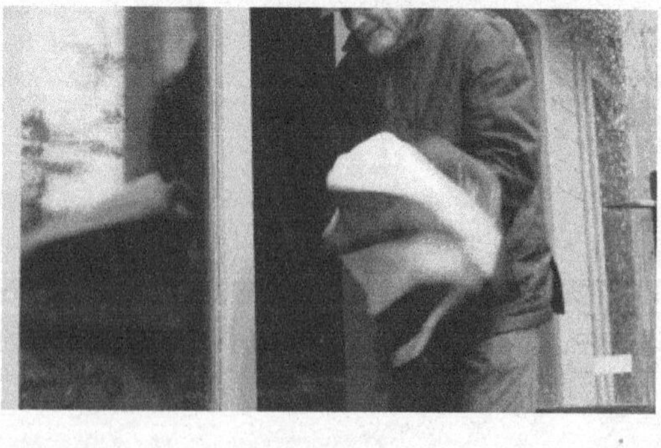

图 1-5 雨伞使用中存在的问题

1.2 问题分析——雨伞支撑机构的分析

想要对传统雨伞进行改进，首先让我们先来了解一下传统雨伞的结构组成。传统雨伞主要是由伞布、伞帽、支撑机构、伞扣开关等几部分组成（图 1-6）。支撑机构是雨伞的核心组成，主要是由伞柄、套筒、撑杆、伞骨等基本构件组成。伞柄与撑杆、伞骨组成一个三角形，当用力将伞收起来时，在向下力的作用下，伞骨与伞柄之间的夹角变小，伞被收拢起来。一旦将开关打开，被压缩的弹簧伸长，夹角增大，带动 AB 段伞骨向伞顶移动，伞自动打开，并因弹簧力量维持打开状态，直到用手再次拉回收伞，弹簧再受压缩准备下次打开。由此可以看出，雨伞支撑机构的主要功能就是支撑伞面张开，以实现遮挡雨水的功能。根据其工作原理，利用机构运动简图的绘制方法，我们可以绘制出雨伞支撑机构的机构运动简图（图 1-7）。通过机构简图可以看到，该机构是几个构件通过转动副或移动副连接而成，我们就把这种机构称之为平面连杆机构，下面我们先来认识一下平面连杆机构的类型、特点、应用及演化等相关知识。

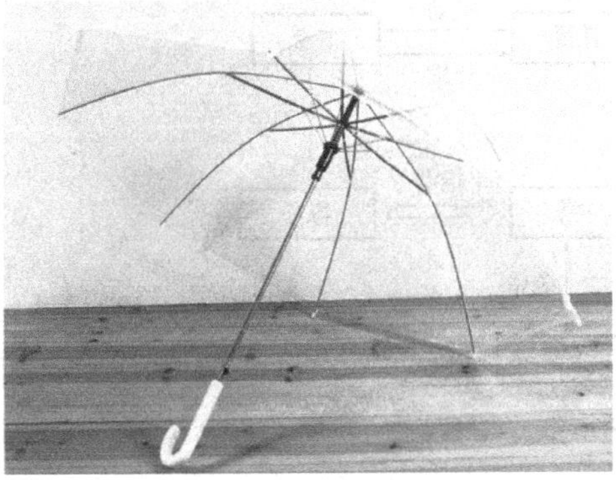

图 1-6 雨伞的基本组成

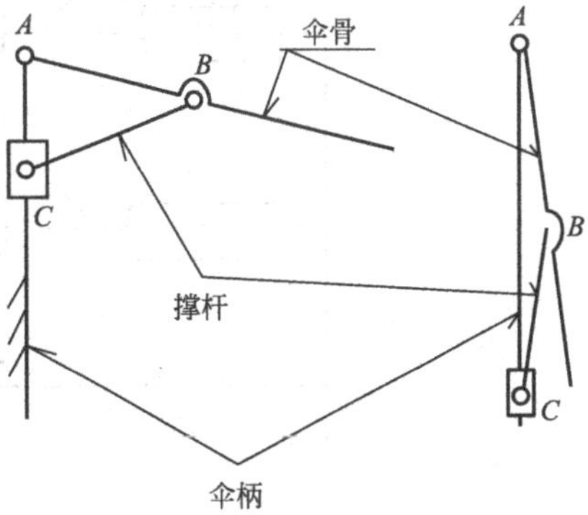

图 1-7 雨伞支撑机构运动简图

TRIZ先生出现了

分析雨伞的结构组成，有助于我们找到问题存在的原因。在 TRIZ 理论中，我们把这一过程称之为系统功能分析，在功能分析过程中先进行系统组件分析，根据系统组件之间的相互作用，进而构建系统的功能模型，在功能模型中即可反映出系统存在问题的地方。为了解决雨伞使用不便的问题，我们可以尝试运用 TRIZ 理论中系统功能分析的方法，来构建雨伞支撑机构的功能模型。

（1）系统组件分析

该系统组件主要包括伞骨、伞柱、铰链、套筒、弹簧、撑杆、开关、串盘丝、上盘、下盘等。其超系统组件有作用对象雨水、伞布、伞帽、伞扣、风、人（手）等。

（2）系统组件相互作用分析（表 1-1）

表 1-1 系统组件相互作用分析

	伞柱	撑杆	铰链	伞骨	下盘	上盘	套筒	弹簧	串盘丝	开关	伞面
伞柱		−	−	−	+	+	+	+	−	+	+
撑杆	−		+	+	+	−	−	−	+	−	−
铰链	−	+		+	−	−	−	−	+	−	−
伞骨	−	+	+		−	−	−	−	+	−	+
下盘	+	+	−	−		−	+	+	+	−	−
上盘	+	−	−	−	−		−	−	−	−	−
套筒	+	−	−	−	+	−		+	−	+	−
弹簧	+	−	−	−	+	−	+		−	−	−
串盘丝	−	+	+	+	+	+	−	−		−	−
开关	+	−	−	−	−	−	+	−	−		−
伞面	+	−	−	+	−	−	−	−	−	−	

（3）建立系统的功能模型（图 1-8）

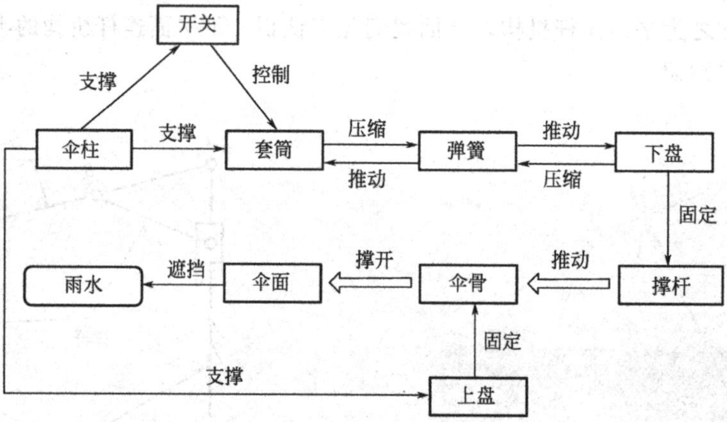

图 1-8 功能模型

（4）根原因分析

根据上述对问题初步分析的结果，运用根原因分析法可以发现，雨伞收伞不方便的原因，主要是因为其结构运动原理的限制，如图 1-9 所示。

针对这个原因，确定了问题的关键点：①雨伞体积大；②雨伞结构组成造成使用不便。针对问题的关键点，可以寻找该系统的最终理想解。

（5）最终理想解（IFR）分析

从前述所描述的问题及根原因分析过程可以发现，此问题产生的根本原因在于雨伞支撑机构各组成构

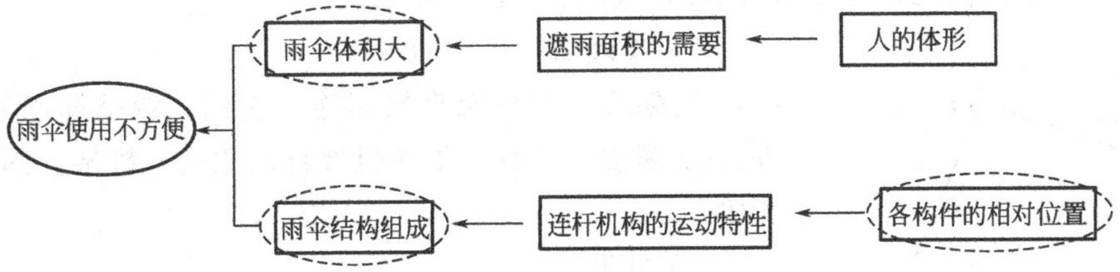

图 1-9 根原因分析树状图

件的相对位置不当，从而使其收拢和打开的过程中需要在比较宽敞的地方才能实现，从而造成雨伞使用的不便。

根据 TRIZ 的最终理想解（IFR）概念，最理想的系统是系统自己会完成其所需要的功能，无需外界帮助。也就是雨伞无需人帮助自动地能够在任何空间内自由收合。

（6）可用资源分析（表 1-2）

表 1-2 可用资源分析

	类别	资源名称	可用性分析(初步方案)
系统内部资源	物质资源	伞骨、伞柱、铰链、撑杆、开关、	可用，伸缩式
		套筒、弹簧、	可用，改变动力传递方式
		串盘丝、上盘、下盘	不可用
		伞面	可用，采用弹性材料
	场资源	机械场	可用，改变其大小
		弹簧力	可用，改变其大小
	其他资源	伞面空间	可用，封闭式的充气伞面
系统外部资源	物质资源	雨水	可用，不可用
		空气	可用，压缩空气产生能量
		人	可用，肩膀可以背雨伞

通过对雨伞支撑机构分析，想要解决雨伞使用不便的问题，我们还需要进一步学习、了解雨伞支撑机构的相关专业知识，为解决该问题提供理论上的指导和专业上的帮助。

1.3 知识链接——平面连杆机构的认识

1.3.1 平面连杆机构的基本类型及应用

（1）平面连杆机构的特点

平面连杆机构是由若干个构件通过转动副或移动副连接而成的机构。

优点：①由于低副是面接触，压强低，磨损量小；②制造方便，容易获得较高的精度；③容易实现常见的转动、移动及其转换。

缺点：①较难准确实现预定的连续的运动规律；②运动副有间隙，磨损后间隙难以补偿。

（2）铰链四杆机构的基本类型

平面连杆机构最常用的形式的是平面四杆机构。平面四杆机构基本形式是铰链四杆机构

（图 1-10），其余四杆机构均是由铰链四杆机构演化而成的。

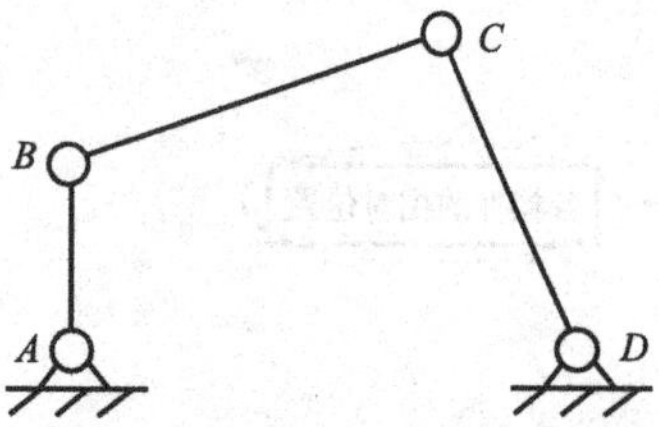

图 1-10　铰链四杆机构

① 铰链四杆机构的组成

连架杆：与机架直接相连；曲柄：做整周回转；摇杆：做往复摆动；连杆：不与机架直接相连；机架：固定不动的构件。

② 分类

曲柄摇杆机构：两连架杆中一个为曲柄、另一个为摇杆的四杆机构。

双曲柄机构：两连架杆都是曲柄。

双摇杆机构：两连架杆均为摇杆。

（3）铰链四杆机构基本类型的判断

① 曲柄存在的条件　同时满足：

a. 连架杆和机架必有一个是最短杆；

b. 最短杆和最长杆长度之和小于或等于其余两杆的长度之和。

② 类型的判断

a. 若最短杆与最长杆的长度之和大于其余两杆长度之和时，只能得到双摇杆机构；

b. 若最短杆与最长杆的长度之和小于或等于其余两杆长度之和时：

若某连架杆为最短杆——则得曲柄摇杆机构；

若机架为最短杆——则得双曲柄机构；

若连杆为最短杆——则得双摇杆机构。

以此判断铰链四杆机构的类型。

（4）铰链四杆机构的应用

① 曲柄摇杆机构

a. 一般以曲柄为主动件　回转→摆动，例如雷达天线俯仰机构（图 1-11）、脚踏砂轮机构（图 1-12）等。

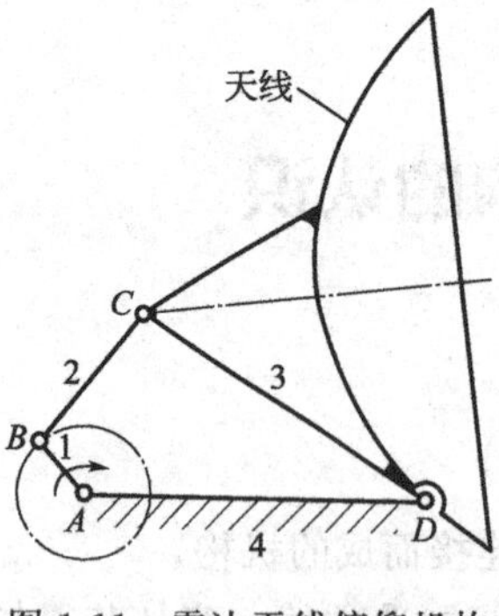

图 1-11　雷达天线俯仰机构

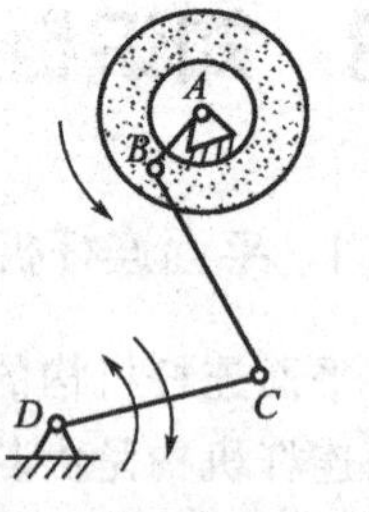

图 1-12　脚踏砂轮机构

b. 以摇杆为主动件　摆动→回转，例如缝纫机脚踏板机构（图 1-13）等。

c. 以连杆为主动件　平动→回转、摆动，例如跑步健身机构（图 1-14）等。

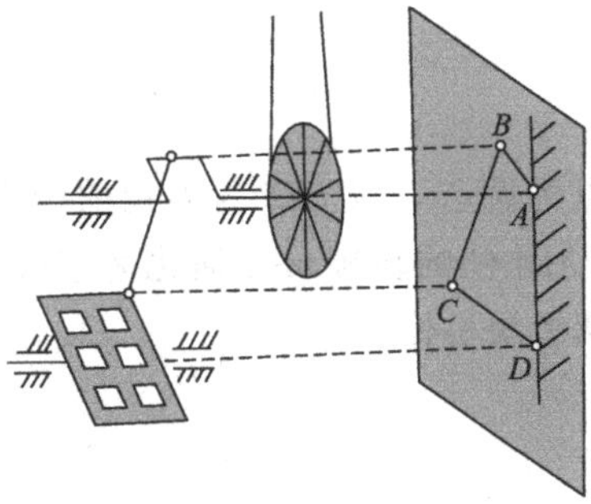

图 1-13 缝纫机脚踏板机构

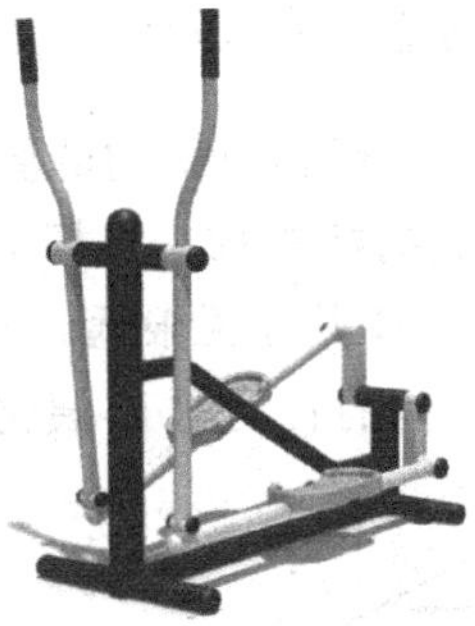

图 1-14 跑步健身机构

② 双曲柄机构 回转→回转。

一般双曲柄机构：主动曲柄匀速转动，从动曲柄变速转动，如惯性筛机构（图 1-15）等。

平行双曲柄机构：对边平行且相等。特点是两曲柄转速相等、转向相同，如机车车轮联动机构（图 1-16）。

会出现运动不确定现象。

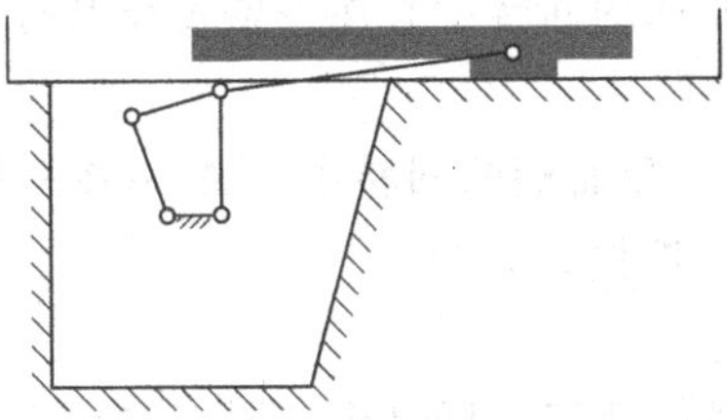

图 1-15 惯性筛机构

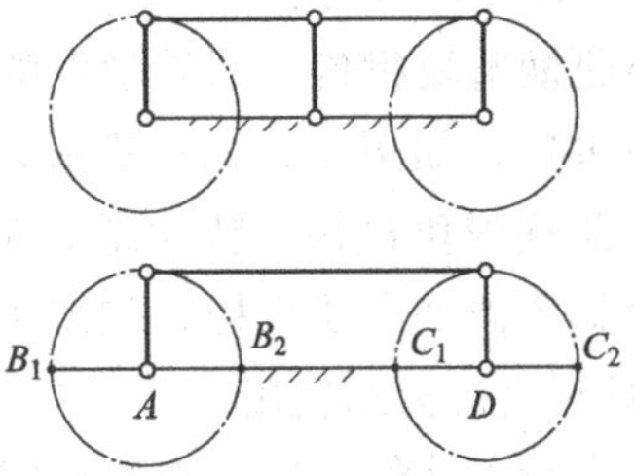

图 1-16 机车车轮联动机构

反平行双曲柄机构：对边相等但不平行。特点是两曲柄转向相反，如车门启闭机构（图 1-17）。

③ 双摇杆机构 两连架杆均为摇杆：摆动→摆动，如飞机起落架机构（图 1-18）、鹤式起重机机构（图 1-19）等。

图 1-17 车门启闭机构

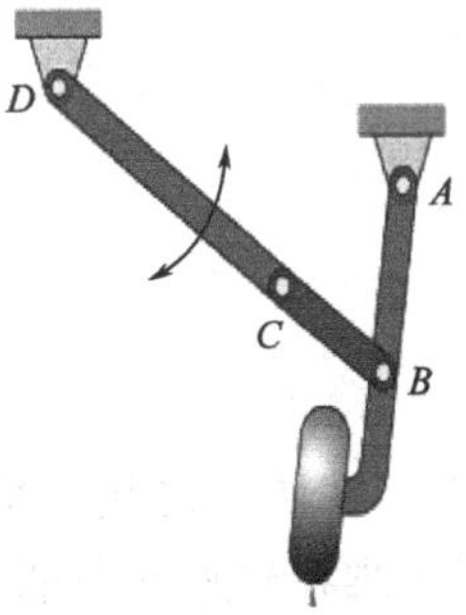

图 1-18 飞机起落架机构

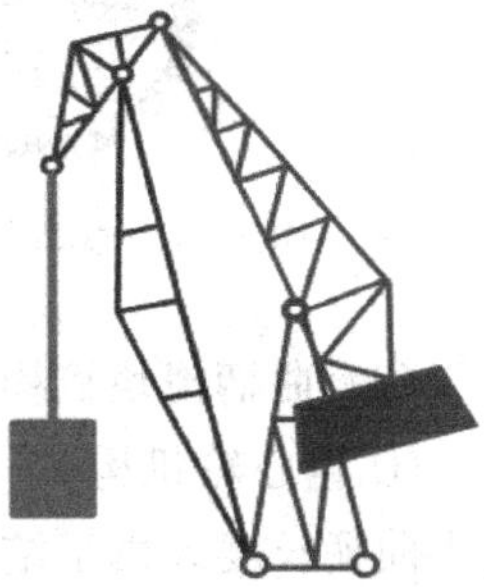

图 1-19 鹤式起重机机构

1.3.2 铰链四杆机构的演化形式

（1）铰链四杆机构的演化过程（图 1-20）

曲柄摇杆机构，摇杆上 C 点的运动轨迹是以 D 点为圆心，以 CD 为半径的圆弧 m-n。若转动副 D 趋于无限远，即 CD 的杆长无限长时，转动副 C 的轨迹 m-n 演化为直线。构件 3 与 4 之间的转动副 D 演化为移动副，机构演化为曲柄滑块机构。

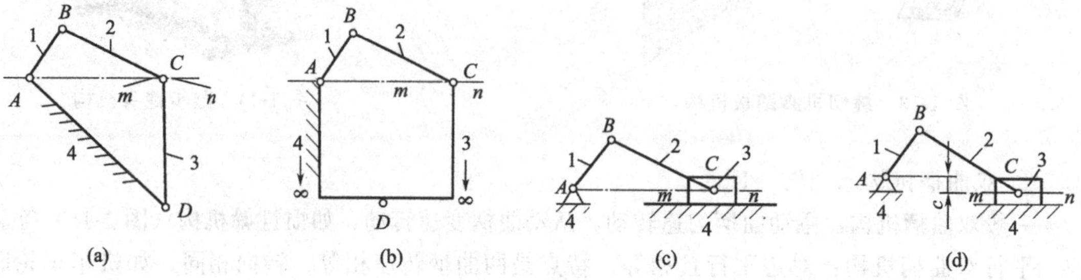

图 1-20 铰链四杆机构的演化过程

（2）曲柄滑块机构的类型及应用

① 曲柄滑块机构的类型

a. 对心曲柄滑块机构　当转动副的移动轨迹和曲柄的回转中心在一条直线上时，称为对心曲柄滑块机构，如图 1-20(c) 所示。即偏距 $e=0$

b. 偏置曲柄滑块机构　转动副 C 的移动轨迹 m-n 和曲柄的回转中心 A 不在一条直线上时，则称为偏置曲柄滑块机构，如图 1-20(d) 所示。即偏距 $e\neq0$

② 曲柄滑块机构的应用

a. 以滑块为主动件　往复直线→回转，例如内燃机活塞连杆机构（图 1-21）等。

b. 以曲柄为主动件　回转→往复直线，例如冲压机构（图 1-22）等。

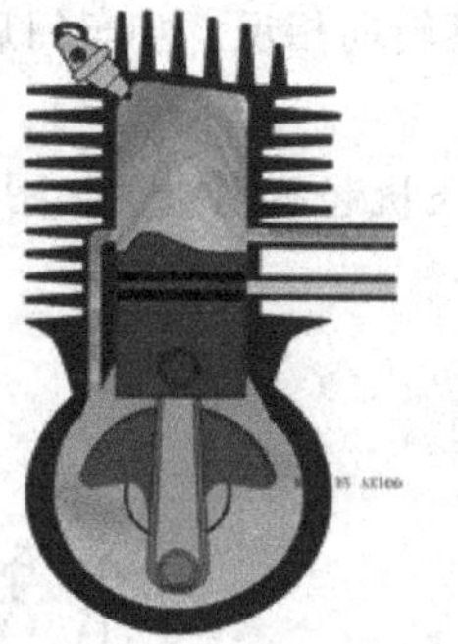

图 1-21 内燃机活塞连杆机构

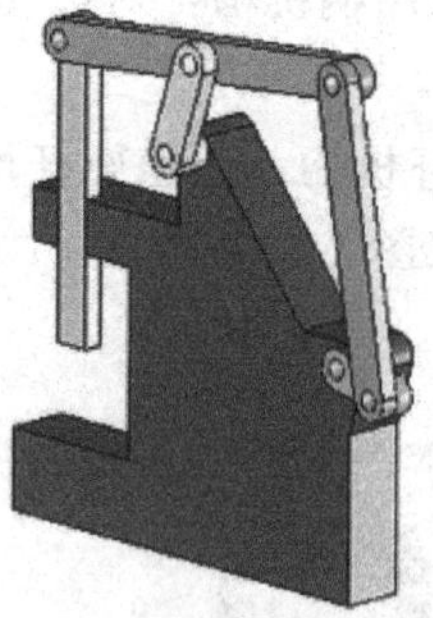

图 1-22 冲压机构

（3）曲柄滑块机构的进一步演化

① 偏心轮机构——扩大转动副 B　在曲柄滑块机构中，若要求滑块行程较小，则必须减小曲柄长度。由于结构上的困难，很难在较短的曲柄上造出两个转动副，往往采用转动副中心与几何中心不重合的偏心轮来代替曲柄。所以当曲柄较短时，往往用一个旋转中心与几何中心不相合的偏心轮代替曲柄，称为偏心轮机构（图 1-23）。

特点：偏心轮机构结构简单，轴颈的强度和刚度大，且易于安装整体式连杆。

应用：曲柄长度要求较短、冲击较大的机械中，如颚式破碎机（图 1-24）。

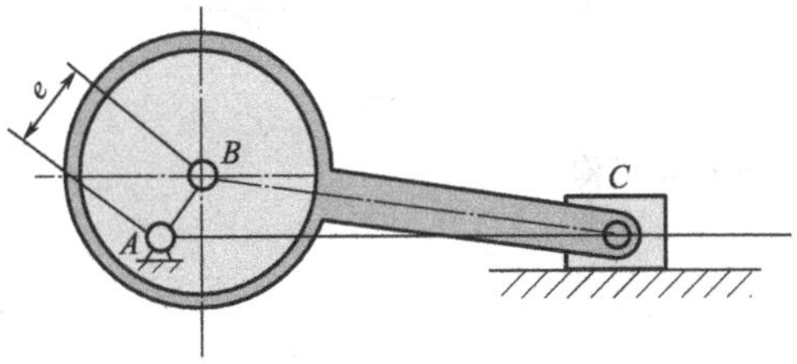

图 1-23 偏心轮机构

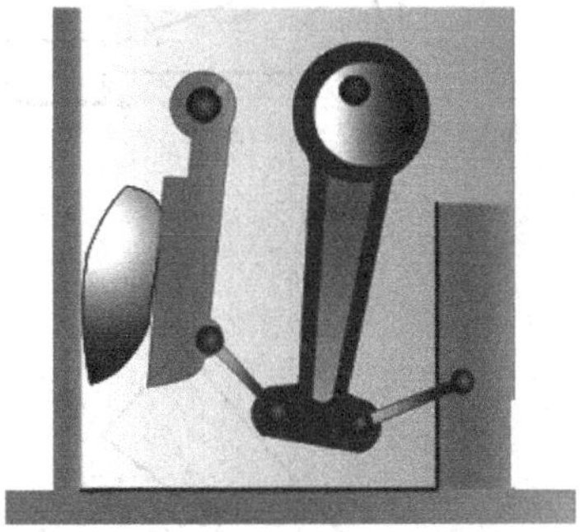

图 1-24 颚式破碎机

② 导杆机构——机架置换

a. 转动导杆机构（$l_1 \leqslant l_2$） 构件 2 和 4 分别绕固定轴 B 和 A 做整周回转，称该机构为转动导杆机构［图 1-25(*b*)］。图 1-26 所示的插床主传动机构 ABC 就是转动导杆机构。

b. 摆动导杆机构（$l_1 > l_2$） 导杆 4 只能绕转动副 A 相对于机架 1 做往复摆动，称该机构为摆动导杆机构［图 1-25(*c*)］。图 1-27 牛头刨床主传动机构 ABC 就是摆动导机构的应用实例。

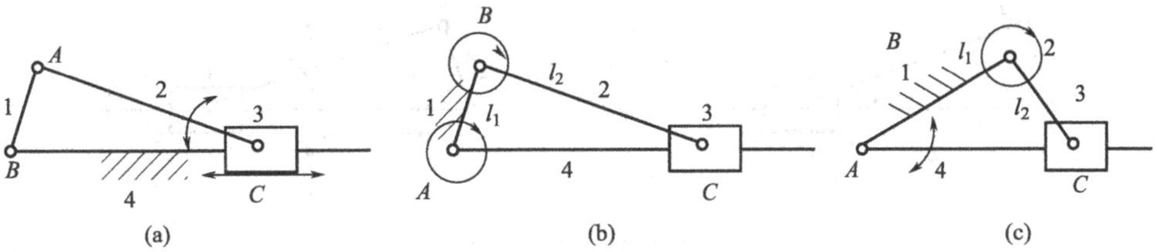

图 1-25 导杆机构

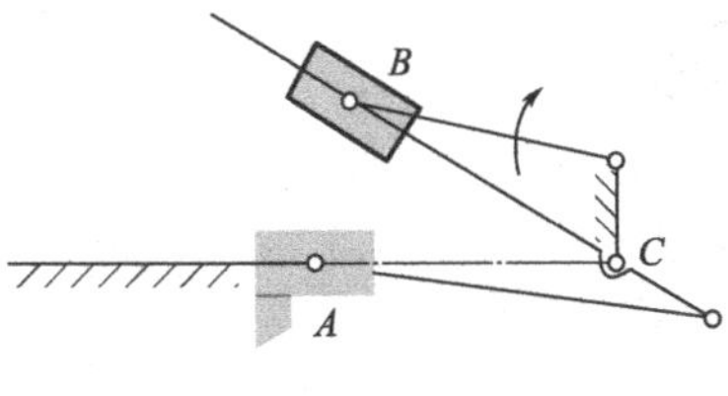

图 1-26 插床主传动机构

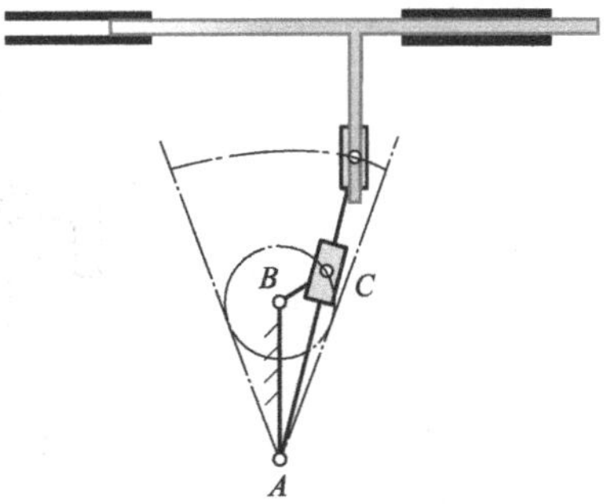

图 1-27 牛头刨床

③ 曲柄摇块机构——机架置换 若取图 1-28(*a*) 机构中的构件 2 为机架，则滑块 3 只能是绕固定轴 C 做往复摆动的摇块，称该机构为曲柄摇块机构［图 1-28(*b*)］。图 1-29 所示的汽车自动卸料机构就是曲柄摇块机构。

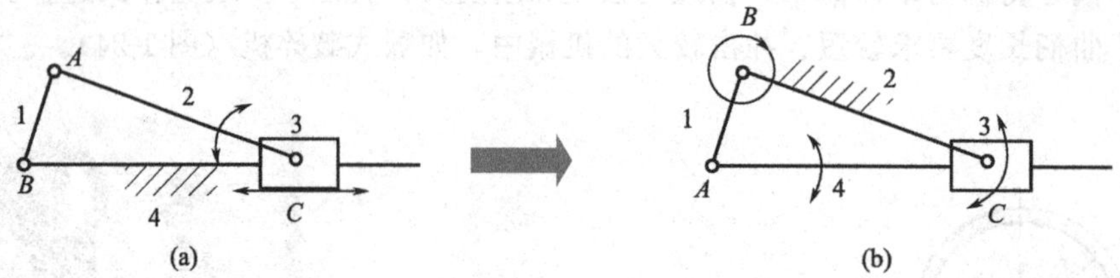

图 1-28 曲柄摇块机构

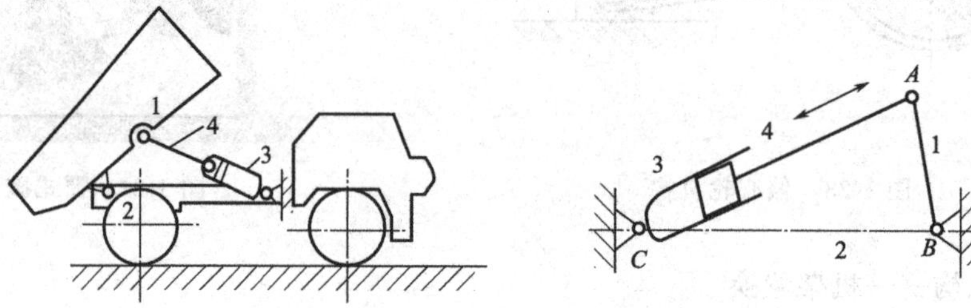

图 1-29 汽车自动卸料机构

④ 定块机构——机架置换 若将图 1-30(*a*) 机构中的构件 3 作为机架，则导杆只能在固定滑块 3 中往复移动，称该机构为移动导杆机构［图 1-30(*b*)］。图 1-31 所示的手摇唧筒机构就是移动导杆机构的应用实例。

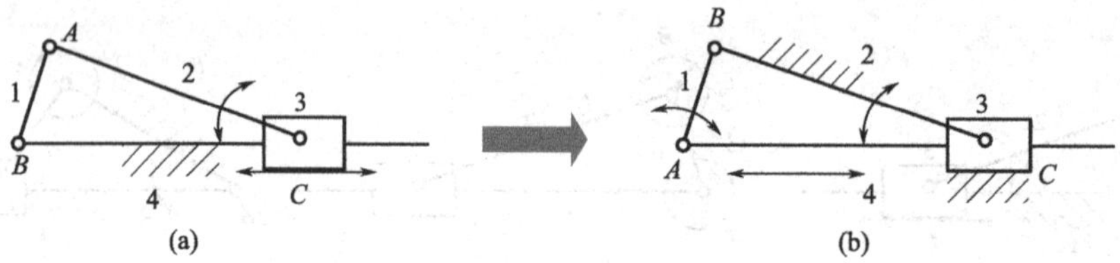

图 1-30 定块机构

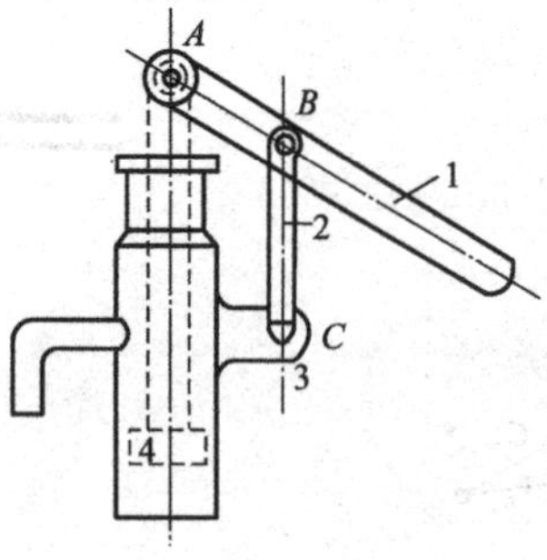

图 1-31 手摇唧筒机构

1.4 问题解决——TRIZ 创新方法与专业知识结合

通过上面的学习，我们可以知道平面连杆机构的各种类型之间都存在一定的内在联系，它们可以通过构件形状、运动尺寸的改变，运动副的转换及机架置换等方式相互演变。这些演变方式就是传统机械设计的基本方法，也是机械创新设计的常用方法之一。除此之外，当我们解决一些实际问题的时候，是否能结合一些 *TRIZ* 创新方法。例如在解决雨伞使用不便这一问题时，为了提高解决问题的效率，下面将结合 *TRIZ* 理论解决技术难题的流程和方法来讲解。

TRIZ先生出现了

工具 1 》 技术矛盾

针对雨伞使用过程中存在的问题，我们现有的解决方案就是将雨伞设计成为自开自收式雨伞，我们在雨天可以先进门或进车，然后利用在外伸出的手拨动伞柱上的按钮将伞收起来。这时就出现了一对技术矛盾。所谓的技术矛盾是指当优化或改善一方面参数的同时会造成另一参数的恶化。改善的参数就是与我们所期望的一致，也可以说是有用效应的引入或有害效应的消除，而恶化的参数就是指与我们的期望相反。解决技术矛盾，我们可以把问题中的参数标准化，通过矛盾矩阵表查出对应的发明原理，利用发明原理产生相应的解决方案，下面我们就利用技术矛盾来解决雨伞的问题。

利用 TRIZ 的“如果……那么……但是……”对该技术矛盾进行规范描述：

如果将传统雨伞设计成为自开自收式雨伞

　　那么我们不需要在门外待更长时间来收伞

　　　　但是雨伞支撑系统的设计将更为复杂

以上方案可以说是利用一键式收缩的功能，使得我们不会在雨天因为收伞而待在门外太长时间，从而避免出现躲了一路的雨到门口却被淋湿的尴尬。

自开自收式雨伞的方案带来的问题，就是雨伞支撑系统的设计变得更为复杂，其在收缩时虽然不需要用双手去收缩，但仍然需要较大的空间才能使雨伞收缩回来。

根据以上对初步方案的分析，我们可以将其改善和恶化的性能与 TRIZ 技术矛盾中的 39 个工程参数进行对应。

改善的工程参数：时间的损失

恶化的工程参数：装置的复杂程度

根据所对应的工程参数查找矛盾矩阵表，得到发明原理：29、30、07。

表 1-3　矛盾矩阵表（部分）

恶化的参数 / 改善的参数		21	22	……	26	··
		功率	能量损失	……	时间损失	
1	运动物体的质量	12,36 18,31	06,02 34,19	……	03,26 18,31	
……	……	……	……	……	……	
6	静止物体的体积	17,32	17,07 30	……	02,18 40,04	
7	运动物体的体积	35,06 13,18	07,15 13,16	……	29,30 07	

利用发明原理找到解决该技术矛盾的具体方案如下。

发明原理 No. 29 气压和液压结构发明原理

该原理是指将系统中的固体部分用气体或液体代替，如气压结构、充液结构等。由此我们可以想到，将该系统的固体支撑机构撑起伞面，改为采用压缩空气作为遮雨部件（图 1-32）。通过调整伞柄的控制按钮，可以自如控制、调整雨伞的空气伞直径。这样伞的部件便只剩下一支伞柄，而不用为雨天撑伞进入室内弄湿地板而发愁。基本结构和功能（上为喷气口，下为进气口）：通过空气从进气口进入而后从喷气口喷出，空气伞为使用者提供一道气幕。这道气幕能够起到伞盖的作用，用来阻挡雨水。

发明原理 No. 30 气压和液压结构发明原理

该原理有这样一个解释：使用柔性壳体或薄膜，将物体与环境隔离。根据以上解释，我们得到的方案就将雨伞伞布做成一个薄膜式的充气雨伞（图 1-33），充气伞柄是一个充气泵，使用时只需来回反复抽送，就可以使坚韧的伞面膨胀起来；而在使用后，将伞把处的出气孔打开，就可以释放空气，既解决了进、出门的不方便，又易于存储，便于携带。

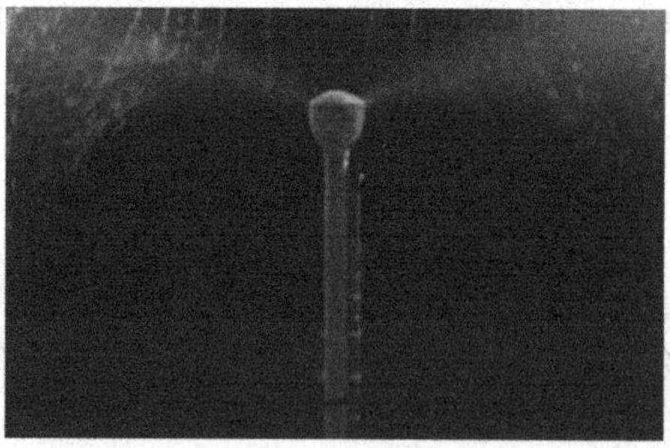

图 1-32 气压式雨伞

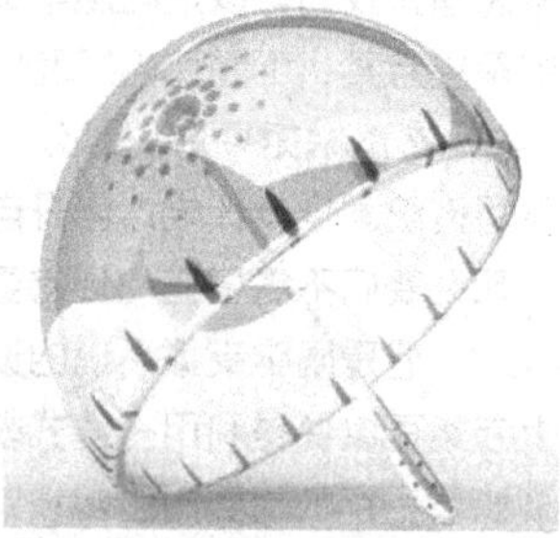

图 1-33 充气雨伞

发明原理 No. 07 嵌套原理

该原理是指把一个物体嵌入另一个物体，或是让某物体穿过另一物体的空腔。根据其解释，我们得到的方案就是将雨伞的伞柱、伞骨及撑杆都做成伸缩式结构（图 1-34），伞面材料可以是弹性材料，并且在其端头部分做成布袋状，在使用过程中可以根据人的体型大小、撑伞人数来决定其撑开的面积。使用后，将雨伞收缩折叠装入布袋，这样既便于携带，又可满足不同人的需求。

图 1-34 伸缩式雨伞

工具 2 物理矛盾

雨伞是每个人的必备出行用品之一，好多人都有出门必带雨伞的习惯，所以携带过程中我们总是希望雨伞尽可能地小巧一些。这时，我们就想到是不是可以把雨伞做得小一些来满足我们对雨伞携带方便的需求。可是当下雨的时候，这种便于携带的小巧雨伞就不能更好地为我们遮挡雨水。反过来，如果我们为了满足遮雨的要求，希望把雨伞做得大一些，这样就能更好地遮挡雨水，但是携带却不方便。也就是说对于雨伞，我们既希望它大，又需要它小（图 1-35）。这种对系统中同一参数的相反要求，TRIZ 创新方法中称之为物理矛盾。物理矛盾可以通过时间分离、空间分离、条件分离和系统级别分离来寻找解决方案。

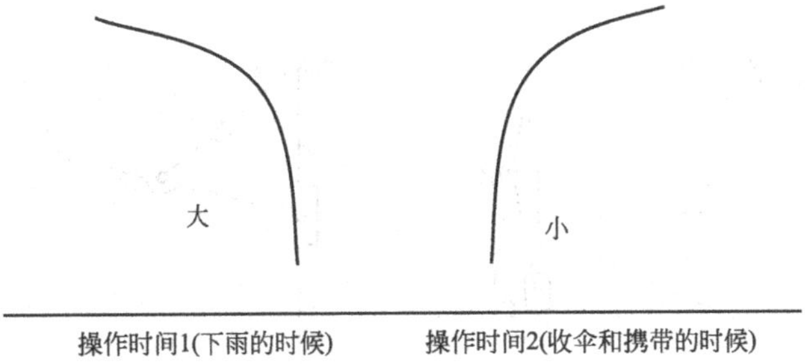

图 1-35 物理矛盾

通过图 1-35 可以看出，该物理矛盾中对参数的相反要求是在不同的时间和空间里。下雨的时候需要雨伞大，收伞、携带的时候需要雨伞小，遮雨的时候希望它大，放在包里的时候希望它小，因此该矛盾可以从“时间”和“空间”上进行分离。对应时间分离、空间分离的 TRIZ 发明原理有很多，比如利用反向发明原理就发明出了反向伞（图 1-36）。

这位德国的工程师，运用他所掌握的数学应用和精密机械工程方面的知识，开始了对传统雨伞全新的升级，有一点空闲就计算、设计，一个细节修改几十次也在所不惜。不论是结构的设计，还是材料的选择，有点强迫症的工程师生动地诠释了“完美”两字。从 TRIZ 创新方法的角度去分析，该雨伞正是应用了“反向作用原理”，使雨伞的支撑机构于原先相反的方向收拢，使得问题迎刃而解。

图 1-36 反向伞

反向伞的原理及特点如下。

① 进车收伞，人在车里伞在外，完全不成问题。下车时，车门只需开一点空隙，人未下车伞先开。由于采用疏水布料以及独特的花瓣式收束，沾在伞面的雨水会被完全收进伞中，滴水不漏，无须再担心重要文件被沾湿或地板浸水等让人抓狂的问题。独特的开合方式，让你即便在拥挤的人群中，也不用担心误伤他人。而遇到大风天，玻璃纤维制成的辐条能有效地对抗强风。轻松一按，它就能立刻恢复原状。

② 完美的弧形伞面，激光透风孔设计，大大地分解了强流风速对伞面的推压，达到真正防风的效果。

③ 长锥形伞尾改装成螺旋平帽，这样就没有了伞尾，收完雨伞后随手一放，八根伞骨的铁珠尾就成了八只脚，稳稳地站在那儿。

工具 3 》 技术系统动态性进化发则

雨伞的进化也是遵循动态性技术系统进化法则的。由刚性连接的雨伞进化为单铰链，由单铰链进化为多铰链的折叠雨伞（图 1-37）。

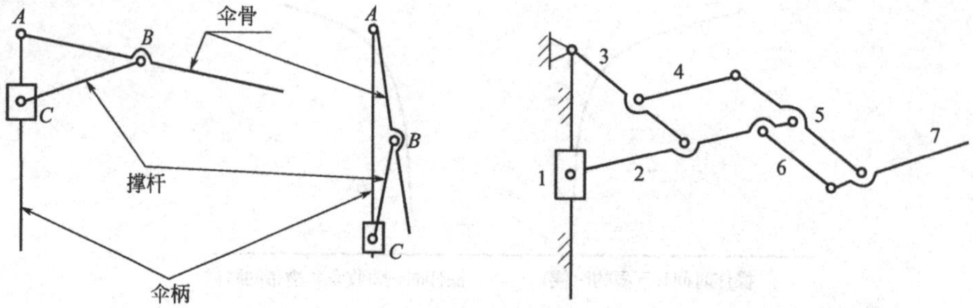

图 1-37 技术系统动态性进化法则

按照动态性进化法则，雨伞是否也可以向液态、气态、场方向进化呢？其实，这样的雨伞已经存在。韩国设计师 Kiho Jung 和 Mingyeon Jang 就别出心裁，从内部出发带来了充气雨伞的设计（图 1-38）。充气雨伞的特点见本书 18 页。

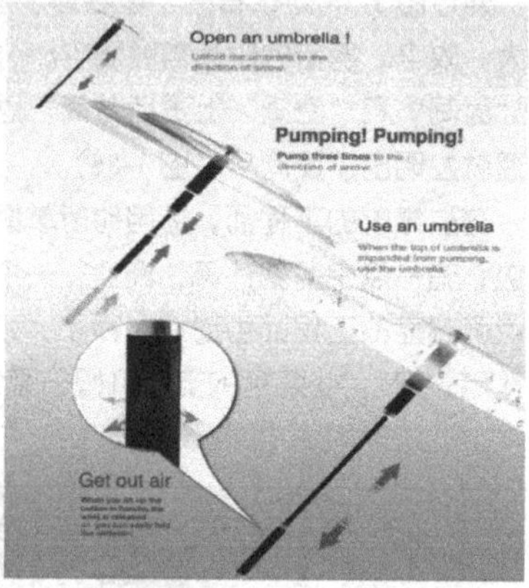

图 1-38 充气雨伞

以上多种方案从不同的角度解决了雨伞使用过程中的不便，而这些解决方案有时并不是单纯地只靠专业技术去解决，创新方法的融入使我们事半功倍。面对难题，当我们在掌握了一定专业知识和技能的同时，如果再结合一定的创新思维和创新方法，那解决问题的过程就不再困难，反而变得有趣。关于雨伞的创意设计还有很多，比如情侣雨伞（图 1-39）、不对称雨伞（图 1-40）、布袋雨伞等，都是利用不同的发明原理得到的创意雨伞，这些雨伞也都从不同方面解决了雨伞的一些弊端。

图 1-39 情侣雨伞

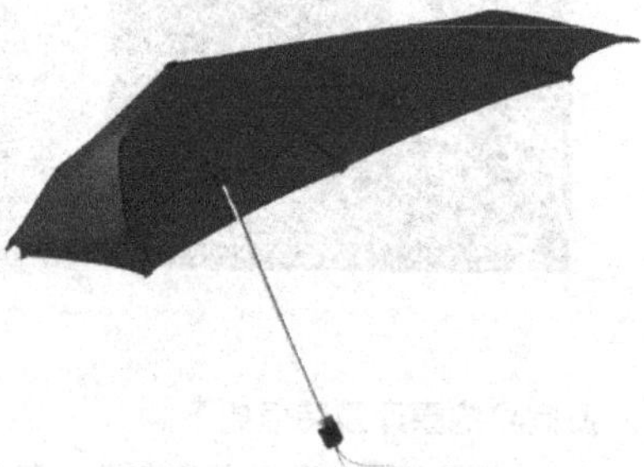

图 1-40 不对称雨伞

案例二 基于TRIZ创新方法的内燃机配气机构分析

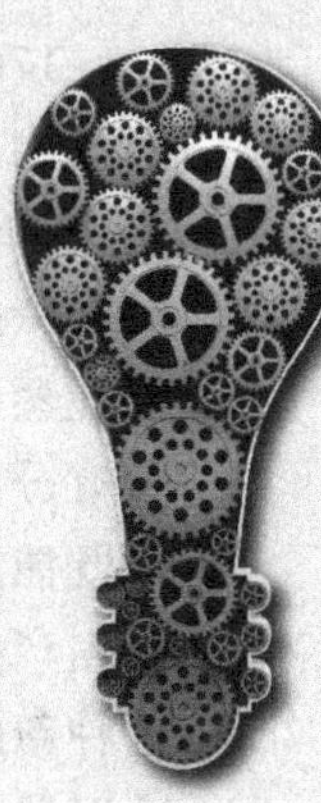

凸轮是一种具有曲线轮廓或凹槽的构件，在运动时可使从动件获得连续或间歇的任意运动规律。凸轮机构广泛用于传递动力不大的各种机器和机构中，比如汽车内燃机配气机构就是采用凸轮机构。那么如何利用凸轮机构对内燃机进行适时配气呢？我们先来了解内燃机的产生和发展。

2.1 问题引入——内燃机的产生与发展

2.1.1 瓦特发明蒸汽机的故事

在瓦特的故乡——格林诺克的小镇上，家家户户都是生火烧水做饭。对这种司空见惯的事，有谁留过心呢？瓦特就留了心。他在厨房里看祖母做饭，灶上坐着一壶开水，开水在沸腾，壶盖“啪啪啪”地作响，不停地往上跳动。瓦特观察好半天，感到很奇怪，猜不透这是什么缘故，就问祖母说：“是什么使壶盖跳动呢?”祖母回答说：“水开了，就这样。”瓦特没有满足，又追问：“为什么水开了壶盖就跳动？是什么东西推动它吗?”可能是祖母太忙了，没有功夫搭理他，便不耐烦地说：“不知道。小孩子刨根问底地问这些有什么意思呢?”瓦特在祖母那里没有找到答案，可他并不灰心。连续几天，每当做饭时，他就蹲在火炉旁边细心地观察着。起初，壶盖很安稳，隔了一会儿，水要开了，发出“哗哗”的响声。突然，壶里的水蒸气冒出来，推动壶盖跳动了。蒸汽不住地往上冒，壶盖也不停地跳动着，好像里边藏着个魔术师，在变戏法似的。瓦特高兴了，几乎叫出声来，他把壶盖揭开、盖上，盖上又揭开，反复验证。他还把杯子、调羹遮在水蒸气喷出的地方。瓦特终于弄清楚了是水蒸气推动壶盖跳动，这水蒸气的力量还真不小呢。

1764 年，学校请瓦特修理一台纽可门蒸汽机，在修理的过程中，瓦特熟悉了蒸汽机的构造和原理，并且发现了这种蒸汽机的两大缺点：活塞动作不连续而且慢；蒸汽利用率低，浪费原料。此后，瓦特开始思考改进的办法。1765 年的春天，在一次散步时瓦特想到，既然纽可门蒸汽机的热效率低是蒸汽在缸内冷凝造成的，那么为什么不能让蒸汽在缸外冷凝呢？瓦特产生了采用分离冷凝器的最初设想。同年他设计了一种带有分离冷凝器的蒸汽机。按照设计，冷凝器与汽缸之间由一个调节阀门相连，使它们既能连通又能分开。这样，既能把做功后的蒸汽引入汽缸外的冷凝器，又可以使汽缸内产生同样的真空，避免了汽缸在一冷一热过程中的热量消耗。据瓦特理论计算，这种新的蒸汽机的热效率将是纽可门蒸汽机的 3 倍。从理论上说，瓦特的这种带有分离冷凝器的蒸汽机显然优于纽可门蒸汽机。但是，要把理论上的东西变为实际的东西，把图纸上的蒸汽机变为实在的蒸汽机，还要走很长的路。在十分富有的企业家罗巴克的帮助下，1766 年开始，在三年多的时间里，瓦特克服材料和工艺等各方面的困难，终于在 1769 年制出了第一台样机。同年，瓦特因发明冷凝器而获得他在革新纽可门蒸汽机过程中的第一项专利。第一台带有冷凝器的蒸汽机虽然试制成功了，但它同纽可门蒸汽机相比，除了热效率有显著提高外，在作为动力机来带动其他工作机的性能方面仍未取得实质性进展。

自 1769 年试制出带有分离冷凝器的蒸汽机样机之后，瓦特就已看出热效率低已不是他的蒸汽机的主要弊病，而活塞只能做往返的直线运动才是它的根本局限。1781 年，也许是行星绕日的圆周运动启发了他，也许是钟表中的齿轮的圆周运动启发了他，他想到了把活塞往返直线运动变为旋转的圆周运动，就可以使动力传给任何工作机。同年，他研制出了一套被称为“太阳和行星”的齿轮联动装置，终于把活塞的往返直线运动转变为齿轮的旋转运动。为了使轮轴的转轴增加惯性，从而使圆周运动更加均匀，瓦特还在轮轴上加装了一个飞轮。由于对传统机构的这一重大革新，瓦特的这种蒸汽机才真正成为了能带动一切工作的动力机。1781 年年底，瓦特以发明带有齿轮和拉杆的机械联动装置获得第二个专利。由于这种蒸汽机加上了轮轴和飞轮，这时的蒸汽机在把活塞的往返直线运动转变为轮轴的旋转运动时，多消耗了不少能量。这样，蒸汽机的效率不是很高，动力不是很大。为了进一步提高蒸汽机的效率，瓦特在发明齿轮联动装置之后，对汽缸本身进行了研究。他发现，虽然把纽可门蒸汽机的内部冷凝变成了外部冷凝，使蒸汽机的热效率有了显著提高，但他的蒸汽机中蒸汽推动活塞的冲程工艺与纽可门蒸汽机没有不同，两者的蒸汽都是单向运动，从一端进入，另一端出来。他想，如果让蒸汽能够从两端进入和排出，就可以让蒸汽既能推动活塞向上运动，又能推动活塞向下运动。那么，效率就可以提高一倍。1782 年，瓦特根据这一设想，试制出了一种带有双向装置的新汽缸，由此瓦特获得了他的第三项专利。把原来的单向汽缸装置改装成双向汽缸，并首次把引入汽缸的蒸汽由低压蒸汽变为高压蒸汽，这是瓦特在改进纽可门蒸汽机的过程中的第三次飞跃。通过这三次技术飞跃，纽可门蒸汽机完全演变成了瓦特蒸汽机。1784 年，瓦特以带有飞轮、齿轮联动装置和双向装置的高压蒸汽机的综合组装，取得了他在革新纽可门蒸汽机过程中的第四项专利。1788 年，瓦特发明了离心调速器和节气阀。1790 年，他又发明了汽缸示功器。至此瓦特完成了蒸汽机发明的全过程。

TRIZ先生出现了

蒸汽机的产生与发展过程，也是遵循 TRIZ 理论中关于解决技术难题的一般流程和子系统协调性进化法则的。

(1) 问题提出

纽可门蒸汽机由于是在缸内冷凝，所以热效率低，而且活塞动作既不连续又慢，蒸汽利用率低，浪费原料。

(2) 初步解决方案及存在的问题

既然纽可门蒸汽机的热效率低是蒸汽在缸内冷凝造成的，那么为什么不能让蒸汽在缸外冷凝呢？瓦特产生了采用分离冷凝器的最初设想，同年设计了一种带有分离冷凝器的蒸汽机，冷凝器与汽缸之间由一个调节阀门相连，使它们既能连通又能分开。这样，既能把做功后的蒸汽引入汽缸外的冷凝器，又可以使汽缸内产生同样的真空，避免了汽缸在一冷一热过程中热量消耗。据瓦特理论计算，这种新的蒸汽机的热效率是纽可门蒸汽机的 3 倍。从理论上说，瓦特的这种带有分离器冷凝器的蒸汽机显然优于纽可门蒸汽机。但是，瓦特辛辛苦苦造出的几台蒸汽机，效果反而不如纽可门蒸汽机好，甚至还四处漏气，无法开动。

(3) 最终理想解

蒸汽机在工作过程中无热效率的损耗，全部转化为动力。

(4) 分析问题

自 1769 年试制出带有分离冷凝器的蒸汽机样机之后，瓦特就看出热效率低不是蒸汽机的主要弊病，而活塞只能做往返的直线运动才是它的根本局限。1781 年，也许是行星绕日的圆周运动启发了他，也许是钟表中的齿轮的圆周运动启发了他，他想到了把活塞往返直线运动变为旋转的圆周运动，就可以使动力传给任何工作机。

(5) 解决问题

1781 年，他研制出了一套被称为“太阳和行星”的齿轮联动装置，终于把活塞的往返直线运动转变为齿轮的旋转运动。为了使轮轴的旋轴增加惯性，从而使圆周运动更加均匀，瓦特还在轮轴上加装了一个飞轮。由于对传统机构的这一重大革新，瓦特的这种蒸汽机才真正成为了能带动一切工作的动力机。

(6) 发明原理的体现

蒸汽机的发明过程中，瓦特就是通过观察到水烧开后，在蒸汽的推动下壶盖出现跳动，从而发现物质在相变过程中可以产生强大的动力。这一应用正好印证了 TRIZ 创新方法中 40 个发明原理中的相变原理（图 2-1）。

图 2-1 发明原理——相变原理

2.1.2 内燃机的产生

瓦特发明的蒸汽机，是具有划时代意义的伟大发明，它推动了第一次工业革命的迅猛发展。但是随着工业的发展，蒸汽机的弊端日益显现，蒸汽机本身有难以克服的缺点，如蒸汽机很笨重；操纵复杂；启动慢，不能随意停止；锅炉容易爆炸，危险性大；并且锅炉的燃烧需有经验的人专门看管。

其中蒸汽机更大的缺点是热效率低，一般只有 5%～8%，最好的也不超过 10%～13%。这是由于蒸汽机的锅炉和汽缸是分离的，锅炉在外面燃烧，热量损失较大，因此蒸汽机的效率难以提高。于是，人们开始研究把蒸汽机的锅炉和汽缸合并起来，燃料在外面燃烧改为在内部燃烧，利用燃烧后的烟气直接推动活塞运动，这就是内燃机。

随着科学探索的发展，人们提出了各种各样的内燃机方案，但是仍没有发明出内燃机来。直到 1860 年，法国发明家勒努瓦发明了第一台实用的内燃机（单缸、二冲程、无压缩和电点火的煤气机，输出功率为 0.77～1.47kW，转速为 100r/min，热效率为 4%）。它以煤气为燃料，但这种最初的内燃机燃料消耗量很大，效率低。法国工程师勒努瓦认识到，要想尽可能提高内燃机的热效率，就必须使单位汽缸容积的冷却面积尽量减小，膨胀时活塞的速率尽量快，膨胀的范围（冲程）尽量长。在此基础上，他在 1862 年提出了著名的等容燃烧四冲程循环：进气、压缩、燃烧和膨胀、排气。1876 年，德国人奥托制成了第一台四冲程往复活塞式内燃机（单缸、卧式、以煤气为燃料、功率大约为 2.21kW、180r/min）。在这台发动机上，奥托增加了飞轮，使运转平稳，把进气道加长，又改进了汽缸盖，使混合气充分形成。这是一台非常成功的发动机，其热效率相当于当时蒸汽机的 2 倍。奥托把三个关键的技术思想：内燃、压缩燃气、四冲程融为一体，使这种内燃机具有效率高、体积小、重量轻和功率大等一系列优点（图 2-2）。

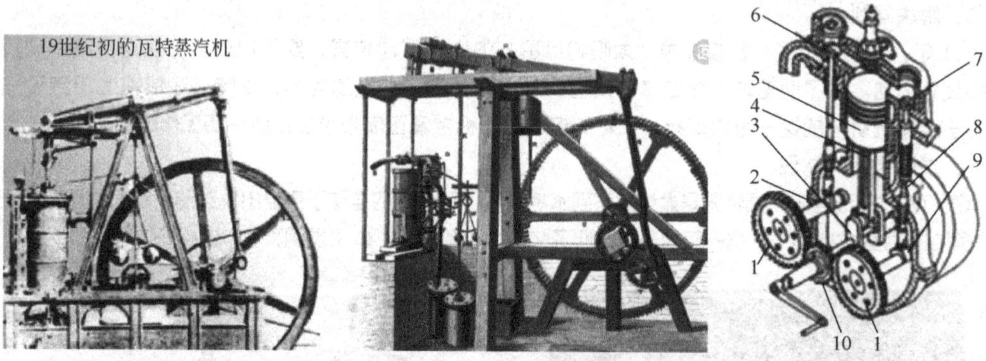

蒸汽机　　二冲程单缸内燃机　　四冲程单缸内燃机

图 2-2　内燃机的发明

2.1.3　内燃机的工作原理

内燃机的发明推动着科技的不断进步，我们只有更深入地了解其结构组成、工作原理，也许才有可能对其进行进一步的创新改进。内燃机是一个完备的技术系统（图 2-3），主要由动力部分、传动部分、控制部分和执行部分组成。工作原理主要包括进气、压缩、做功、排气四个过程，如图 2-4 所示。要完成热能向机械能的转换必须经过进气，把可燃混合气（或新鲜空气）引入汽缸，然后将进入汽缸的可燃混合气（或新鲜空气）压缩，压缩接近终点时点燃可燃混合气（或将柴油高压喷入汽缸内形成可燃混合气并引燃），可燃混合气着火燃烧、膨胀，推动活塞下行，实现对外做功，最后排出燃烧后的废气。进气、压缩、做功、排气四

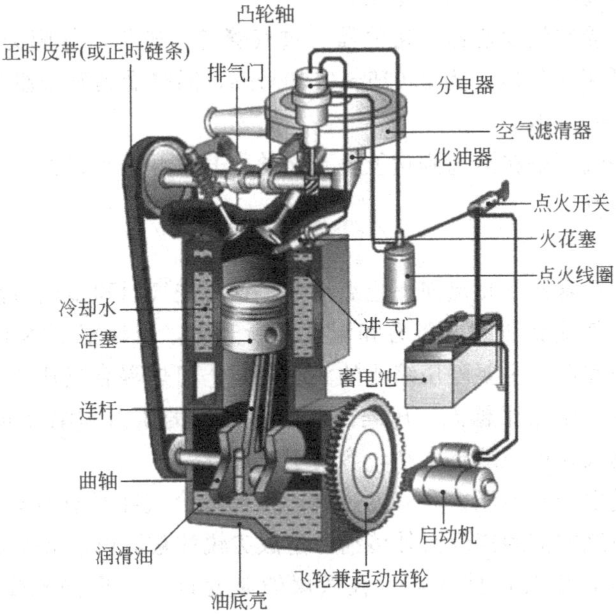

图 2-3 内燃机基本结构

个过程即为发动机的一个工作循环，工作循环不断地重复，就实现了能量转换，使发动机能够连续运转。其中，完成一个工作循环，曲轴转1圈（360°），活塞上下往复运动2次，称为二行程发动机。而完成一个工作循环，曲轴转2圈（720°），活塞上下往复运动四次，称为四行程发动机。

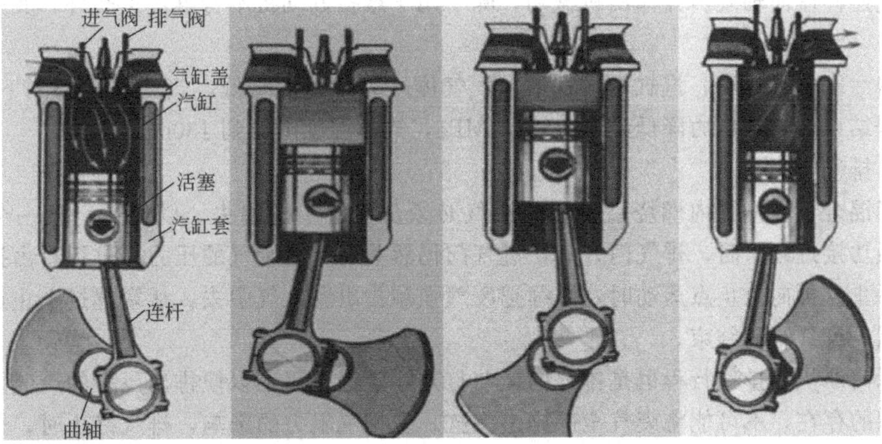

图 2-4 四冲程内燃机工作原理

（1）进气行程

由于曲轴的旋转，活塞从上止点向下止点运动，这时排气门关闭，进气门打开。进气过程开始时，活塞位于上止点，汽缸内残存有上一循环未排净的废气，因此，汽缸内的压力稍高于大气压力。随着活塞下移，汽缸内容积增大，压力减小，当压力低于大气压时，在汽缸内产生真空吸力，空气经空气滤清器并与化油器供给的汽油混合成可燃混合气，通过进气门被吸入汽缸，直至活塞向下运动到下止点。

在进气过程中，受空气滤清器、化油器、进气管道、进气门等阻力影响，进气终了时，汽缸内气体压力略低于大气压，为 0.075～0.09MPa，同时受到残余废气和高温机件加热的影响，温度达到 370～400K。

实际汽油机的进气门是在活塞到达上止点之前打开，并且延迟到下止点之后关闭，以便吸入更多的可燃混合气。

（2）压缩行程

曲轴继续旋转，活塞从下止点向上止点运动，这时进气门和排气门都关闭，汽缸内成为封闭容积，可燃混合气受到压缩，压力和温度不断升高，当活塞到达上止点时压缩行程结束。此时气体的压力和温度主要随压缩比的大小而定，可燃混合气压力可达 0.6～1.2MPa，温度可达 600～700K。压缩比越大，压缩终了时汽缸内的压力和温度越高，则燃烧速度越快，发动机功率也越大。但压缩比太高，容易引起爆燃。

所谓爆燃，就是由于气体压力和温度过高，可燃混合气在没有点燃的情况下自行燃烧，且火焰以高于正常燃烧数倍的速度向外传播，造成尖锐的敲缸声，会使发动机过热，功率下降，汽油消耗量增加，以及机件损坏。轻微爆燃是允许的，但强烈爆燃对发动机是很有害的。

（3）做功行程

做功行程包括燃烧过程和膨胀过程。在这一行程中，进气门和排气门仍然保持关闭。当活塞位于压缩行程接近上止点（即点火提前角）位置时，火花塞产生电火花，点燃可燃混合气，可燃混合气燃烧后放出大量的热，使汽缸内气体温度和压力急剧升高，最高压力可达 3～5MPa，最高温度可达 2200～2800K。高温高压气体膨胀，推动活塞从上止点向下止点运动，通过连杆使曲轴旋转并输出机械功，除了用于维持发动机本身继续运转外，其余用于对外做功。

随着活塞向下运动，汽缸内容积增加，气体压力和温度降低，当活塞运动到下止点时，做功行程结束，气体压力降低到 0.3～0.5MPa，气体温度降低到 1300～1600K。

（4）排气行程

可燃混合气在汽缸内燃烧后生成的废气必须从汽缸中排出去，以便进行下一个进气行程。当做功接近终了时，排气门开启，进气门仍然关闭，靠废气的压力先进行自由排气，活塞到达下止点再向上止点运动时，继续把废气强制排出到大气中去，活塞越过上止点后，排气门关闭，排气行程结束。

实际汽油机的排气行程也是排气门提前打开，延迟关闭，以便排出更多的废气。由于燃烧室容积的存在，不可能将废气全部排出汽缸。受排气阻力的影响，排气终止时，气体压力仍高于大气压力，为 0.105～0.115MPa，温度为 900～1200K。

曲轴继续旋转，活塞从上止点向下止点运动，又开始了下一个新的循环过程。可见四行程内燃机经过进气、压缩、做功、排气四个行程完成一个工作循环，这期间活塞在上、下止点往复运动了四个行程，相应地曲轴旋转了 2 圈。

注意，当内燃机在实现进气、压缩、做功、排气四个行程时，都是系统自行控制，而控制其进、排气门能够适时打开、关闭的这套机构，我们把它称之为配气机构。通过配气机构的控制，使得内燃机在工作时能够根据工作情况，准确、适时控制进、排气门的打开和关闭。

2.2 问题分析——内燃机配气机构的分析

想了解内燃机配气机构如何实现配气功能，让我们先来了解一下其配气机构的结构组成。配气机构（图 2-5）是控制内燃机进气和排气的装置，其作用是按照内燃机的工作循环和发火次序的要求，定时开启和关闭各缸的进、排气门，以便在进气行程使尽可能多的可燃混合气（汽油机）或空气（柴油机）进入汽缸，在排气行程将废气快速排出汽缸。该机构主要由四部分构成：凸轮、推杆、机架及锁合装置。为了使气门在工作中能够紧密关闭，气门杆端与摇臂端或凸轮之间留有间隙，在气门及其传动机构等受热伸长时会使气门与气门座关闭不严。发动机在冷态下，气门处于关闭状态时，气门与传动件之间的间隙称为气门间隙。气门间隙过大，会使内燃机动力下降，耗油量增加；气门间隙过小，会使内燃机气门座出现局部淬火，甚至损坏。气门间隙在使用中常需要检查调整。

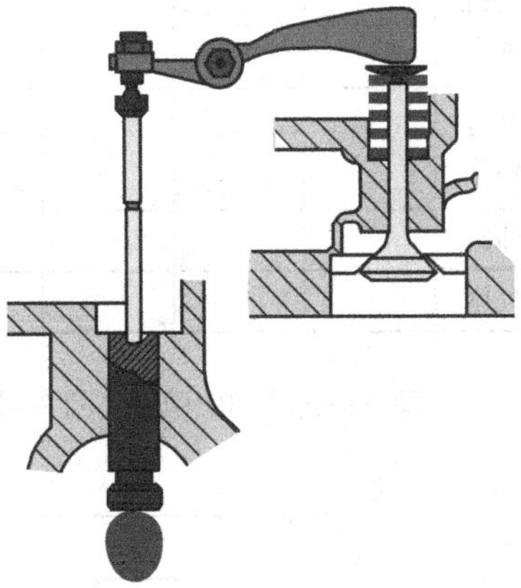

图 2-5 配气机构的基本组成

TRIZ先生出现了

分析内燃机配气机构的结构组成，有助于我们了解其工作原理及是否存在问题或弊端。在 TRIZ 理论中，我们把这一过程称之为系统功能分析。功能分析可分为三部分：组件分析、相互作用分析和功能模型建立。

（1）系统组件分析

组件就是指组成系统或超系统的一部分物体。这里的物体是指广义上的物体，包括物质或者是场以及物质和场的组合。在进行组件分析时，首先要根据研究的目标和限制选择合适的层级，然后将系统中存在的问题找出来。

该系统我们就确定配气机构，其系统组件主要包括凸轮、凸轮轴、推杆、挺柱、气门杆、摇臂、机架、气门弹簧、弹簧座、油封、分开式气门锁片等。其超系统组件有作用对象可燃混合气体、废气、齿轮、曲轴等。

（2）系统组件相互作用分析（表 2-1）

表 2-1 系统组件相互作用分析

	机架	齿轮	凸轮轴	凸轮	挺柱	摇臂	弹簧座	气门弹簧	气门锁片	油封	气体
机架		+	−	−	−	−	−	−	−	−	−
齿轮	+		−	−	−	−	−	−	−	−	−
凸轮轴	−	+		+	+	−	−	−	+	−	−
凸轮	−	−	+		−	−	−	−	+	−	+
挺柱	−	+	−	−		−	+	+	+	−	−
摇臂	−	−	−	−	−		−	−	−	−	−

续表

	机架	齿轮	凸轮轴	凸轮	挺柱	摇臂	弹簧座	气门弹簧	气门锁片	油封	气体
弹簧座	−	−	−	−	+	−		+	−	+	−
气门弹簧	−	−	−	−	+	−	+		−	−	−
气门锁片	−	+	+	+	+	+	−	−		−	−
油封	−	−	−	−	−	−	+	−	−		−
气体	−	−	−	+	−	−	−	−	−	−	

（3）建立系统的功能模型（图 2-6）

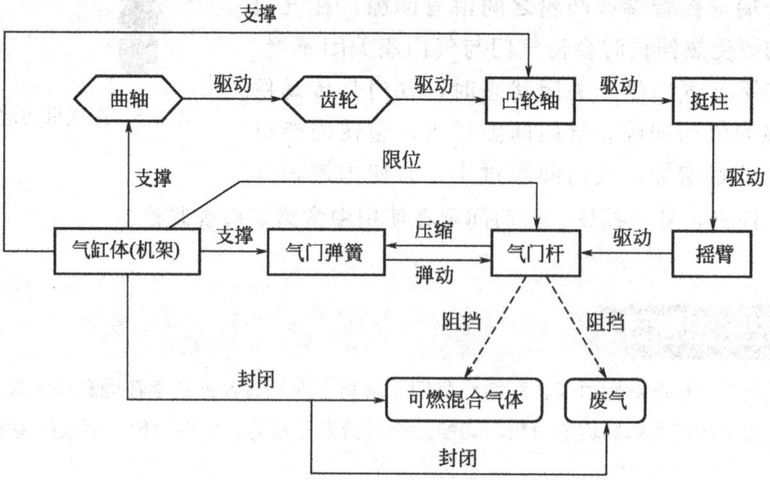

图 2-6 功能模型

通过对内燃机配气机构的功能分析可以发现，内燃机配气机构是保证内燃机正常工作的前提。如果气门间隙过大，会使内燃机动力下降，耗油量增加；气门间隙过小，会使内燃机气门座出现局部淬火，甚至损坏。气门间隙在使用中常需要检查调整。如何来解决这个问题，我们首先先来了解并学习与之相关的理论知识——凸轮机构。

2.3 知识链接——凸轮机构的认识

2.3.1 凸轮机构的基本类型及应用

（1）凸轮机构的应用

① 凸轮机构的组成　凸轮、从动件和机架——高副机构。凸轮是凸轮机构的主动件（图 2-7）。

② 作用　将凸轮的转动或移动转变为从动件的移动或摆动。

③ 特点

a. 只需设计适当的凸轮轮廓，便可使从动件得到所需的运动规律。

b. 结构简单、紧凑，工作可靠，容易设计。

c. 高副接触，易磨损。

④ 应用 适用于传力不大的控制机构和调节机构。

(2) 凸轮机构的分类

① 按凸轮形状分

a. 盘形凸轮（图 2-7） 它是凸轮的最基本形式，是一个绕固定轴线转动并且具有变化半径的盘形构件。如内燃机配气凸轮机构。

b. 移动凸轮 当盘形凸轮的回转中心趋于无穷远时，则成为移动凸轮（图 2-8），当移动凸轮沿工作直线往复运动时，推动从动件做往复运动。如靠模车削机构。

c. 圆柱凸轮 凸轮的轮廓曲线位于圆柱面上，它可以看作是把移动凸轮卷成圆柱体而得，如图 2-9 所示。

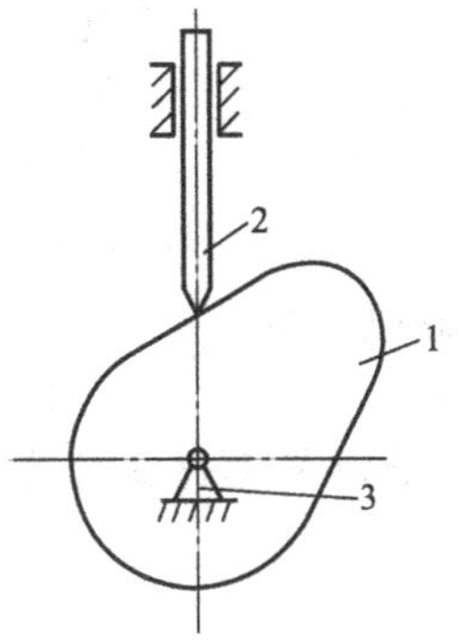

图 2-7 盘形凸轮机构的组成
1—凸轮；2—从动件；3—支架

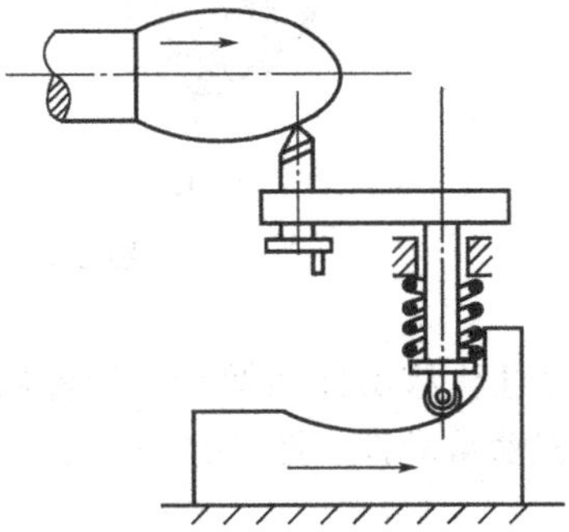

图 2-8 移动凸轮机构

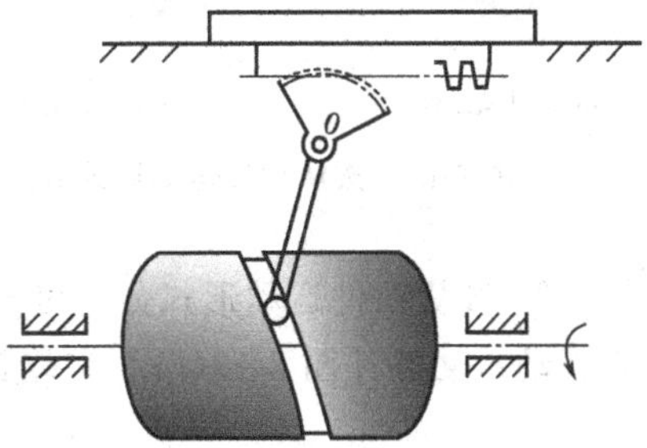

图 2-9 圆柱凸轮机构

② 按从动件端部形状分

a. 尖顶从动件 这种从动件结构简单，尖顶能与复杂的凸轮轮廓保持接触，因而能实现预期的运动规律。但由于尖顶容易磨损，所以只适用于载荷较小的低速凸轮机构［图 2-10(a)］。

b. 滚子从动件 由于接触处是滚动摩擦，不易磨损，因此是一种最常用的从动件［图 2-10(b)］。

c. 平底从动件 由于平底与凸轮面间容易形成楔形油膜，能减少磨损，常用于高速重载的凸轮机构中。它的缺点是不能用于具有内凹轮廓的凸轮机构［图 2-10(c)］。

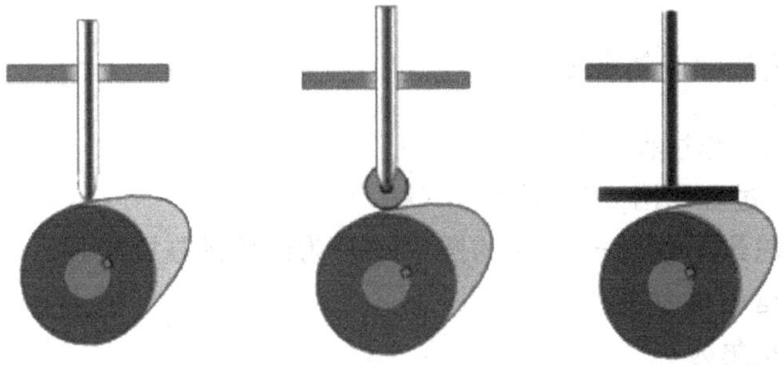

(a) 尖顶从动件 (b) 滚子从动件 (c) 平底从动件

图 2-10 按从动件端部形状分类

③ 按从动件的运动形式分

a. 直动从动件，如图 2-11(a) 所示。

b. 摆动从动件，如图 2-11(b) 所示。

④ 按锁合方式分

a. 力锁合凸轮，如靠重力、弹簧力锁合的凸轮等［图 2-12(a)］。

b. 形锁合凸轮，如沟槽凸轮、等径及等宽凸轮、共轭凸轮等［图 2-12(b)］。

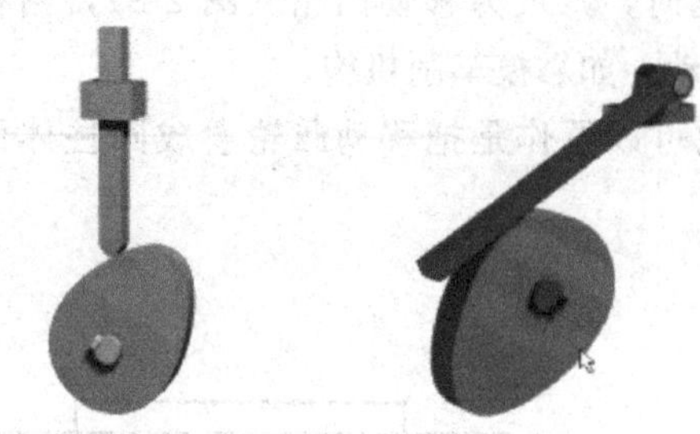

(a)直动从动件　(b) 摆动从动件

图 2-11　按从动件运动形式分类

(a) 力锁合　(b) 形锁合

图 2-12　按锁合方式分类

⑤ 按从动件运动形式分　可分为直动从动件和摆动从动件两种，直动从动件又分为对心直动从动件［图 2-13(a)］和偏置直动从动件［图 2-13(b)］。

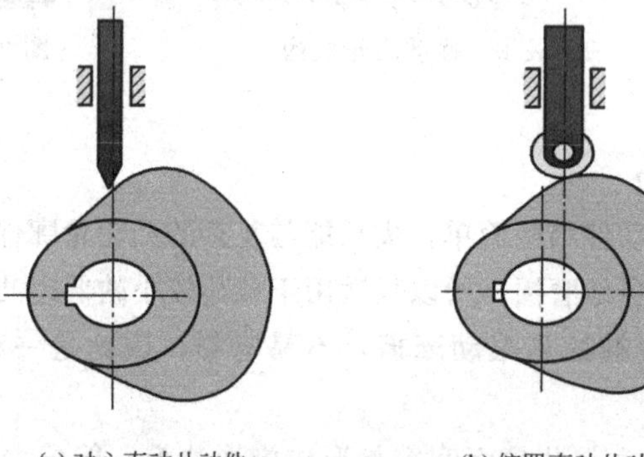

(a) 对心直动从动件　(b) 偏置直动从动件

图 2-13　按从动件运动形式分类

2.3.2　常见从动件运动规律

(1) 凸轮传动的工作过程

凸轮传动的工作过程如图 2-14 所示。

① 基圆　以凸轮最小半径 r_0 所作的圆，r_0 称为凸轮的基圆半径。

② 推程　推程运动角为 δ_0。

③ 远休　远休止角为 δ_s。

④ 回程　回程运动角为 δ_h。

⑤ 近休　近休止角为 δ_s'。

⑥ 行程 h。

⑦ 位移 $s=r-r_0$。

推杆的运动规律是指推杆在运动过程中，其位移、速度和加速度随时间变化（凸轮转角 δ 变化）的规律。

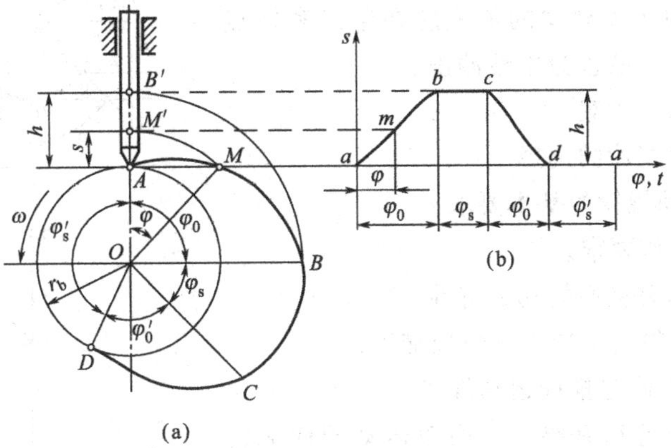

图 2-14 凸轮传动的工作过程

（2）常用的从动件运动规律

① 等速运动规律（图 2-15）

运动特性：当采用匀速运动规律时，推杆在运动的起始点和终止点因速度有突变，在理论上加速度值为瞬时无穷大，使推杆产生非常大的惯性力，致使凸轮受到很大的冲击，称为刚性冲击。

适用场合：低速、轻载。

② 等加速等减速运动规律（图 2-16）

运动特性：当采用等加速等减速运动规律时，在起点、中点和终点时加速度有突变，因而推杆的惯性力也将有突变，不过这一突变为有限值，所以，凸轮机构中由此而引起的冲击称为柔性冲击。

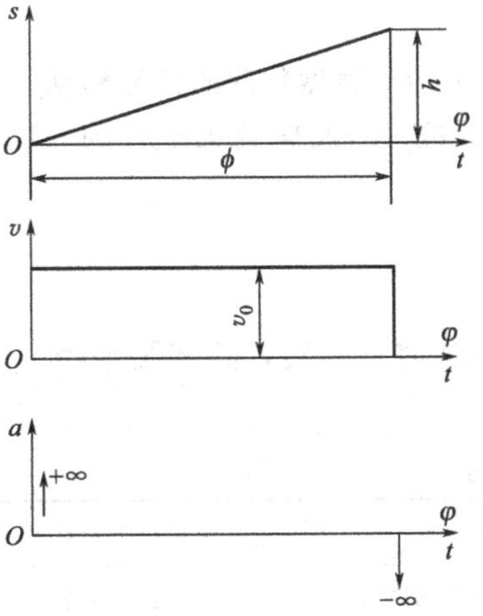

图 2-15 等速运动规律

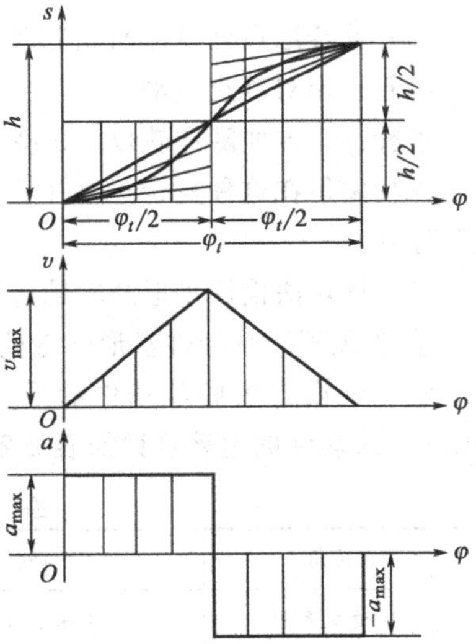

图 2-16 等加速等减速运动规律

适用场合：中速、轻载。

③ 简谐运动规律（余弦加速度运动规律） 如图 2-17 所示，当一点在圆周上等速运动时，其在直径上的投影的运动即为简谐运动。

运动特性：这种运动规律的加速度在起点和终点时有有限数值的突变，故也为柔性冲击。

适用场合：中速、中载。

（3）从动件运动规律的选择

① 选择推杆运动规律的基本要求

a. 满足机器的工作要求。

b. 使凸轮机构具有良好的动力特性。

c. 使所设计的凸轮便于加工（数控加工）。

② 根据工作条件确定推杆运动规律

a. 只对推杆工作行程有要求，而对运动规律无特殊要求。

• 推杆运动规律选取应从便于加工和动力特性来考虑。

• 低速轻载凸轮机构，采用圆弧、直线等易于加工的曲线作为凸轮轮廓曲线。

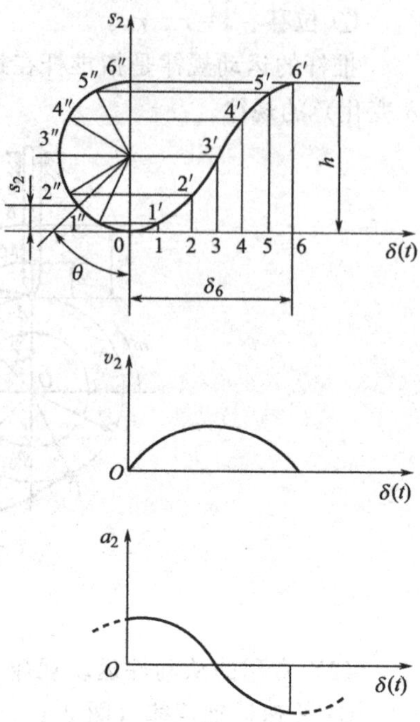

图 2-17 简谐运动规律

• 高速凸轮机构，首先考虑动力特性，以避免产生过大的冲击。

• 大质量从动件不宜选用 v_{max} 太大的运动规律。

• 高速度从动件不宜选用 a_{max} 太大的运动规律。

b. 机器工作过程对从动件的运动规律有特殊要求：凸轮转速不高，按工作要求选择运动规律；凸轮转速较高时，选定主运动规律后，进行组合改进。

2.3.3 凸轮轮廓设计的基本原理（反转法原理）

（1）反转法设计盘形凸轮轮廓

凸轮：相对静止不动。

推杆：一方面随导轨以 $-\omega$ 绕凸轮轴心转动，另一方面又沿导轨做预期的往复移动。

推杆尖顶在这种复合运动中的运动轨迹即为凸轮轮廓曲线——凸轮轮廓设计的“反转法”原理。

（2）反转法设计盘形凸轮轮廓实例

① 尖顶直动从动件盘形凸轮轮廓的设计

例 试设计尖底从动件盘形凸轮轮廓曲线。已知凸轮逆时针回转，其基圆半径 $r_b=30mm$，从动件的运动规律如表 2-2 所列。

表 2-2 凸轮机构从动件运动规律

凸轮转角	0°～180°	180°～300°	300°～360°
从动件运动规律	等速上升	等加速等减速下降到原处	停止不动

设计步骤

a. 画位移曲线　选取适当比例尺作位移线图，长度比例尺 $\mu_L=0.002$m/mm，角度比例尺 $\mu_\delta=6°$/mm，按角度比例尺在横轴上由原点向右量取 30mm、20mm、10mm，分别代表推程角 180°、回程角 120°、近停程角 60°。每 30°取一等分点等分推程和回程，得分点 1、2、…、10，停程不必取分点。在纵轴上按长度比例尺向上截取 15mm 代表推程位移 30mm。如图 2-18(a) 所示。

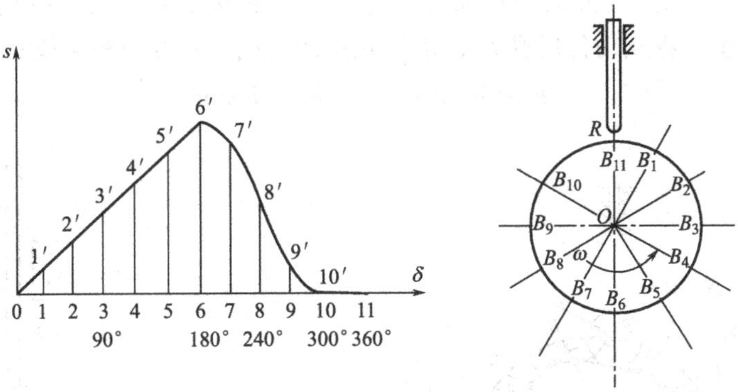

(a)　(b)

图 2-18　位移曲线的绘制

b. 作基圆取分点　任取一点 O 为圆心，以点 B 为从动件尖顶的最低点，由长度比例尺取 $r_b=15$mm 作基圆。从 B 点始，按 $-\omega$ 方向取推程角、回程角和近停程角，并分成与位移线图对应的相同等分，得分点 B_1、B_2、…、B_{11}（与 B 点重合），如图 2-18(b) 所示。

c. 确定反转后从动件尖顶的位置　根据位移取点：$B_1B_1'=11'$得点 B_1'，同样在 OB_2 延长线上取 $B_2B_2'=22'$，…，直到 B_9 点，点 B_{11} 与基圆上点 B_{11}'重合。如图 2-19(a) 所示。

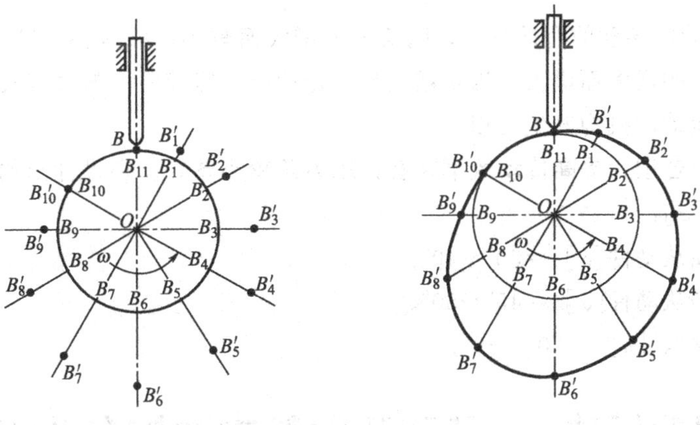

(a)　(b)

图 2-19　凸轮轮廓的绘制

d. 画轮廓曲线　将 B_1'、B_2'、…、B_{10}'连接为光滑曲线，即得所求的凸轮轮廓曲线，如图 2-19(b) 所示。

② 滚子从动件凸轮轮廓的设计　把尖顶看作是滚子中心，其运动轨迹就是凸轮的理论

轮廓曲线。凸轮的实际轮廓曲线是与理论轮廓曲线相距滚子半径 r_T 的一条等距曲线。如图 2-20 所示。

③ 偏置从动件盘形凸轮轮廓曲线设计　其方法与前述相似。但由于从动件导路的轴线不通过凸轮的转动轴心，其偏心距为 e，从动件在反转过程中其导路轴线始终与以偏距 e 为半径所作的偏距圆相切，因此从动件的位移应沿这些切线量取。

(3) 凸轮机构压力角的校核

凸轮对从动件作用力的方向与从动件上力作用点的速度方向之间所夹的锐角，用 α 表示。如图 2-21 所示，将从动件所受力 F 沿接触点的法线 n-n 方向和切线 t-t 方向分解为：

$$F_t = F\cos\alpha \qquad F_n = F\sin\alpha$$

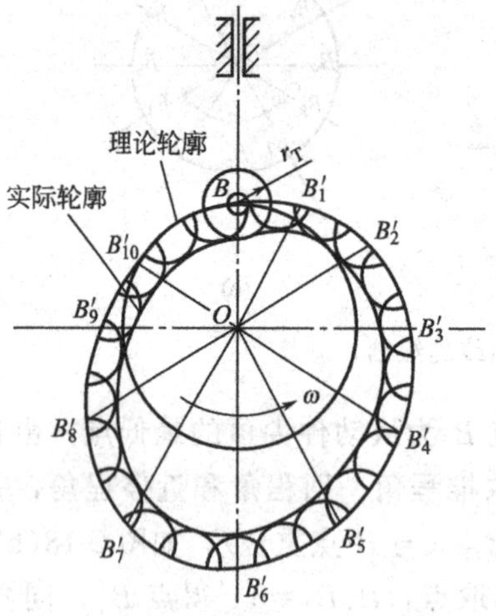

图 2-20　滚子从动件凸轮轮廓的设计

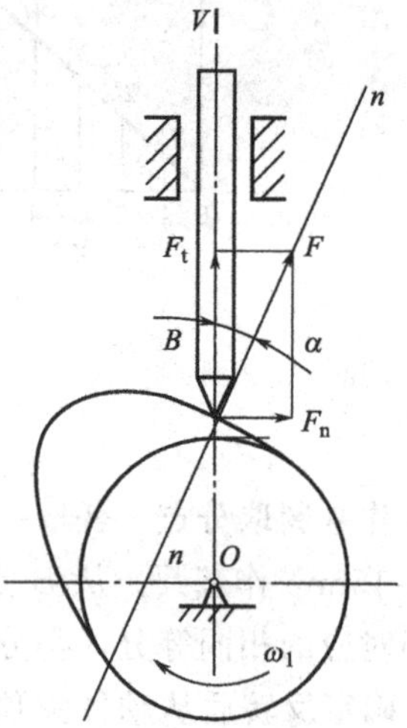

图 2-21　凸轮机构压力角

F_t 是推动从动件移动的有效分力，随着 α 的增大而减小；F_n 是引起导路中摩擦阻力的有害分力，随着 α 的增大而增大。当 α 增大到一定值时，摩擦阻力超过有效分力，此时凸轮无法推动从动件运动，机构发生自锁。

可见，从传力合理、提高传动效率来看，压力角越小越好。在设计凸轮机构时，应使最大压力角 $\alpha_{max} \leqslant [\alpha]$：

推程时，移动从动件 $[\alpha] = 30° \sim 40°$；

摆动从动件 $[\alpha] = 45° \sim 50°$。

回程时，通常取 $[\alpha] = 70° \sim 80°$。

2.4　问题解决——TRIZ创新方法与专业知识结合

通过上面的学习，我们知道凸轮轮廓是由凸轮机构从动件的运动规律决定，根据从动件不同的运动规律，可以设计不同的凸轮轮廓。各种类型的凸轮机构之间是存在一定联系的，每一种机构的变化不仅可以用机械创新设计方法来解释，同时也可以用 TRIZ 创新方法解释。

TRIZ先生出现了

（1）技术系统进化分析

凸轮机构的类型，不同机械对其结构要求不同。比如尖顶从动件对凸轮产生的磨损较为严重，不适合用于载荷大、速度高的场合，为了降低磨损，在尖顶从动件的顶端加入一个小滚子，变滑动摩擦为滚动摩擦（图 2-22），这一设计就符合 TRIZ 创新方法技术系统动态性进化法则的由刚性进化为单铰链。按照这一规律，凸轮机构可以进一步向多铰链、液体、气体到场进化。

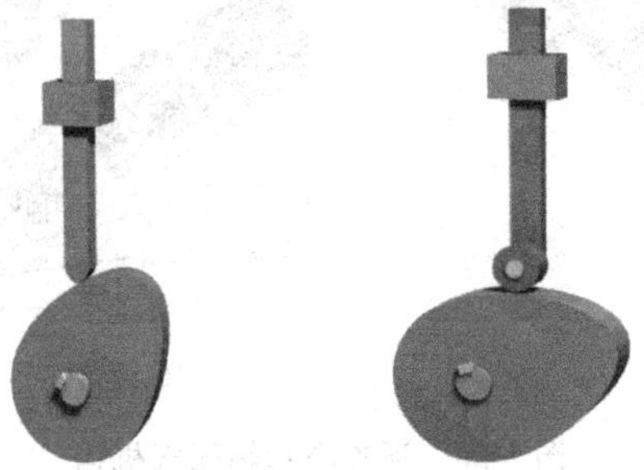

图 2-22 技术系统进化分析

（2）发明原理的应用

① 靠模车削机构（图 2-23） 工件 1 回转，凸轮 3 作为靠模被固定在床身上，刀架 2 在弹簧作用下与凸轮轮廓紧密接触。当拖板纵向移动时，刀架 2 在靠模板（凸轮）曲线轮廓的推动下做横向移动，从而切削出与靠模板曲线一致的工件。

预先作用发明原理——移动凸轮机构，在加工成型面的手柄时，可以先选用一个轮廓形状与被加工零件轮廓相同的靠模，以实现成型面的加工。

② 内燃机配气凸轮机构 通过盘形凸轮匀速转动，由于其曲线轮廓径向的变化，驱动从动件按内燃机工作循环的要求有规律地开启和闭合。

不对称发明原理——凸轮轮廓遵循不对称发明原理以实现对气门开闭的控制。

③ 自动机床的进刀机构（图 2-24）

空间维数变化发明原理——圆柱凸轮轮廓遵循空间维数变化发明原理，将移动凸轮这种平面凸轮机构变为空间凸轮机构，将主动件的移动带动从动件实现预期运动规律，变圆柱凸轮的回转带动从动件往复移动，从而使机器结构更加紧凑。

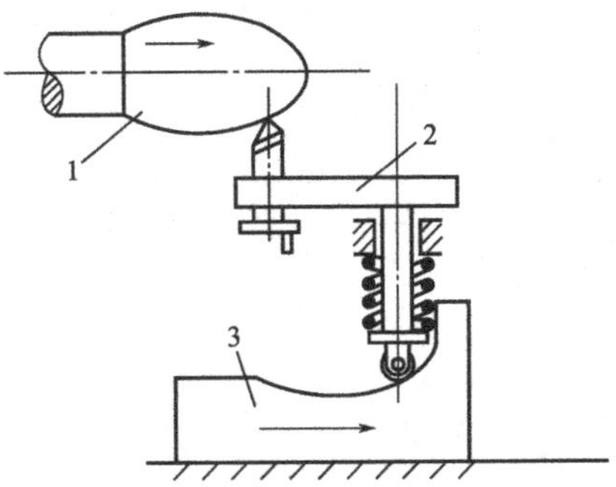

图 2-23 靠模车削机构

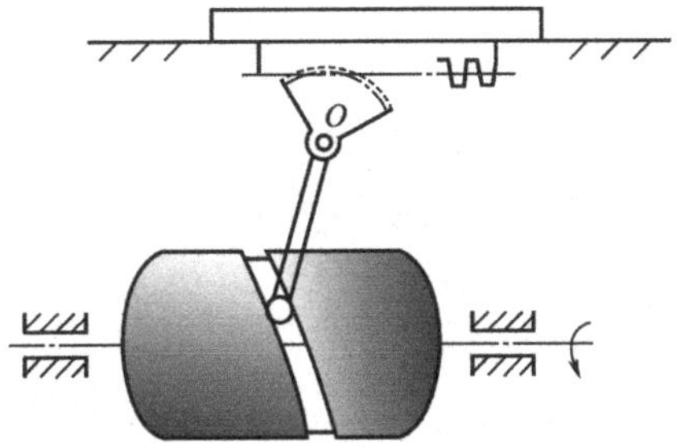

图 2-24 自动车床的进刀机构

（3）物理矛盾

气门间隙过大：进、排气门开启延后，缩短了进排气时间，降低了气门的开启高度，改变了正常的配气相位，使发动机因进气不足，排气不净而功率下降。此外，还使配气机构零件的撞击增加，磨损加快。

气门间隙过小：发动机工作后，零件受热膨胀，将气门推开，使气门关闭不严，造成漏气，功率下降，并使气门的密封表面严重积碳或烧坏，甚至气门撞击活塞。

解决方案

采用顶置凸轮轴液压挺柱驱动的配气机构（图 2-25），能够实现气门间隙自动调整。

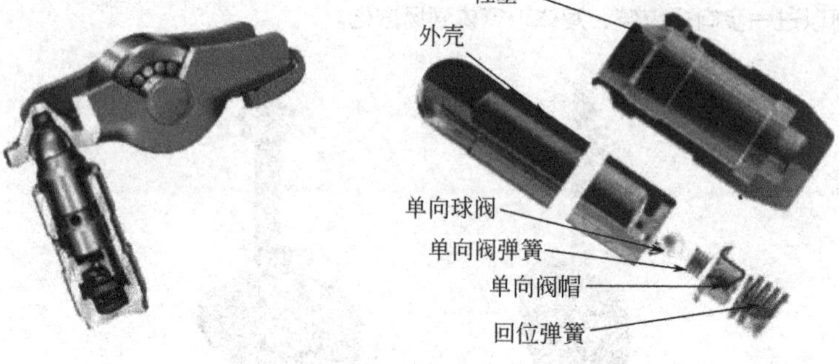

图 2-25　顶置凸轮轴配气机构

当然轿车上常见的还有带有气门间隙自动补偿器的机构。

汽油发动机随着技术发展，随着顶置凸轮轴尤其双顶置凸轮轴技术的普及，凸轮轴直接经过液压挺柱驱动气门，传统的机械摇臂被取消，通过液压进行间隙自动调整，故此种就不需要调整气门间隙了。当然现在轿车不少配气机构也会配有气门间隙自动补偿器。

案例三 基于TRIZ创新方法的工业机器人机械结构分析

工业机械手是近代自动控制领域中出现的一项新技术，并已成为现代机械制造生产系统中的一个重要组成部分，这种新技术发展很快，逐渐成为一门新兴的学科——机械手工程。机械手涉及到力学、机械学、电气液压技术、自动控制技术、传感器技术和计算机技术等科学领域，是一门跨学科综合技术。

机械手的结构形式开始比较简单，专用性较强。随着工业技术的发展，制成了能够独立地按程序控制实现重复操作、适用范围比较广的“程序控制通用机械手”，简称通用机械手。由于通用机械手能很快地改变工作程序，适应性较强，所以它在不断变换生产品种的中小批量生产中获得广泛的应用。

机器人具有结构简单、成本低廉、维修容易的优势，但功能较少，适应性较差。

3.1 问题引入——机器人使用中存在的问题

3.1.1 机器人的产生与发展

早在公元前 9 世纪的西周时期，中国就已经出现了机器人。据史料记载，在周穆王统治时期，工匠偃师曾经研制出一种能歌善舞的伶人［图 3-1(a)］，不但能做出很多高难度的动作，还能够与常人眉目传情。

春秋后期，被称为木匠祖师爷的鲁班，利用竹子和木料制造出一个木鸟［图 3-1(b)］，它能在空中飞行，“三日不下”，这件事在古书《墨经》中有所记载。

三国时期的蜀汉，丞相诸葛亮既是一位军事家，又是一位发明家。他成功地创造出“木牛流马”［图 3-1(c)］，可以运送军用物资，可称为最早的陆地军用机器人。

公元前 2 世纪，古希腊人发明了一个机器人，它是用水、空气和蒸汽压力作为动力，能

(a) 西周木偶伶人　(b) 会飞的木鸟　(c) 木牛流马

图 3-1 中国古代机器人

够动作，会自己开门，可以借助蒸汽唱歌。

1893 年，加拿大摩尔设计的能行走的机器人“安德罗丁”，是以蒸汽为动力的。

500 多年前，达·芬奇在手稿中绘制了一款人形机器人，它用齿轮作为驱动装置，由此通过两个机械杆的齿轮再与胸部的一个圆盘齿轮咬合，机器人的胳膊就可以挥舞、可以坐或者站立。再通过一个传动杆与头部相连，头部就可以转动，甚至开合下颌。而一旦配备了自动鼓装置，这个机器人甚至还可以发出声音。后来，一群意大利工程师根据达·芬奇留下的草图苦苦揣摩，耗时 15 年造出了被称作“机器武士”的机器人。

1920 年，捷克斯洛伐克剧作家卡雷尔·凯培克在他的科幻情节剧《罗萨姆的万能机器人》中，第一次提出了“机器人”（Robot）这个名词，被当成了“机器人”一词的起源。在捷克语中，Robot 这个词是指一个赋役的奴隶。“机器人”是存在于多种语言和文字的新造词，它体现了人类的一种愿望，即创造出一种像人一样的机器或人造人，能够代替人去进行各种工作。直到 40 多年前，“机器人”才作为专业术语加以引用。

20 世纪中期，随着计算机技术、自动化技术和原子能技术的发展，机器人开始在工业生产中得以广泛使用。工业机器人是面向工业领域的多关节机械手或多自由度的机器装置，它能自动执行工作，靠自身动力和控制能力来实现各种功能的一种机器。它可以接受人类指挥，也可以按照预先编写的程序运行，现代的工业机器人还可以根据人工智能技术制定的原则纲领行动。为了跟上社会进步、经济发展的步伐，工业机器人正以不同的种类逐步应用到各行各业，对国民经济发展起着举足轻重的作用。经过近百年的发展，从最初的单纯用于搬运的工业机器人，到第二代具有视觉传感器以及信息处理技术的工业机器人，再到目前在研究的“智能机器人”，工业机器人的发展及应用日新月异，在工业生产中已被大量采用。

串联结构操作手是较早应用于工业领域的机器人。机器人操作手开始出现时，是由刚度很大的杆通过关节连接起来的。关节有转动和移动两种。这些结构是杆之间串联，形成一个开运动链，除了两端的杆只能和前或后连接外，每一个杆和前面和后面的杆通过关节连接在一起。图 3-2 列出几种平移关节和平移关节与转动关节结合的机器人的机械结构。

多关节串联工业机器人的产生与发展过程，也是遵循 TRIZ 理论中关于解决技术难题的一般流程和技术系统进化的动态性进化法则的。

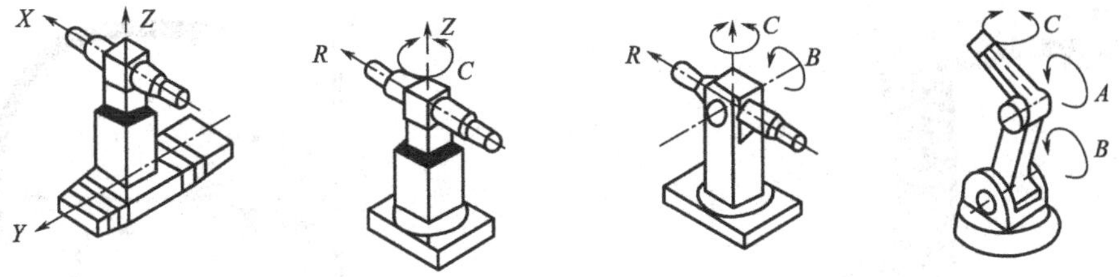

三个平移关节　　两个平移关节　　一个平移关节
一个转动关节　　三个转动关节
两个转动关节

图 3-2　机器人的机械结构

TRIZ先生出现了

（1）问题提出

三个平移关节机器人（也叫直角坐标型机器人，图 3-3）可以在三个相互垂直的方向上做线性伸缩运动。这类机械手各个方向的运动是独立的，计算和控制方便，但占地面积大，工作空间小，限于特定应用场合。而三个转动关节的机器人比三个平移关节的机器人灵活度增强，工作空间大，结构紧凑，占地面积小，但其运动学复杂，计算困难，计算量大。

（2）初步解决方案及存在的问题

发明了三个转动关节的机器人，可是三个转动关节的机器人还是没办法达到类似手臂的旋转灵活程度。

（3）最终理想解

多做几个机器人的关节，在机器人的工作空间范围内能够到达空间的任何位置和姿态！

（4）分析问题

通常，机器人需要在三维空间中运动。在直角参考坐标系中机器人操作手末端需要满足 3 个方向的位置要求和相对于 3 个坐标轴的角度要求，因而在运动或姿态控制时需要控制 3 个参数，所以，一般情况下，一个通用机器人操作手需要 3 个自由度。对于某些专用机器人不需要 3 个自由度，应在满足要求的前提下尽量减少机器人的自由度数，以便减少机器人的复杂程度，降低机器人制造成本。

（5）解决问题

机器人教父 Rodney Brooks 第一次到生产车间里和工人们交谈的时候，其中问的一个问题是：你们想不想让你们的孩子在工厂里工作？结果所有工人都回答说：不想。因为他们想让自己的孩子有份比较好的工作。实际上，是没有人喜欢做重复的、枯燥的工作的，所以在未来，那些可复制的、有清晰规则的工作，都会更多地使用工业机器人，而人力会被解放出来去做更有意义的事情，因此工业机器人就诞生了。从最初的平移关节工业机器人，到旋转关节工业机器人，再到 6 轴工业机器人（图 3-4～图 3-6）。

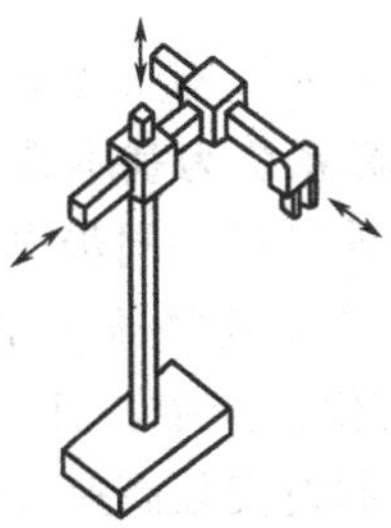

图 3-3　直角坐标型机器人

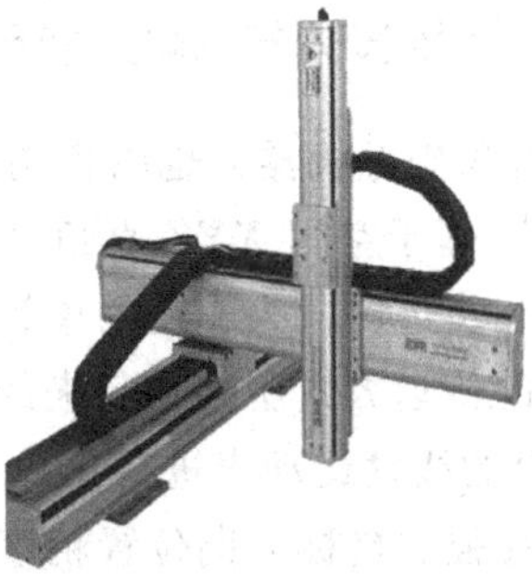

图 3-4　平移关节工业机器人

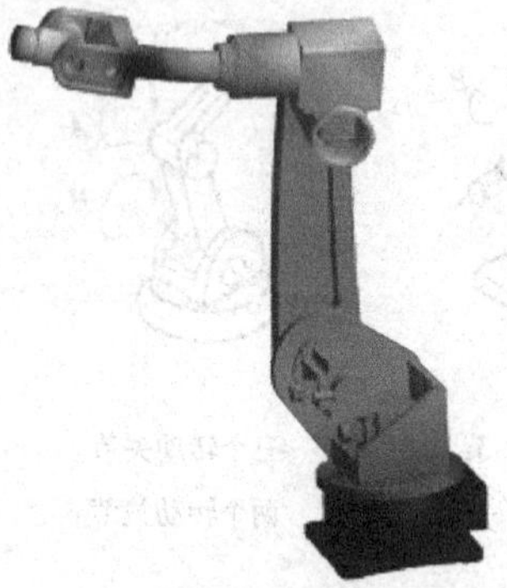

图 3-5 旋转关节工业机器人

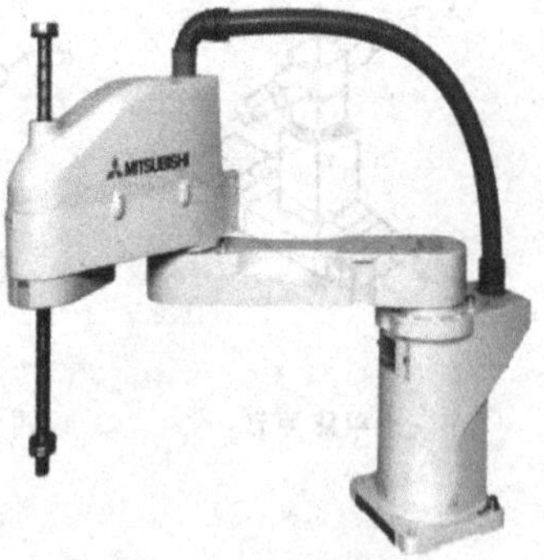

图 3-6 6 轴工业机器人

(6) 技术系统进化

根据 RTIZ 理论的八大进化法则（见本书 7 页），本例中结构柔性就是指从 3 个自由度向多个自由度进化（图 3-7）。

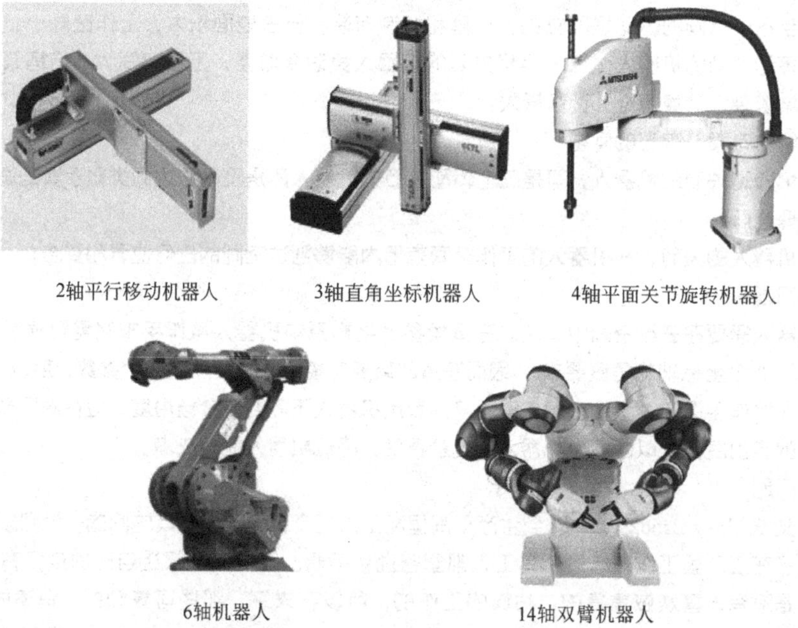

图 3-7 动态性进化法则

3.1.2 平移关节机器人使用中存在的问题

3 轴直角坐标机器人也叫直角坐标机器人，是工业机器人的一种，有 3 个轴：*X* 轴、*Y* 轴和 *Z* 轴，基于空间 *XYZ* 直角坐标系编程，是以 *XYZ* 直角坐标系统为基本数学模型，以伺服电机、步进电机为驱动的单轴机械臂为基本工作单元，以滚珠丝杆、同步皮带、齿轮齿条为常用的传动方式所架构起来的机器人系统。其工作的行为方式主要是通过完成沿着 *X*、*Y*、*Z* 轴上的线性运动来进行工作的。它已经广泛地应用于自动化生产中，具有结构简单、运动直观性强、坐标方向位置精度容易控制、漂浮物精度较高、制造安装高速方便、容易实现数字控制等特点。

但是，由于每个运动自由度之间的空间夹角为直角，待实现的工作空间大都为矩形空间，机器人不能以任意姿态到达空间的任意位置，无法完成工件复杂表面的加工。

3.2 问题分析——机器人机构的分析

想要对 3 轴直角坐标机器人进行改进，首先要了解 3 轴直角坐标机器人的结构组成。3 轴直角坐标机器人主要由机器人夹具、伺服电机、直线导轨、支撑机构、滚动轴承、机器人拖链、导线、控制器等部分组成（图 3-8 和图 3-9）。

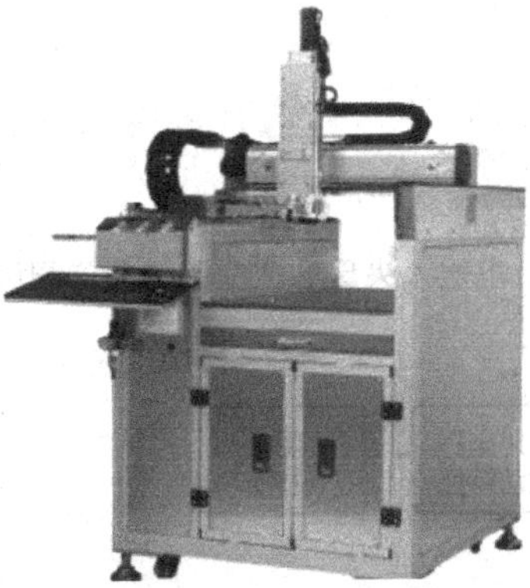

图 3-8 3 轴直角坐标机器人的基本组成

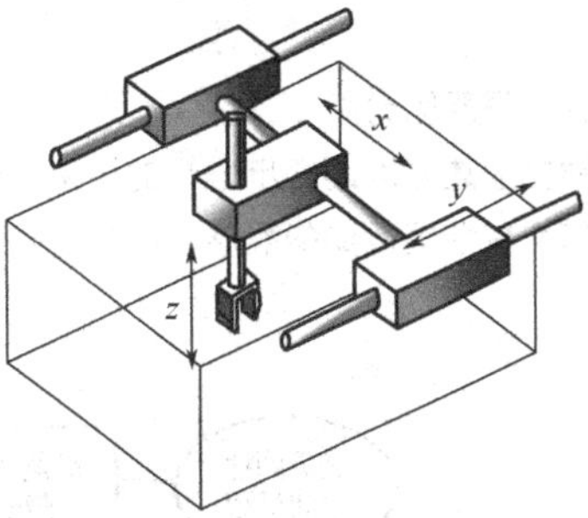

图 3-9 3 轴直角坐标机器人机械结构简图

TRIZ先生出现了

分析机器人的结构组成，有助于我们找到问题存在的原因。为了解决直角坐标机器人不能以任何姿态到达空间任一位置的问题，我们可以尝试运用 TRIZ 理论中系统功能分析的方法来构建直角坐标机器人机械结构的功能模型。

（1）系统组件分析

该系统组件主要包括末端夹具、*X* 轴电机、*X* 轴导轨、*Y* 轴电机、*Y* 轴导轨、*Z* 轴电机、*Z* 轴导轨、支撑机构等。其超系统组件有作用对象控制器、导线等。

（2）系统组件相互作用分析（表 3-1）

表 3-1 系统组件相互作用

	X 轴电机	*X* 轴导轨	*Y* 轴电机	*Y* 轴导轨	*Z* 轴电机	*Z* 轴导轨	支撑机构	末端夹具
X 轴电机		+	−	−	−	−	+	−
X 轴导轨	+		−	−	−	−	+	−
Y 轴电机	−	−		+	−	−	+	−
Y 轴导轨	−	−	+		−	−	+	−
Z 轴电机	−	−	−	−		+	+	+
Z 轴导轨	−	−	−	−	+		+	+
支撑机构	+	+	+	+	+	+		+
末端夹具	−	−	−	−	+	+	+	

(3) 建立系统的功能模型（图 3-10）

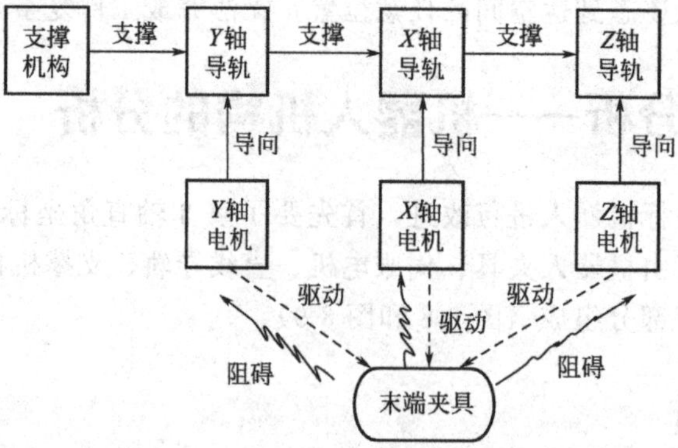

图 3-10 功能模型

(4) 根原因分析

根据上述对问题初步分析的结果，运用根原因分析法可以发现，机器人夹具到达空间受限的原因，主要是其机械结构运动的限制，如图 3-11 所示。

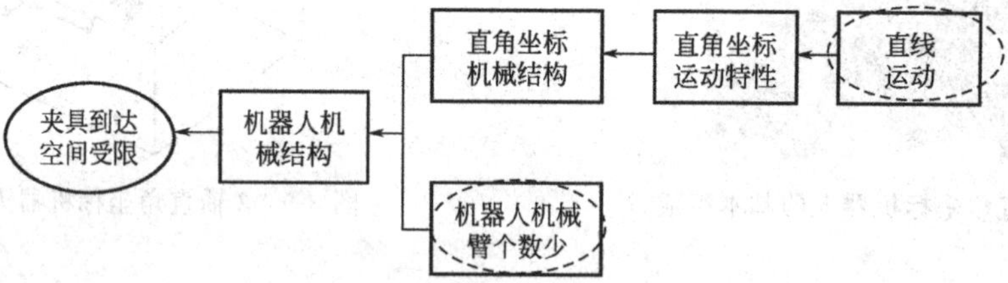

图 3-11 根原因分析

经分析有两方面原因，确定了问题的关键点：①直线运动；②机械臂个数少，造成夹具到达空间受限。然后针对问题的关键点，可以寻找该系统的最终理想解。

(5) 最终理想解（IFR）分析

从前述步骤所描述的问题及根原因分析过程可以发现，此问题产生的根本原因在于机器人机械臂沿着直线运动和机械臂个数少，从而使其不能旋转运动以任何姿态到达空间位置。

根据 TRIZ 的最终理想解（IFR）概念，最理想的系统是系统自己会完成其所需要的功能，无需外界帮助。也就是机器人的末端夹具可以灵活地在三维空间中运动，以任意姿态精确地到达空间的任意位置，完成特定的任务。

(6) 可用资源分析（表 3-2）

表 3-2 系统资源分析

类别		资源名称	可用性分析(初步方案)
系统内部资源	物质资源	电机	可用,提供动力
		导轨	可用,提供驱动方式
		支撑机构	不可用
		末端夹具	可用,采用弹性材料
	场资源	机械场	不可用
		电力	可用,提供动力
	其他资源		

续表

类别		资源名称	可用性分析(初步方案)
系统外部资源	物质资源	控制器	可用,控制运动方式
		大地	不可用
		人	不可用

通过对直角坐标机器人机械结构分析，想要解决机器人末端夹具可以以任意姿态到达任意空间的问题，我们还需要进一步学习机器人机械结构的相关专业知识，为解决该问题提供理论上的指导和专业上的帮助。

3.3 知识链接——6自由度多关节机器人机械结构的认识

3.3.1 6自由度多关节机器人机械结构组成

机器人的机械结构（图 3-12）指机器人本体机构和机械传动系统，也是机器人的支持基础和执行机构。

机器人的机械结构主要包括基座、腰部、手臂（大臂和小臂）和手腕 4 部分。

① 基座　是机器人的基础部分，起支撑作用。

② 腰部　是机器人手臂的支撑部分。

③ 大臂、小臂　手臂是连接机身和手腕的部分，是执行结构中的主要运动部件，亦称主轴，主要用于改变手腕和末端执行器的空间位置。

④ 手腕　是连接末端执行器和手臂的部分，亦称次轴，主要用于改变末端执行器的空间姿态。

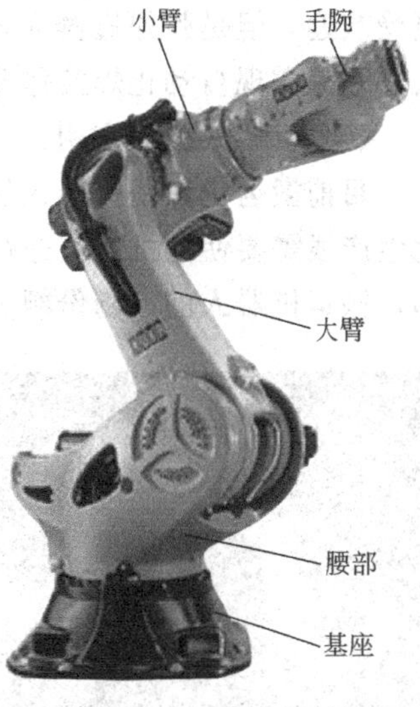

图 3-12　6 轴机器人机械结构组成

3.3.2 6自由度多关节机器人机械结构的特点

机器人的 6 个关节均为转动关节，第 2、3、5 关节做俯仰运动，第 1、4、6 关节做回转运动。机器人后 3 个关节轴线相交于一点，为腕关节的原点，前 3 个关节确定腕关节原点的位置，后 3 个关节确定末端执行器的姿态。第 6 关节预留适配接口，可以安装不同的工具（如手爪）以适应不同的作业任务要求。如图 3-13 所示。

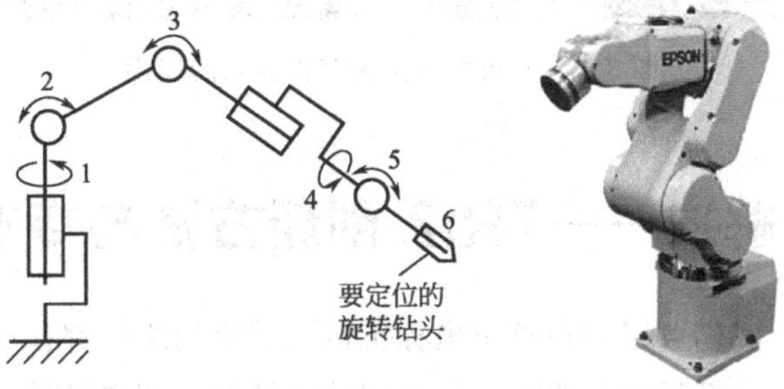

图 3-13　6 自由度多关节机器人

3.3.3 6自由度多关节机器人的应用（图 3-14）

（1）机械加工应用

机械加工行业机器人应用量并不高，只占了 2%。机械加工机器人主要从事应用的领域包括零件铸造、激光切割以及水射流切割。

（2）机器人喷涂应用

这里的机器人喷涂主要指的是涂装、点胶、喷漆等工作。4%的工业机器人从事喷涂的应用。

（3）机器人装配应用

装配机器人主要从事零部件的安装、拆卸以及修复等工作。

（4）机器人焊接应用

机器人焊接应用主要包括汽车行业中使用的点焊和弧焊。虽然点焊机器人比弧焊机器人更受欢迎，但是弧焊机器人近年来发展势头十分迅猛。许多加工车间都逐步引入焊接机器人，用来实现自动化焊接作业。

（5）机器人搬运应用

目前搬运仍然是机器人的第一大应用领域，约占机器人应用整体的 4 成左右。许多自动化生产线需要使用机器人进行上下料、搬运以及码垛等操作。近年来，随着协作机器人的兴起，搬运机器人的市场份额一直呈增长态势。

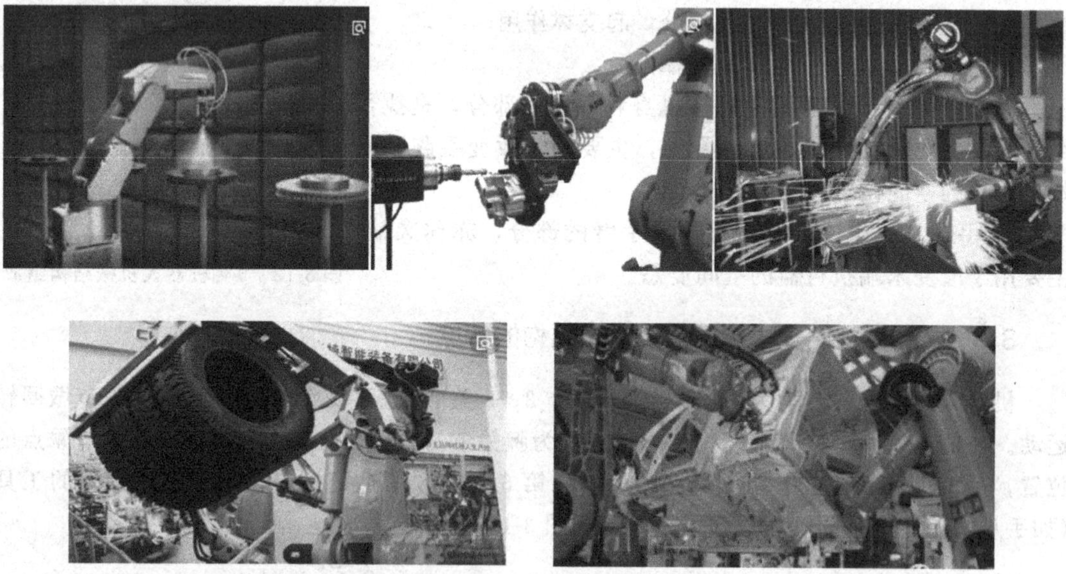

图 3-14　6 自由度多关节机器人的应用

3.4 问题解决——TRIZ 创新方法与专业知识结合

通过上面的学习，我们可以知道直角坐标机器人的机构之间都存在一定的内在联系，它们可以通过构件形状、运动尺寸的改变，运动副的转换及机架置换等方式相互演变。这些演变方式就是传统机械设计的基本方法，也是机械创新设计的常用方法之一。除此之外，当我们解决一些实际问题的时候，是否能结合一些 TRIZ 创新方法。例如在解决直角坐标机器人不能以任意姿态到达空间任意位置这一问题时，为了提高解决问题的效率，下面将结合 TRIZ 理论解决技术难题的流程和方法来解决这个问题。

TRIZ先生出现了

工具 1 》 技术矛盾

针对直角坐标机器人使用过程中存在的问题，现有的解决方案就是将机器人的自由度增加，机器人的末端装置可以以任意姿态到达任意位置。但自由度增加后，机器人系统变得更为复杂。这时就出现了一对技术矛盾（见本书 17 页）。下面我们就利用技术矛盾来解决机器人机械问题。

利用 TRIZ 的“如果……那么……但是……”对该技术矛盾进行规范描述：

如果直角坐标机器人末端夹具可以以任意姿态到达空间任意位置

那么机器人的自由度增加

但是机器人系统的设计将更为复杂

根据以上对初步方案的分析，自由度的增加相当于制造精度的提高，我们可以将其改善和恶化的性能与 TRIZ 技术矛盾中的 39 个工程参数进行对应。

改善的工程参数：制造精度

恶化的工程参数：系统的复杂性

根据所对应的工程参数查找矛盾矩阵表，得到发明原理：26，02，18。

利用发明原理找到解决该技术矛盾的具体方案如图 3-15 所示。

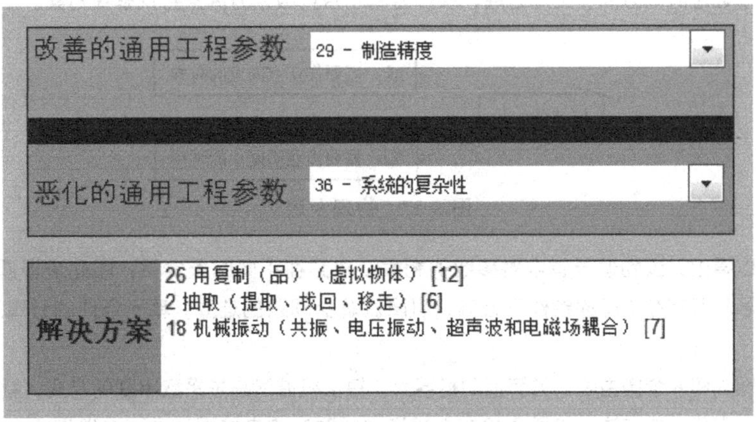

图 3-15 查找发明原理

发明原理 No. 26 》 复制原理

该原理有这样一个解释：用可以按比例放大或缩小的影像（图像或光学复制品）来替代实物。根据以上解释，我们得到的方案就是在以前 3 个平移轴的基础上复制增加 3 个旋转轴，变成 6 自由度的关节机器人装置（图 3-13），这样机器人的末端夹具就可以以任意姿态到达空间的任意位置了。

发明原理 No. 02 抽取原理

该原理是指抽出物质中必要的、有用的部分或需要的属性。由此我们可以想到，在直角坐标机器人 X、Y、Z 方向上平移的基础上，抽取在 X、Y 方向上具有顺从性，而在 Z 轴方向具有良好的刚度的特性，发明了 SCARA（选择顺应性装配机器手臂）机器人，这样的机器人类似人的手臂，可以伸进有限空间中作业，然后收回，适合于搬动和取放物件，如集成电路板零件的安装等。如图 3-16 所示。

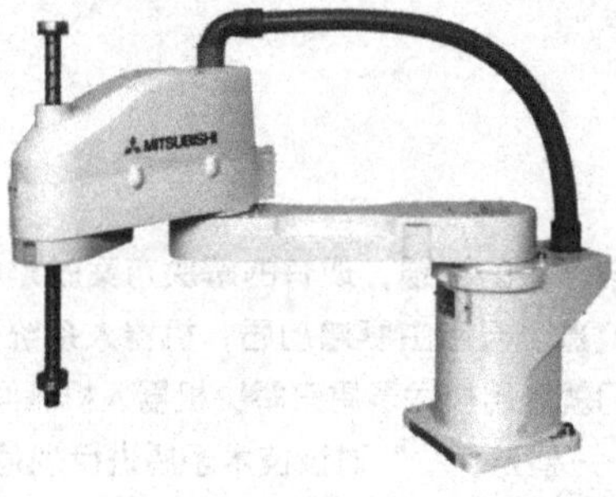

图 3-16 3 个旋转关节的 SCARA 机器人

工具 2 物理矛盾（图 3-17）

机器人在完成一定工作任务时，有时候需要机械臂长一点，这样可以作业的空间大一些。例如水果采摘机器人，我们希望机器人的手臂长一些，以完成水果的采摘任务。但当机器人的手臂太长，则机器人在旋转和伸缩时的灵活程度就会降低，所以机器人机械臂的增加会降低机器人的灵活程度。相反，当机器人在物品分拣时，又希望缩短机器人的机械臂长度，进一步增加机器人的灵活性。也就是说对于机器人的机械臂，我们既希望它长，又需要它短。这种对系统中同一参数的相反要求，TRIZ 创新方法中称之为物理矛盾，物理矛盾可以通过时间分离、空间分离、条件分离和系统级别分离来寻找解决方案。

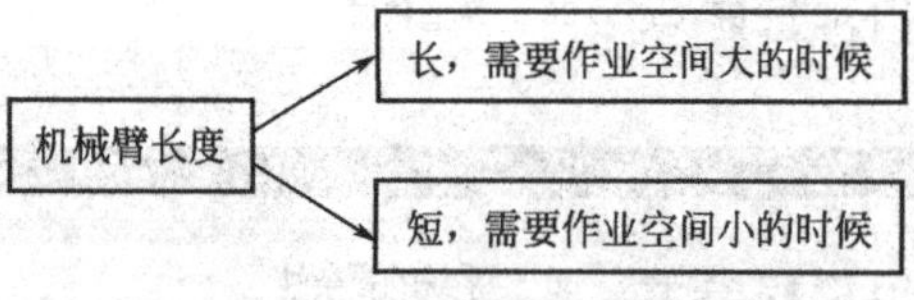

图 3-17 物理矛盾

通过分析可以看出，该物理矛盾中对参数的相反要求是在不同的条件下，因此该矛盾可以从“条件”上进行分离。将矛盾双方在不同的条件下分离，以降低解决问题的难度。基于条件的分离采取“相反的方法”原理。

直角坐标机器人和 6 个自由度的关节运动机器人，每个机械臂都是采取串联的方式，就像我们的胳膊一样去抓取东西。采取相反的方法，机器人机械臂采取“并联”的方式驱动末端夹具作业，既缩短了机械臂的长度，又增加了机械臂的灵活性（图 3-18）。

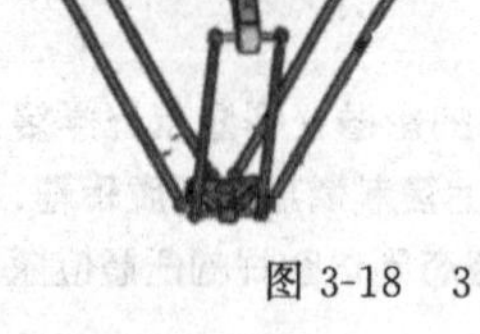

图 3-18 3 轴并联机器人

工具 3 》 技术系统动态性进化法则

动态性技术系统的进化法则见本书 7 页。结构柔性就是指任何产品都可以由刚性的一维向柔性的多维进化。

机器人的进化也是遵循这一进化法则，由刚性连接的直角坐标进化为多关节，由单轴运动进化为多轴关节运动的遥控机器人（图 3-19）。

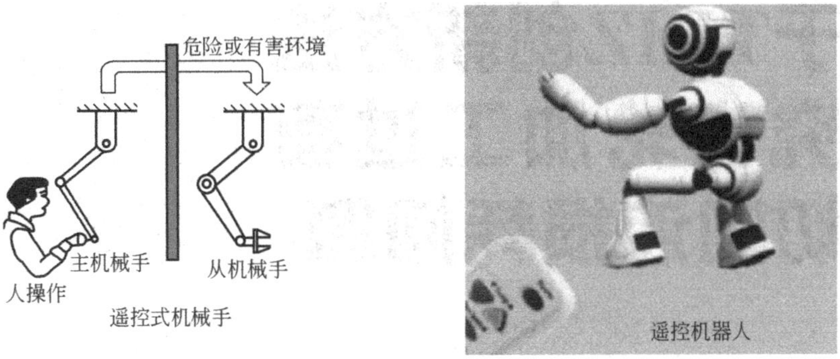

图 3-19 技术系统动态性进化法则

机器人的发展变化就像生物进化一样，再结合一定的创新思维和创新方法，创造了智能化的机器人。比如智能厨师机器人（图 3-20）、智能服务机器人（图 3-21）等，这些机器人从不同方面解决了生产和生活中的困难。

图 3-20 智能厨师机器人

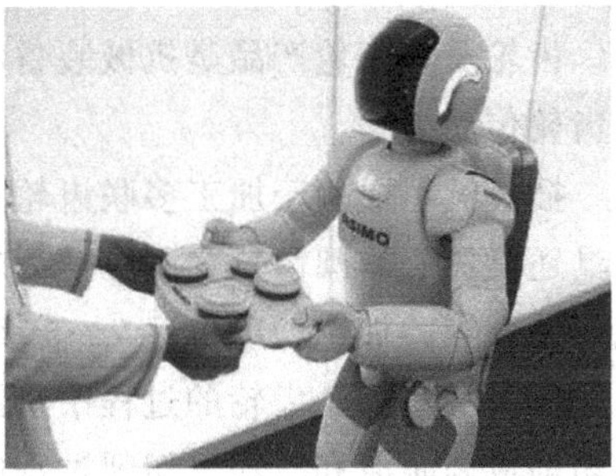

图 3-21 智能服务机器人

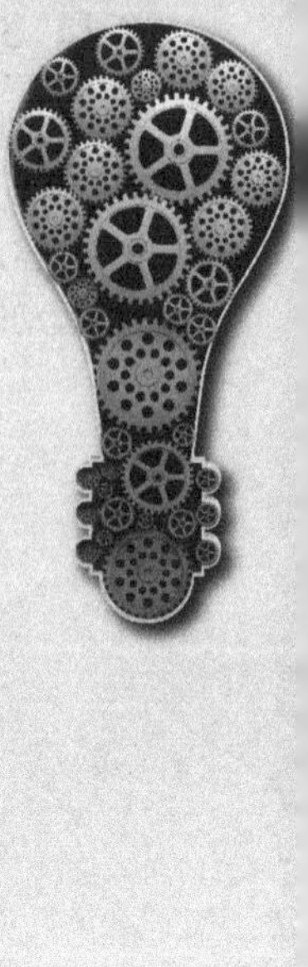

案例四
基于TRIZ创新方法研究齿轮加工过程中切削液损耗问题

4.1 问题引入——齿轮加工过程中切削液损耗问题

齿轮及其齿轮产品是机械装备的重要基础件，绝大部分成套机械设备的主要传动部件都是齿轮传动。

插齿机主要用于加工多联齿轮和内齿轮，加附件后还可加工齿条。在插齿机上使用专门刀具还能加工非圆齿轮、不完全齿轮和内外成型表面，如方孔、六角孔、带键轴（键与轴连成一体）等。加工精度可达 7～5 级，最大加工工件直径达 12m。

插齿机在加工齿轮的过程中（图 4-1），插齿刀的上、下往复运动会产生摩擦和热量，需要切削液来润滑和冷却。切削过程中会产生大量的热，这些热量传递到润滑液中，导致切削液挥发损失；另一方面，切削产生大量铁屑，铁屑细碎且表面粗糙，黏附大量切削液，导致切削液损耗。

图 4-1　齿轮加工

TRIZ先生出现了

降低插齿机插齿过程中切削液的损失，可以利用 TRIZ 理论中关于解决技术难题的一般流程和技术系统进化的动态性进化法则。

(1) 问题提出

加工齿轮（插齿）过程中，不用切削液，会出现降低插齿刀工作寿命、齿轮加工精度降低等问题；使用切削液，一方面会在切削齿轮过程中产生大量的热，传递给切削液，使切削液温度升高，导致切削液蒸发，另一方面切削产生大量铁屑，铁屑细碎表面积大，黏附大量切削液无法回收，导致切削液损耗。

(2) 初步解决方案及存在的问题

如果要减少蒸发和铁屑黏附，就要降低切削热，使切削液温度不达到沸点；将黏附切削液的铁屑静置沥油中回收。

(3) 最终理想解

不用切削液，又能保证齿轮加工精度该多好啊！

(4) 分析问题

从目前机械加工技术的发展来看，在未来很长一段时间利用插齿机来进行加工齿轮还是必要的，只要刀具和插齿机技术没有彻底地技术革新，利用切削液在加工齿轮的过程中进行冷却和润滑是不会改变的。

(5) 解决问题

经过工程师大量的工程试验和改进，最终想出了很多办法，如在油箱上增设换热器；用热管刀具代替传统插齿刀，并安置磁力环形托盘代替导流组件；使用特制的切削液代替传统的切削液，降低切削液挥发和铁屑黏附。

4.2 问题分析——齿轮生产中切削液损耗的分析

想要解决加工齿轮（插齿）过程中降低切削液损耗的问题，首先要分析切削液存在的意义和损耗的原因。能不能在加工过程中不使用或少使用切削液？

首先，切削液的作用是什么？在常规的加工方式中，切削液起着冷却降温和加工润滑的重要作用，同时还有提高加工精度、减少刀具的磨损，兼具有防锈性、防霉性、清洗性等重要作用。从目前广泛采用的加工技术来看，切削液有着十分重要的作用，在常规齿轮加工中还是必须存在的。

其次，切削液在加工过程中为什么损耗严重？其主要原因是在切削齿轮过程中产生大量的热，传递给切削液，使切削液温度升高，导致切削液蒸发；另一方面切削产生大量铁屑，铁屑细碎表面积大，黏附大量切削液无法回收，导致切削液损耗。

那么如何降低切削液损耗？

TRIZ先生出现了

分析齿轮加工系统的结构组成，有助于我们找到问题存在的原因。为了解决切削液在使用中损耗的问题，我们可以尝试运用 TRIZ 理论中系统功能分析的方法来构建齿轮加工系统的功能模型。

(1) 系统组件分析

该系统组件主要包括输油组件、插齿刀、工件、铁屑、卡具、导流组件等。其超系统组件有作用对象空气、热场、传动组件、控制组件等。

（2）系统组件相互作用分析（表 4-1）

表 4-1　系统组件相互作用分析

	切削液	输油组件	插齿刀	工件	铁屑	卡具	导流组件	空气	热场	传动组件	控制组件
切削液		+	+	+	+	−	+	+	+	−	−
输油组件	+		−	−	−	−	−	−	−	−	+
插齿刀	+	−		+	+	−	−	−	+	+	−
工件	+	−	+		−	+	−	−	−	−	−
铁屑	+	−	+	−		−	+	−	−	−	−
卡具	−	−	−	+	−		−	−	−	−	−
导流组件	+	−	−	−	+	−		−	−	−	−
空气	+	−	−	−	−	−	−		−	−	−
热场	+	−	+	−	−	−	−	−		−	−
传动组件	−	−	+	−	−	−	−	−	−		+
控制组件	−	+	−	−	−	−	−	−	−	+	

（3）建立系统的功能模型（图 4-2）

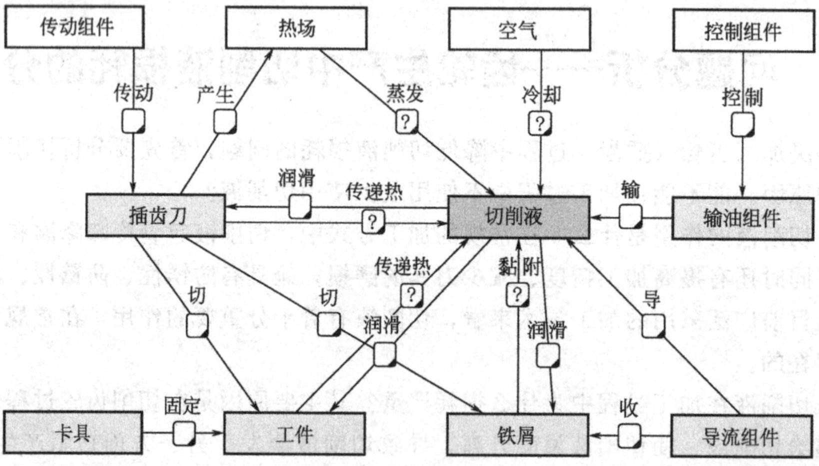

图 4-2　功能模型

（4）根原因分析（图 4-3）

根据上述对问题初步分析的结果，运用根原因分析法可以发现，切削液损耗的原因主要是其结构运动原理的限制。

针对这个原因，确定了问题的关键点：①插齿过程摩擦力大，产生大量热，导致切削液蒸发；②切削产生大量铁屑，黏附带走切削液，导致损失。针对问题的关键点，可以寻找该系统的最终理想解。

（5）最终理想解（IFR）分析

根据 TRIZ 的最终理想解（IFR）概念，最理想的系统是系统自己会完成其所需要的功能，无需外界帮助。也就是不用减少切削液损失，同时不耗能，且不增加成本、不增加有害功能。

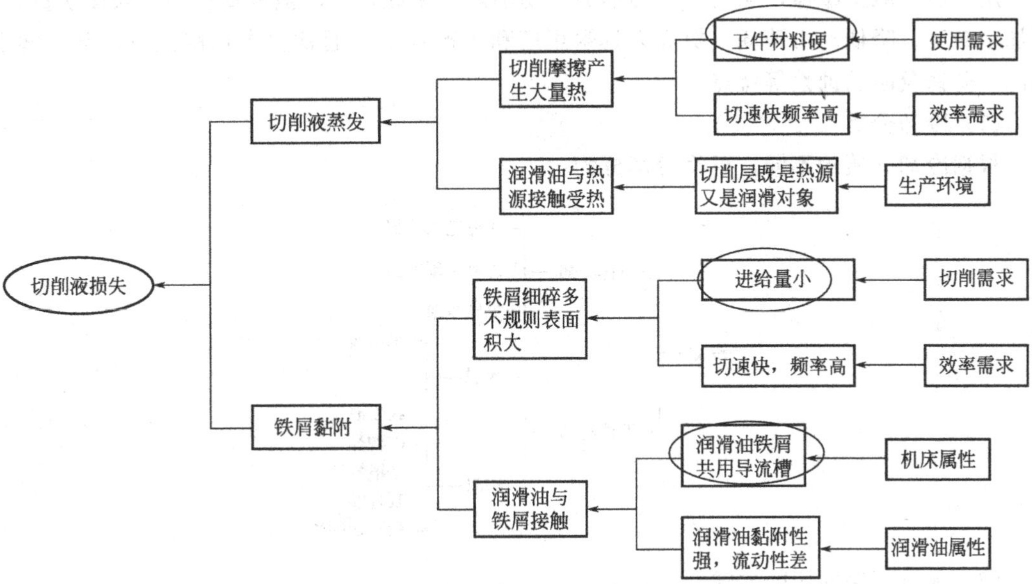

图 4-3　根原因分析树状图

（6）可用资源分析（表 4-2）

表 4-2　系统资源分析

类别		资源名称	可用性分析（初步方案）
系统内部资源	物质资源	切削液	可用，可冷却
		输油组件	可用，可增设换热器
		插齿刀	可用，可增加散热面积
		工件	不可用
		卡具	可用，可以安装散热设备
		导流组件	可用，可以延展，更有利于回收油
		铁屑	可用，可以加工回收铁屑黏附的油
	场资源	摩擦力	可用，可改变大小
		热能	可用，改变热能交换速度
	其他资源	工件内部空间	可用，可在工件内部空间增加冷却管道

通过对齿轮加工过程系统分析，想要解决切削液损耗的问题，我们还需要进一步学习切削液的相关专业知识，为解决该问题提供理论上的指导和专业上的帮助。

4.3 知识链接——切削加工冷却的认识

4.3.1 机床外部冷却

在金属切削过程中，切削液不仅能带走大量切削热，降低切削区温度，而且由于它的润滑作用，还能减少摩擦，从而降低切削力和切削热。因此，切削液能提高加工表面质量，保证加工精度，降低动力消耗，提高刀具耐用度和生产效率。通常要求切削液有冷却、润滑、清洗、防锈及防腐蚀性等特点。

（1）冷却分类

根据冷却介质的不同，可将冷却分为：

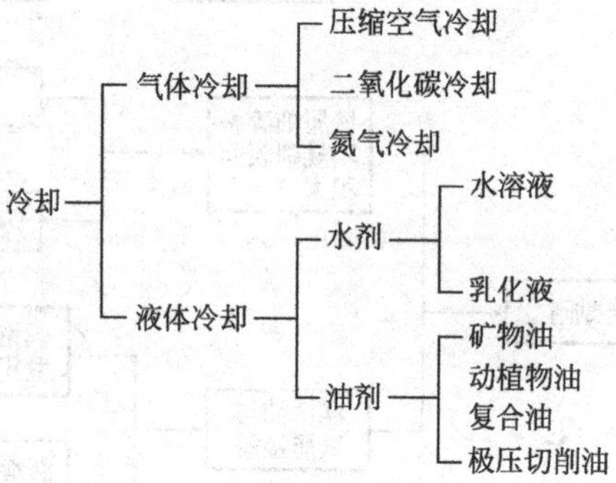

（2）绿色环保的切削方式

① 喷雾润滑冷却　气液混合体以雾化的方式喷射到加工区，微雾颗粒在高温下气化，吸收大量切削热。切削液用量 10～50ml/h。

② 冷风喷雾润滑冷却　低温风冷与喷雾润滑冷却的有机结合，用于不锈钢、钛合金等切削温度极高、切削难度极大的加工。

（3）冷却系统的基本组成

① 冷却泵——以一定的流量和压力向切削区供应冷却液。多采用高速离心泵（叶轮泵）。立式泵较多，安装时要求：泵底距水箱底面留有 25mm 的距离；最低吸水位置在泵底以上 40mm 处。

② 冷却液箱——沉淀用过的并储存待用的冷却液。冷却液箱有足够的容积，能使已用过的冷却液自然冷却。有效容积一般为冷却泵每分钟输出冷却液容积的 4～10 倍。

③ 输液装置——管道、喷嘴等，把冷却液送到切削区。管道内径也有具体的要求：一般根据通过管道的流量及流速来确定（冷却管道内径 $d=4.6$mm；Q 为通过管道的流量，L/min；v 为管道中冷却液的流速，m/s）。喷嘴采用可调塑料冷却管，嘴口形状可分为圆形及扁嘴形，其口径有 1.5、2.5、3.5、6.5、8.5、10（mm）等。根据喷嘴数量、口径大小及流量系数的乘积来确定所需水泵的流量。

④ 净化装置——清除冷却液中的机械杂质，使供应到切削区的冷却液保持清洁。多采用隔板或筛网来过滤杂质。普通冷却泵的通过精度不超过 2mm。对磨削加工或其他精加工，要求更高的过滤等级，多采用纸质过滤器、磁性分离器和涡旋分离器等装置。

⑤ 防护装置——防护罩等，防止冷却液到处飞溅。防护罩要求安全可靠，且便于观察（采用有机玻璃）。

（4）常见刀具外冷方式

① 分流快安装可调整冷却管的方式，结构简单，调整方便，安装要求低。

② 主轴环喷，出水口一般较小（3mm 左右），要求压力即扬程较大，对泵的要求较高，安装的密封、过滤等要求较高。

③ 主轴中心出水（即刀具中心出水），特殊中心出水主轴，尾部通过旋转接头同冷却管路连接，特殊刀具，大扬程水泵。

4.3.2 切削液概念

切削液是一种用在金属切削、磨加工过程中，用来冷却和润滑刀具和加工件的工业用液体。切削液由多种超强功能助剂经科学复合配合而成，同时具备良好的冷却性能、润滑性能、防锈性能、除油清洗功能、防腐功能、易稀释等特点，克服了传统皂基乳化液夏天易臭、冬天难稀释、防锈效果差的毛病，对车床漆也无不良影响，适用于黑色金属的切削及磨加工，属当前领先的磨削产品。切削液各项指标均优于皂化油，具有良好的冷却、清洗、防锈等特点，并且具备无毒、无味、对人体无侵蚀、对设备不腐蚀、对环境不污染等特点。

4.3.3 切削液的作用

合理选用切削液，可以改善金属切削过程中的界面摩擦，减少刀具和切屑的黏结，抑制积屑瘤和鳞刺生长；降低切削温度，减少工件热变形；提高刀具耐用度，从而保证和提高加工质量及生产效率。一般来说，正确使用切削液，可提高切削速度30%左右，降低切削温度100～150℃，减小切削力10%～30%，延长刀具寿命4～5倍。

（1）润滑作用

切削液能渗入到刀具、切屑、加工表面之间而形成薄薄的一层润滑膜或化学吸附膜，从而起润滑作用，因此，可以减少它们之间的摩擦，减轻黏结现象并抑制积屑瘤，故可改善表面质量。其润滑效果主要取决于切削液的渗透能力、吸附成膜的能力和润滑膜的强度。在切削液中加入不同成分和比例的添加剂，可改变其润滑能力。

切削液的润滑效果还与切削条件有关。例如，切削速度越高，切削厚度越大，工件材料强度越高，切削液的润滑效果就越差。

（2）冷却作用

通过切削液的热传导、对流和汽化作用，切削液能从切削区域带走大量的切削热，使切削温度降低。切削液冷却性能的好坏，取决于它的传热系数、比热容、汽化热、汽化速度、流量、流速及本身温度等。在刀具材料的耐热性较低、工件材料的热膨胀系数较大或它们的导热性很低的情况下，切削液的冷却作用显得尤为重要。一般来说，水溶液的冷却性能最好，乳化液次之，油类最差。

（3）清洗作用

切削液的流动可冲走切削区域和机床导轨上的细小切屑及脱落的磨粒，这对磨削、深孔加工，尤其对精密加工来说是十分重要的。切削液的清洗能力与它的渗透性、流动性及使用的压力有关，同时还受到表面活性剂性能的影响。表面张力低、渗透和流动性好的切削液，清洗效果就好。为此，往往要提高乳化油中表面活性剂的含量，加入少量矿物油，然后加水稀释，组成半透明的乳化液或水溶液。

（4）防锈作用

在切削液中加入防锈添加剂以后，可以在金属材料的表面上形成附着力很强的一层保护膜，或与金属化合形成钝化膜，对工件、机床、刀具都能起到很好的防锈、防蚀作用。

4.3.4 切削液中的添加剂与切削液的种类

(1) 切削液中的添加剂

为适应各种要求，改善切削液的性能所加入的化学物质，称为添加剂。添加剂在切削液中所占的比例极小，约0.01%～5%。添加剂是一些化学物质，可分为油性添加剂、极压添加剂、表面活性剂和其他添加剂。

① 油性添加剂 油性添加剂含有极性分子，能与金属表面形成牢固的吸附膜，但不能耐高温高压，只能在较低的切削速度下起到较好的润滑作用。油性添加剂有动物油、植物油、脂肪酸、胺类、醇类、脂类等。

② 极压添加剂 极压添加剂是含有硫、磷、氯、碘等的有机化合物，它们在高温下与金属表面起化学反应，形成能耐较高温度和压力的化学润滑膜。此润滑膜能承受很高的压强，能防止金属界面直接接触，降低摩擦系数，保持良好的切削润滑条件。

③ 表面活性剂 表面活性剂即乳化剂，具有乳化作用和油性添加剂的润滑作用。前者使矿物油和水混合乳化，形成乳化液；后者吸附在金属表面上形成润滑膜。常用的表面活性剂有石油磺酸钠、油酸钠皂等，它们的乳化性能好，且具有一定的清洗、润滑、防锈性能。以松香、顺酐和多元胺等原料合成的非离子表面活性剂H具有优异的润滑和防锈性能。

④ 其他添加剂 其他还有防锈添加剂（如亚硝酸钠等）、抗泡沫添加剂（如二甲硅油）和防霉添加剂（如苯酚等）、乳化添加剂（如乙二醇、乙醇等）、助溶添加剂（如乙醇、正丁醇等）。添加剂选择恰当，可得到效果良好的切削液。应当说明的是，防霉添加剂可起到杀菌和抑制细菌繁殖的效果，但也会使操作工人皮肤起红斑、发痒等，所以尽可能不用。

(2) 切削液的种类

切削液主要有水基和油基两种，前者冷却能力强，后者润滑性能突出。

① 水基切削液根据其成分的不同可分为水溶液、乳化液或化学合成液三种。水基切削液中都添加有防锈剂，也有再添加极压添加剂的。

水溶液的主要成分是水，其冷却与冲洗性能好；但单纯的水溶液易使金属生锈，润滑性也差，因此要添加一定的防锈添加剂或油性添加剂，如聚乙二醇、油酸等。为了提高磨削时的清洗作用，还可加入清洗剂。

乳化液是由乳化油用水稀释而成的乳白色液体。其冷却和润滑性能较好，主要用于钢、铸铁和有色金属的切削加工，也用于磨削。为提高浓度低的乳化液的润滑和防锈性能，可加入油性剂、极压和防锈添加剂。乳化液可分为防锈、清洗、极压、透明乳化液四种。其中，极压乳化液的润滑性较好；透明乳化液可用于精磨加工。

化学合成液是用水将亚硝酸盐以外的各种无机盐（磷酸盐、硼酸盐、钼酸盐等）、链醇胺以及有机防锈剂稀释成为透明状的切削液，有较好的防锈和消泡性，但润滑性较差，一般只适合于钢和铸铁的磨削加工。

一种新型水基切削液，是由非离子表面活性剂H和油酸三乙醇胺酯等复合配制而成的，具有优良的润滑性、防锈性、冷却性和清洗性，是水基切削液的重大突破。

② 油基切削液的主要成分是各种矿物油、动物油、植物油，或由它们组成的复合油，并可视需要添入各种添加剂，如极压添加剂、油性添加剂等。在高温高压下的边界润滑摩擦

称为极压润滑状态。在矿物油中添加含氯、硫和磷等极压添加剂、油性剂及防锈剂，使在高温高压下仍维持良好的润滑和防锈性能，称为极压切削油，特别适合于强力切削和难加工材料的加工。

矿物油：有各种黏度可供选用，热稳定性好，价格便宜。低黏度渗透性好的矿物油，除用于黄铜、易切削钢的轻切削外，也可用于轻合金研磨和超精加工。常用的有机械油、轻柴油和煤油等。

动、植物油：有良好的油性，能吸附在金属表面上，形成牢固的润滑膜，故有良好的润滑性能。适用于切削速度较低的精加工，例如铰削和螺纹加工。豆油、菜油、棉籽油、蓖麻油、猪油、鲸鱼油均属此类。

复合油：以矿物油为基础，添加混合植物油5%～30%，改善其润滑性能，适用于低速切削或轻切削，刀尖温度不太高的断续切削，以及使用极压油会变色或有腐蚀现象的有色金属（如铜合金）加工。

极压油：有硫化油、氯化油、复合硫化矿物油三种。

4.3.5 切削液的选择与应用

（1）切削液的选择

切削液的效果，除了取决于切削液本身的性能外，还取决于工件材料、刀具材料和加工方法等因素，选择时还应综合考虑表面质量的要求、机床种类、切削用量、砂轮特性等。

粗加工和半精加工时切削热量大，因此，切削液的作用应以冷却散热为主。

精加工和超精加工时，为了获得良好的已加工表面质量，保持刀具尺寸和形状精度，切削液应以润滑为主。

硬质合金刀具的耐热性较好，一般可不用切削液。

由于难加工材料的切削加工均处于高温高压的边界润滑摩擦状态，切削力大、温度高，容易粘刀，因此，宜选用极压切削油或极压乳化液。

切削铝合金和镍基高温合金时，如切削液中含有硫，或切削钛合金时切削液中含有氯，在切削后应立即彻底清洗零件，以免产生应力腐蚀。有人提出，当切削高温合金或钛合金等重要零件的工作温度超过260℃时，切削时不要使用含硫或氯的冷却液。

磨削的特点是温度高，会产生大量的细屑和沙粒，因此磨削液应有较好的冷却性和清洗性，并应有一定的润滑性和防锈性。可选用乳化液，但选用离子型切削液效果更好，而且价格也较便宜。磨削难加工材料，宜选用润滑性较好的极压乳化液或极压切削油。

各种加工情况下的切削液的选择可参考表4-3。

磨削时刀具材料为砂轮。

（2）切削液的使用方法

① 浇注法　普遍使用的方法是浇注法。它是将低压切削液直接浇注在切削区域的切屑上，由于切削液流速慢（$v<10\mathrm{m/s}$）、压力低（$p<0.05\mathrm{MPa}$），难于直接渗透入最高温度区，因此，仅用于普通金属切削机床的切削加工。加工时，应尽量将切削液浇注到切削区。

② 高压冷却法　对于深孔加工、难加工材料的加工，以及高速强力磨削，应采用高压冷却法，它可将碎断的切屑冲走。切削时切削液工作压力约为1～10MPa，流量为50～

150L/min。

表 4-3　切削液的选择

工件材料			碳钢、合金钢		不锈钢		耐热合金		铸铁		铜及其合金		铝及其合金	
刀具材料			高速钢	硬质合金	高速钢	硬质合金	高速钢	硬质合金	高速钢	硬质合金	高速钢	硬质合金	高速钢	硬质合金
加工方法	车削	粗车	3、1、7	0、1、3	7、4、2	0、4、2	2、4、7	8、2、4	0、1、3	0、3、1	3、2	0、3、2	0、3	0、3
		精车	4、7	0、2、7	7、4、2	0、4、2	2、8、4	8、4	0、6	0、6	3、2	0、3、2	0、6	0、6
	铣削	端铣	4、2、7	0、3	7、4、2	0、4、2	2、4、7	0、8	0、3、1	0、3、1	3、2	0、3、2	0、3	0、3
		铣槽	4、2、7	7、4	7、4、2	7、4、2	2、8、4	8、4	0、6	0、6	3、2	0、3、2	0、6	0、6
	钻削		3、1	3、1	8、4、2	8、4、2	2、8、4	2、8、4	0、3、1	0、3、1	3、2	0、3、2	0、3	0、3
	铰削		7、8、4	7、8、4	8、7、4	8、7、4	8、7	8、7	0、6	0、6	5、7	0、5、7	0、5、7	0、5、7
	攻螺纹		7、8、4		8、7、4		8、7		0、6		5、7		0、5、7	
	拉削		7、4、8		8、7、4		8、7		0、3		3、5		0、3、5	
	滚齿、插齿		7、8		8、7、4		8、7		0、3		5、7		0、5、7	
	磨削	粗磨	1、3		4、2		4、2		1、3		1		1	
		精磨	1、3		4、2		4、2		1、3		1		1	

注：本表中数字代表意义如下：0—干切削；1—润滑性不强的化学合成液；2—润滑性较好的化学合成液；3—普通乳化液；4—极压乳化液；5—普通切削油；6—煤油；7—含硫、含氯的极压切削油或植物油和矿物油的复合油；8—含硫、氯、氯磷或硫氯磷的极压切削油。

③ 喷雾冷却法　喷雾冷却法是一种较好的使用切削液的方法，适于难加工材料的车削、铣削、拉削、攻螺纹、孔加工等，以及刀具的刃磨。加工时，切削液被 0.3～0.6MPa 的压缩空气通过喷雾装置雾化，从直径为 1.5～3mm 的喷嘴高速喷射到切削区，在高温下迅速汽化，吸收大量热量，有效地降低切削温度。

4.4　问题解决——TRIZ 创新方法与专业知识结合

通过上面的学习，我们知道切削加工冷却系统的各种类型之间都存在一定的内在联系，它们可以通过切削方式、冷却方式的改变，刀具结构等降低切削液损耗。在解决切削液损耗这一问题时，为了提高解决问题的效率，下面将结合 TRIZ 理论解决技术难题的流程和方法来解决损耗问题。

TRIZ先生出现了

工具 1 》 技术矛盾

针对切削液使用过程中存在的问题，工程师提出的解决方案就是将利用现有条件，降低切削液温度，降低铁屑的面积，以减少蒸发和黏附，进而减少切削液损耗；但降低加工温度又会降低机床的加工速度，影响工作效率。这时就出现了一对技术矛盾。下面我们就利用技术矛盾来解决切削液损耗的问题。

利用 TRIZ 的“如果……那么……但是……”，对该技术矛盾进行规范描述：

如果降低加工温度

那么将会减少切削液损耗

但是会影响切削速度，降低加工效率

根据以上对初步方案的分析，我们可以将其改善和恶化的性能与 TRIZ 技术矛盾中的 39 个工程参数进行对应。

改善的工程参数：温度

恶化的工程参数：生产率

根据所对应的工程参数查找矛盾矩阵表（表 4-4），得到发明原理：35、21、28、10。

表 4-4 矛盾矩阵表（部分）

恶化的 参数 / 改善的 参数	16. 静止物体的作用时间	17. 温度	18. 照度	19. 运动物体的能量消耗	20. 静止物体的能量消耗
21. 功率	16	2,14,17,25	16,6,19	16,6,19,37	
22. 能量损失		19,38,7	1,13,32,15		
23. 物质损失	27,16,18,38	21,36,39,31	1,6,13	35,18,24,5	28,27,12,31
24. 信息损失	10		19		
25. 时间损失	28,20,10,16	35,29,21,18	1,19,26,17	35,38,19,18	1
26. 物质的量	3,35,31	3,17,39		34,29,16,18	3,35,31
27. 可靠性	34,27,6,40	3,35,10	11,32,13	21,11,27,19	36,23
28. 测量精度	10,26,24	6,19,28,24	6,1,32	3,6,32	
29. 制造精度		19,26	3,32	32,2	
30. 作用于物体的有害因素	17,1,40,33	22,33,35,2	1,19,32,13	1,24,6,27	10,2,22,37
31. 物体产生的有害因素	21,39,16,22	22,35,2,24	19,24,39,32	2,35,6	19,22,18
32. 可制造性	35,16	27,26,18	28,24,27,1	28,26,27,1	1,4
33. 操作流程的方便性	1,16,25	26,27,13	13,17,1,24	1,13,24	
34. 可维修性	1	4,10	15,1,13	15,1,28,16	
35. 适应性，通用性	2,16	27,2,3,35	6,22,26,1	19,35,29,13	
36. 系统的复杂性		2,17,13	24,17,13	27,2,29,28	
37. 控制和测量的复杂性	25,34,6,35	3,27,35,16	2,24,26	35,38	19,35,16
38. 自动化程度		26,2,19	8,32,19	2,32,13	
39. 生产率	20,10,16,38	35,21,28,10	26,17,19,1	35,10,38,19	1

利用发明原理找到解决该技术矛盾的具体方案。

发明原理 No. 35 》 物理和化学参数改变原理

该原理有这样的描述：

① 改变物体的系统状态；

② 改变浓度或者密度；

③ 改变柔韧程度；

④ 改变温度或者体积。

插齿刀切削工件，摩擦产生热量，喷油嘴喷出切削液冷却切削层。运用物理和化学参数改变原理，在润滑油中添加“金属软化剂”，使金属工件暂时软化，降低切削热，从而消除热量对润滑油的有害作用。

发明原理 No. 21 》 减少有害作用的时间原理

该原理是指将危险或有害的流程在高速下进行。插齿刀持续切削工件产生大量热，运用减少有害作用时间原理，替换为高速旋转刀头，高速切削一次，齿状一次成型。

发明原理 No. 28 机械系统代替原理

该原理描述如下。

① 用感官刺激的方法代替机械手段。如在天然气中加入气味难闻的混合物，警告用户发生了泄漏，而不采用机械或电气类的传感器。

② 采用与物体相互作用的电、磁或电磁场。如为了混合两种粉末，用产生静电的方法使一种产生正电荷，另一种产生负电荷。用电场驱动它们，或者先用机械方法把它们混合起来，然后使它们获得电场，导致粉末颗粒成对地结合起来。

③ 场的替代：从恒定场到可变场，从固定场到随时间变化的场，从随机场到有组织的场。如早期通信中采用全方位的发射，现在使用有特定发射方式的天线。

④ 将场和铁磁离子组合使用。如铁磁催化剂，呈现顺磁状态。

插齿刀切削工件，摩擦产生热量，运用机械系统代替原理，替换为激光切削，不再需要插齿刀接触的工件，消除切削摩擦产生的有害作用。

发明原理 No. 10 预先作用原理

预先作用原理体现在以下两个方面。

① 事先完成部分或全部的动作或功能。如不干胶纸、卷状食品保鲜袋，事先在两个保鲜袋间切口，但保留部分相连，使用时可以轻易拉断相连部分等。

② 在方便的位置预先安置物体，使其在第一时间发挥作用，避免时间的浪费。如停车位的咪表，柔性制造单元等。

插齿刀切削工件，摩擦产生大量的热，热量传递给润滑油，使润滑油温度升高，蒸发损失。运用预先作用原理，在固定工件的卡具上安装散热设备，近距离降温散热，降低润滑油温度，防止蒸发。

工具 2 物理矛盾

为了“减少摩擦力，降低切削热”，需要插齿系统参数“切削速度”为“慢”；但又为了“保证生产率”，需要插齿系统参数“切削速度”为“快”。即速度既要“慢”又要“快”。这种对系统中同一参数的相反要求，TRIZ 创新方法中称之为物理矛盾。物理矛盾可以通过时间分离、空间分离、条件分离和系统级别分离来寻找解决方案。见图 4-4。

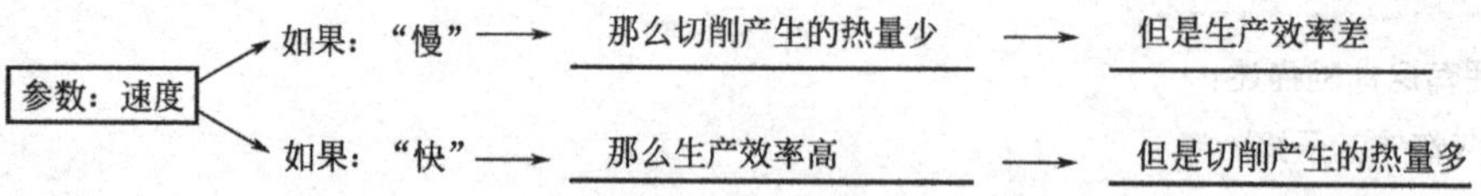

图 4-4 物理矛盾

该物理矛盾中对参数的相反要求是在不同的速度值。分离原理有空间分离、时间分离、基于条件的分离、系统与级别的分离。考虑到该参数“速度”对不同的“作用对象”具有不同的特性，即为了降低摩擦产生的热量，系统中插齿速度要“慢”；但为了保证插齿生产效率，系统中插齿“速度”又需要“快”，因此该矛盾可以从“基于条件”上进行分离。

发明原理 No. 3 局部质量原理（图 4-5）

根据条件分离中的局部质量原理，将现有润滑油变更为“沸点较高的润滑油”，满足“速度快”的要求，保证切削速度，又不蒸发润滑油。

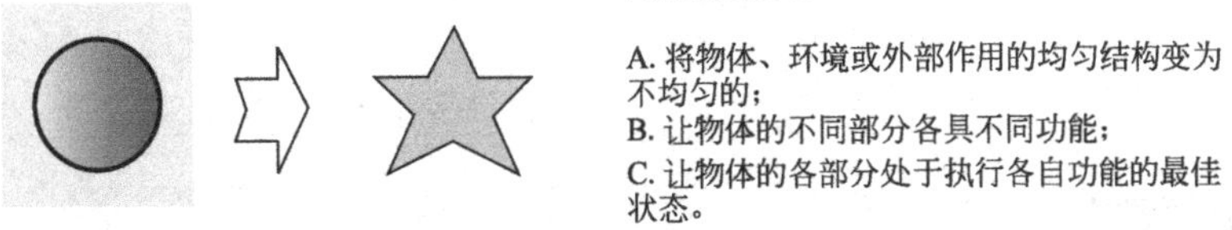

局部质量原理
A. 将物体、环境或外部作用的均匀结构变为不均匀的；
B. 让物体的不同部分各具不同功能；
C. 让物体的各部分处于执行各自功能的最佳状态。

图 4-5 局部质量原理

发明原理 No. 31 多孔材料原理（图 4-6）

根据多孔材料原理，在插齿刀上钻出多个孔，孔内加入冷却剂，冷却刀头和润滑油。

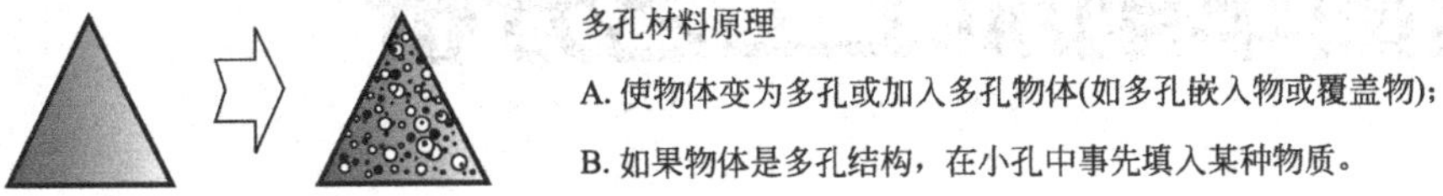

多孔材料原理
A. 使物体变为多孔或加入多孔物体(如多孔嵌入物或覆盖物)；
B. 如果物体是多孔结构，在小孔中事先填入某种物质。

图 4-6 多孔材料原理

发明原理 No. 40 复合材料原理（图 4-7）

根据复合材料原理，用耐热材料制作刀齿部分，既保证了刀的强度，又不易产生大量的热，也不会传递大量的热，从而避免润滑油受热蒸发。

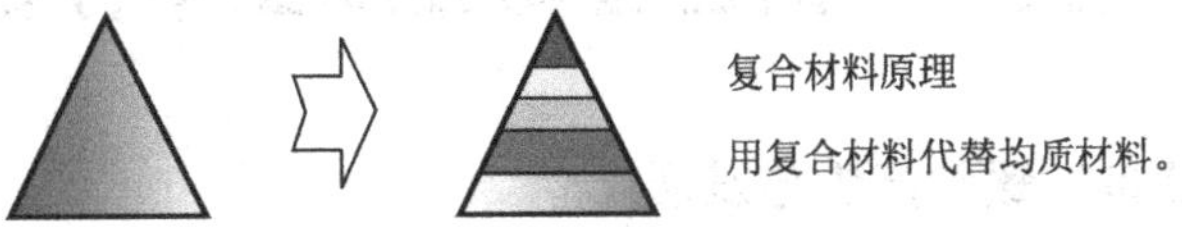

复合材料原理
用复合材料代替均质材料。

图 4-7 复合材料原理

工具 3 裁剪

找到系统中价值最低组件（有害或作用不完全的组件），将该组件直接裁掉，同时提取出它的有用功能，让该系统中其他存在的部件去实现有用的功能。

根据前面功能分析及组件价值分析，插齿刀的主要功能是切削工件，但在运行过程中，由于切削摩擦，会产生大量的热，加热润滑油，使润滑油蒸发。现将插齿刀裁剪掉，其切削功能由能够自我冷却的热管刀具代替，减少切削热。

通过功能裁剪，得到使用热管刀具作插齿刀，利用热管快速将切削热传递走，从而降低润滑油温度，防止有害作用发生。

以上多种方案从不同的角度解决了齿轮加工过程中的切削液损耗问题，而这些解决方案有时并不是单纯地只靠专业技术去解决，创新方法的融入使我们事半功倍。

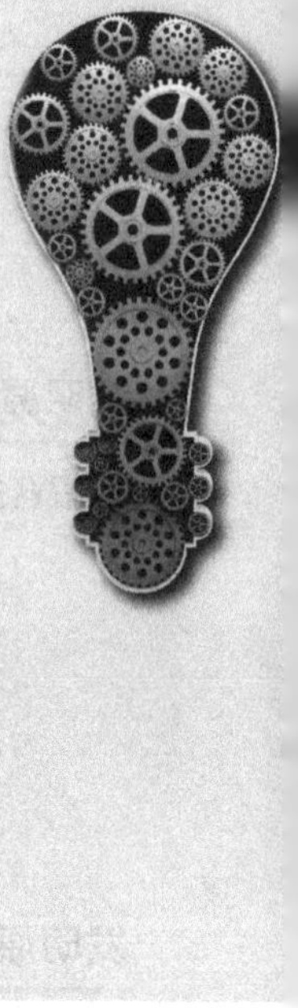

案例五

基于TRIZ创新方法的端面车削加工工艺分析

5.1 问题引入——铝合金轮毂加工中存在的问题

5.1.1 汽车铝合金轮毂的产生与发展

过去较长时期内，钢制车轮在汽车制造业中占主导地位。随着经济发展和技术进步，对车辆安全、环保、节能的要求日趋强烈，人们对汽车的各项性能要求也不断提高。铝合金车轮以其质轻、节能、散热好、耐腐蚀、加工性能好，并且美观漂亮的优点，正逐步成为取代钢制车轮的最佳选择，尤其是现代轿车已经普遍采用各式各样的铝合金车轮。国际铝轮毂市场的巨大需求，刺激着铝合金轮毂产业的发展。

汽车轮毂的发展见图 5-1。

发现问题　　分析问题　　解决问题

图 5-1　汽车轮毂的发展

人们对汽车外形美观时尚的追求，造就了铝合金轮毂外形的美观化和时尚化，其中大型化、高强度、轻量化、柔细的轮辐、美观漂亮的涂层等，是铝合金轮毂外观和结构设计主要的发展趋势和追求的方向。

TRIZ先生出现了

汽车铝合金轮毂的产生与发展过程，也是遵循 TRIZ 理论中关于解决技术难题的一般流程和技术系统进化的微观级进化法则的。

(1) 问题提出

传统钢制汽车轮毂质重、散热性差、耐腐蚀性差、不美观等问题，严重制约着汽车工业的发展。

(2) 初步解决方案及存在的问题

为了提升钢质轮毂的外在美感和质量，也为了环保（生产过程和制成品），将传统的钢制轮毂的原材料成分逐渐减少，取而代之的是铝合金成分。可是铝合金轮毂材质较“软”，表面易出现瑕疵。

(3) 最终理想解

要是铝合金轮毂表面质量好，在汽车行驶过程中车轮有金属光泽，该多好啊！

(4) 分析问题

铝合金轮毂越来越深入人心，这跟它所具有的质量小、省油、抗变形能力强、车动力损失小、散热性好、造型美观等特点很有关系，但是铝合金轮毂也有不少缺点，因为铝合金材质本身较软、脆，容易出现细小的裂纹和划伤。对于亮面汽车铝合金轮毂来说，表面质量的好与坏，直接影响其销售量。

(5) 解决问题

在加工过程中，为缩短汽车铝合金轮毂精加工时间，需要提高数控车床主轴转速，从而缩短单个产品加工时间，提高生产效率。但是，高转速连续车削轮毂边缘部位时，刀具断屑不良，导致铝屑划伤亮面铝合金轮毂，因此，加工亮面轮毂时需将此工艺参数优化，把数控车床转速调整为 1000～1100r/min。在加工过程中，既提高了断屑效果，又减少了刀具和车轮表面长期高速摩擦的问题，同时降低了刀具积屑瘤情况的产生，改善了汽车铝合金车轮表面质量。

(6) 技术系统进化

TRIZ 理论的技术系统向微观级进化法则指出，技术系统及其子系统在进化发展过程中向着减小它们尺寸的方向进化（图 5-2）。技术系统的元件，倾向于达到原子和基本粒子的尺度。进化的终点，意味着技术系统的元件已经不作为实体存在，而是通过场来实现其必要的功能。

钢质铝合金轮毂　　涂料、电镀铝合金轮毂　　亮面、抛光铝合金轮

图 5-2　汽车铝合轮毂的进化

5.1.2 铝合金轮毂加工中存在的问题

虽然汽车铝合金轮毂有许多好处，可以减轻重量，提高散热性，改善舒适性，减少耗油量，外观赏心悦目，但铝合金轮毂强度、硬度低，易划伤和损坏，在数控车削加工过

程中多种因素都有可能造成铝合金轮毂表面划伤的情况出现（图 5-3）。很多操作者思维定式的加工习惯，让操作过程中划伤情况并未明显改善，是不是数控加工工艺所学到的知识点没有都考虑到？是否有哪些参数或工艺安排不合理？那又应该怎样改进呢？

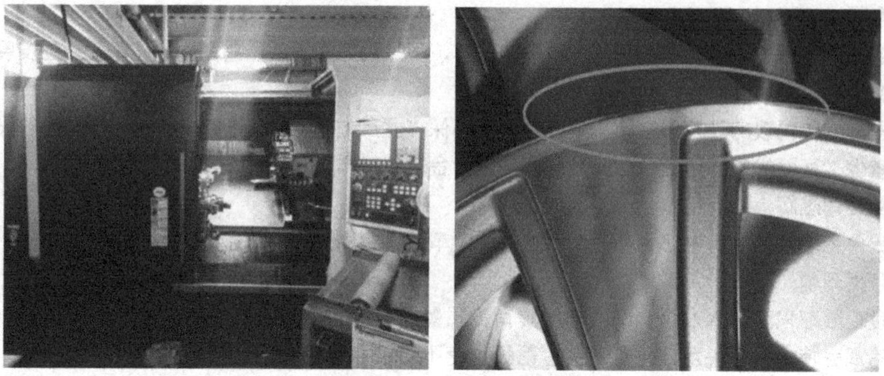

图 5-3　汽车铝合金轮毂存在的问题

5.2　问题分析——汽车铝合金轮毂加工工序的分析

想要改善铝合金轮毂的加工质量，首先要了解铝合金轮毂端面车削加工时的结构组成。铝合金轮毂端面车削系统是由主轴定位夹具、精车刀杆、精车刀片、切削液、液压系统、车轮、铝屑等部分组成（图 5-4）。数控车床铝合金轮毂端面车削系统，是将汽车铝合金车轮毂装卡在数控车床专用夹具上，当主轴高速旋转时，带动车轮转动，精车刀车削铝合金轮毂来提高轮毂端面的表面质量，将车轮正面原铝合金本色呈现出来。工艺规程要求铝合金轮毂在精车端面时背吃刀量控制在 0.03mm，进给量 $F=0.22$mm/r，转速 S 为 1500～1600r/min，最终精车内外表面的光泽度、加工精度要保证一致。根据其工作原理，利用三维软件可以绘制出加工过程中的仿真动画（图 5-5）。在加工过程中可以看到，造成铝合金轮毂表面出现划伤的因素主要有主轴定位夹具、精车刀片、切削液、铝屑、加工参数等。下面我们先学习造成铝合金轮毂出现划伤问题的各因素的类型、特点、选择等相关知识。

图 5-4　铝合金轮毂端面车削系统的基本组成

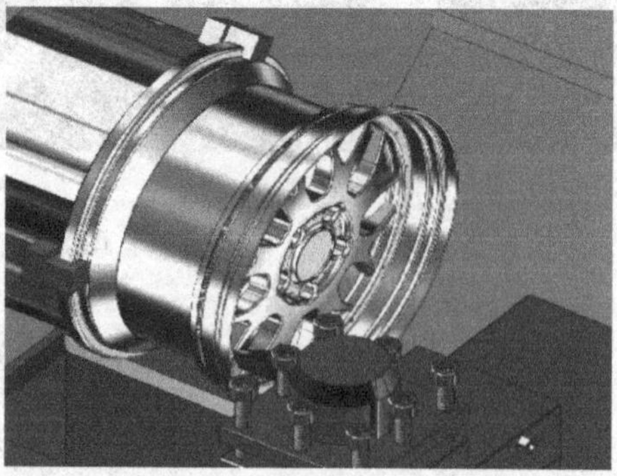

图 5-5　铝合金轮毂端面车削系统加工过程

TRIZ先生出现了

分析铝合金轮毂端面车削系统的结构组成，有助于我们找到问题存在的原因。为解决汽车铝合金轮毂精车端面划伤问题，我们可以尝试运用 TRIZ 理论中系统功能分析的方法来构建铝合金轮毂端面车削系统的功能模型。

（1）系统组件分析

该系统组件主要包括主轴定位夹具、精车刀杆、精车刀片、切削液等。其超系统组件有作用对象车轮、铝屑、液压系统、空气等。

（2）系统组件相互作用分析（表 5-1）

表 5-1 系统组件相互作用分析

	主轴定位夹具	精车刀杆	精车刀片	切削液	液压系统	轮毂	铝屑	空气
主轴定位夹具		−	−	−	+	+	−	−
精车刀杆	−		+	−	−	−	−	−
精车刀片	−	+		+	−	+	+	−
切削液	−	−	+		−	+	−	−
液压系统	+	−	−	−		−	−	−
车轮	+	−	+	+	−		+	+
铝屑	−	−	+	−	−	+		−
空气	−	−	−	−	−	+	−	

（3）建立系统的功能模型（图 5-6）

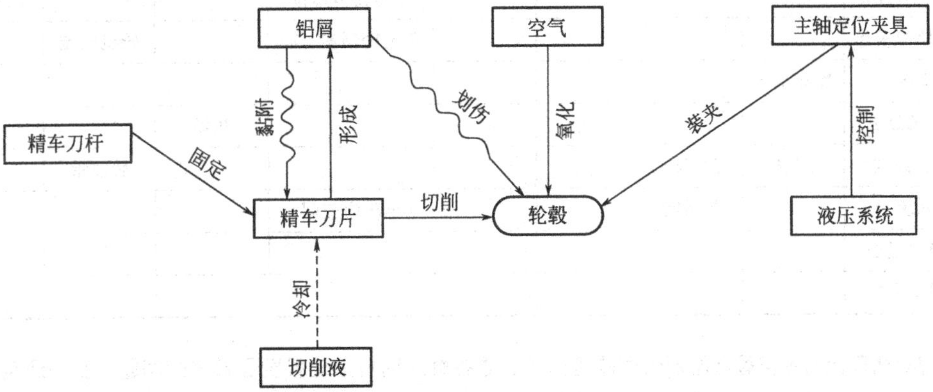

图 5-6 功能模型

（4）根原因分析

根据上述对问题初步分析的结果，运用根原因分析法可以发现，精车铝合金轮毂端面划伤的原因主要是铝屑划伤、刀具磨损造成的（图 5-7）。

针对这两方面原因，确定了问题的关键点：①铝屑黏附在刀尖形成积屑瘤；②断屑不良；③切削液冷却、润滑不足。针对问题的关键点，可以寻找该系统的最终理想解。

（5）最终理想解（IFR）分析

从前述步骤所描述的问题及根原因分析过程可以发现，此问题产生的根本原因在于切屑缠绕刀片、刀片粘有积屑瘤、冷却液润滑和冷却性效果差。

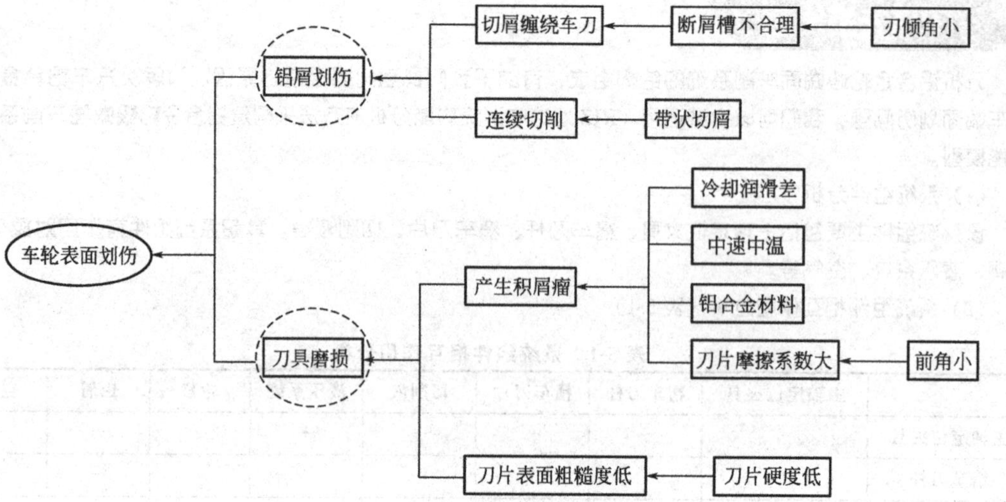

图 5-7 根原因分析树状图

根据 TRIZ 的最终理想解（IFR）概念，最理想的系统是系统自己会完成其所需要的功能，无需外界帮助。也就是无需精车车刀刀片，只需刀杆，汽车铝合金轮毂表面质量就符合出厂要求。

（6）可用资源分析（表 5-2）

表 5-2 系统资源分析

	物质资源	能量资源	信息资源	系统资源	空间资源	场资源	功能资源	时间资源
当前系统	冷却液	热量			水箱内空间	机械场		连续加工
当前系统的过去	轮毂				车轮窗口部位			间续加工
当前系统的未来					车轮轮辐加工面		转机械能	
超系统	冷却系统							
超系统的过去						热场		
超系统的未来	铝屑	刀片发热					转热量	
子系统		机械能			车床内空间			
子系统的过去								
子系统的未来								

通过对精车铝合金轮毂端面划伤问题的分析，想要解决铝合金轮毂表面质量的问题，我们还需要进一步学习造成铝合金轮毂划伤的相关专业知识，为解决该问题提供理论上的指导和专业上的帮助。

5.3 知识链接——数控车削加工工艺的认识

5.3.1 数控车削加工对象

数控车削时，工件做回转运动，刀具做直线或曲线运动，刀尖相对工件运动的同时切除一定的工件材料，从而形成相应的工件表面（图 5-8）。由于数控车床加工精度高，能进行直线和圆弧插补，以及在加工过程中能自动变速，因此，同常规加工工工艺相比，其工艺范围较宽，主要用于轴类和盘类回转体零件的多工序加工，具有高精度、高效率、高柔性化等综合特点。数控车削是数控加工中用得最多的加工方法之一。

图 5-8 数控车削加工对象

(1) 要求高的回转体零件

① 精度要求高的零件。

② 表面粗糙度好的回转体。

③ 超精密、超低表面粗糙度的零件。

磁盘、录像机磁头、激光打印机的多面反射体、复印机的回转鼓、照相机等光学设备的透镜及其模具，以及汽车铝合金轮毂等，要求超高的轮廓精度和超低的表面粗糙度。

(2) 表面形状复杂的回转体零件

(3) 带特殊类型螺纹的零件

数控车床可以配备精密螺纹切削功能，再加上采用机夹硬质合金螺纹车刀，以及可以使用较高的转速，所以车削出来的螺纹精度较高、表面粗糙度小。

5.3.2 数控车床

(1) 数控车床的类型

① 水平床身（即卧式车床）。

② 倾斜式床身。

③ 立式数控车床。

④ 高精度数控车床。

⑤ 四坐标数控车床。

⑥ 车削加工中心 车削加工中心可在一台车床上完成多道工序的加工，从而缩短了加

工周期，提高了机床的生产效率和加工精度。

⑦ 各种专用数控车床 专用数控车床有数控卡盘车床、数控管子车床等。

(2) 数控车床的基本组成

数控车床（图 5-9）的整体结构组成基本与普通车床相同，同样具有床身、主轴、刀架及其拖板和尾座等基本部件，但数控柜、操作面板和显示监控器却是数控机床特有的部件。

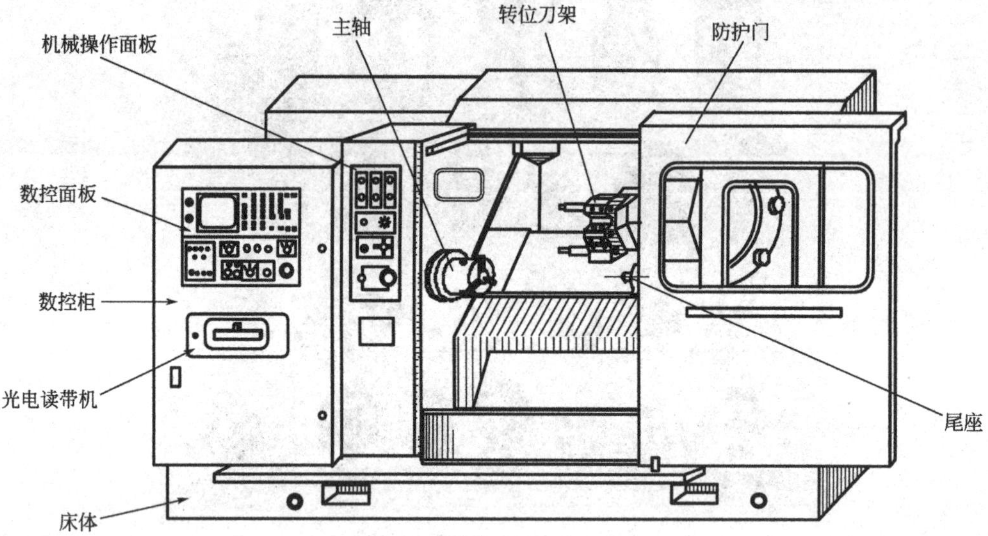

图 5-9 数控车床

5.3.3 数控车刀几何角度的选用

(1) 车刀的组成

车刀由刀头和刀体组成。其中，刀体是刀具的夹持部分，刀头是刀具的切削部分。刀头上的切削部分是由“三面两刃一尖”（即前刀面、主后刀面、副后刀面、主切削刃、副切削刃、刀尖）组成的（图 5-10）。

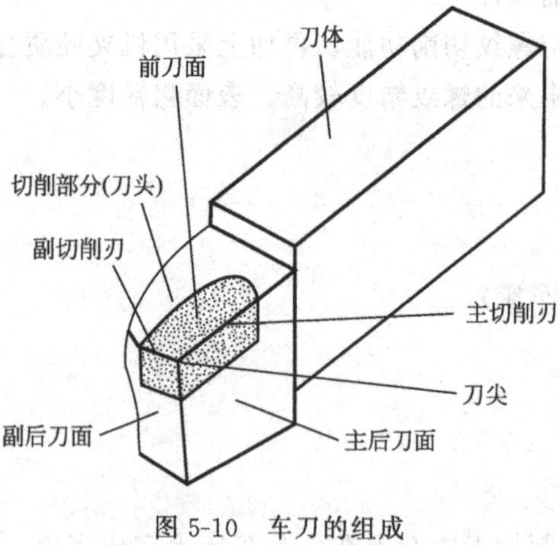

图 5-10 车刀的组成

① 前刀面　即切屑流经的表面。

② 主后刀面　刀头上与工件过渡表面相对并相互作用的表面。

③ 副后刀面　刀头上与已加工表面相对并相互作用的表面。

④ 主切削刃　前面与主后面的交线，承担主要切削工作，它配合主切削刃完成切削工作，并最终形成已加工表面。

⑤ 副切削刃　前面与副后面的交线，用它配合主切削刃完成切削工作，并最终形成已加工表面。

⑥ 刀尖　主、副切削刃连接处的那一小段平直切削修光刃，是为了提高刀尖的强度、耐磨性和工件表面质量。装刀时必须使修光刃与进给方向平行，且修光刃长度要大于进给量，才能起到修光的作用。

普通外圆车刀的构造，其组成包括刀柄部分和切削部分。刀柄是车刀在机床上定位和夹持的部分。切削部分：刀体用以焊接或夹持刀片，或由它形成切削刃直接参加切削工作。

(2) 刀具角度参考系及其坐标平面

用来确定刀具几何角度的参考坐标系有两大类：一是刀具标注参考系（静态参考系），它是指用于设计、制造、刃磨和测量刀具切削部分几何参数的参考系；二是刀具工作参考系（动态参考系），它是刀具切削过程中，由于进给运动及刀具安装方式的影响，使刀具工作时反映的角度不等于静止角度，因此必须以刀具实际切削时反映角度的参考系。

以下主要讨论刀具在标注参考系（静态参考系）下度量的角度。

① 标注参考系（静态参考系）的假定条件　假定条件是指假定运动条件和假定安装条件。

a. 假定运动条件。在建立参考系时，暂不考虑进给运动，即用主运动向量近似代替切削刃与工件之间相对运动的合成速度向量。

b. 假定安装条件。假定刀具的刃磨和安装基准面垂直或平行于参考系的平面，同时假定刀杆中心线与进给运动方向垂直。例如，对于车刀来说，规定刀尖安装在工件中心高度上，刀杆中心线垂直于进给运动方向等。

② 标注参考系（静态参考系）的坐标平面　在标注参考系中，坐标平面有3个：基面（P_r）、切削平面（P_s）和正交平面（P_o）。

a. 基面（P_r）。基面是通过切削刃上某选定点，并与该点切削速度方向相垂直的平面（图5-11）。例如，对于车刀和刨刀等，它的基面 P_r 按照规定平行于刀杆底面；对于回转刀具，如铣刀、钻头等，它的基面 P_r 是通过切削刃上选定点并包含轴线的平面。

b. 切削平面（P_s）。切削平面是指通过切削刃上某选定点与主切削刃相切并垂直于基面的平面（图5-11）。在无特殊情况下，切削平面即指主切削平面。

c. 正交平面（P_o）。正交平面也称主剖面，是通过切削刃上某选定点并同时垂直于基面和切削平面的平面。也可认为，正交平面是通过切削刃上某选定点、垂直于主切削刃在基面上的投影的平面（图5-11）。

对于副切削刃的静止参考系，也有同样的上述坐标平面。为区分起见，在相应符号上方加“′”，如 P_o' 为副切削刃的正交平面，其余类同。

③ 刀具角度的标注　在刀具标注参考系（静态参考系）中标注或测量的几何角度称为刀具标注角度，或称为刀具静止角度；而在刀具动态参考系中标注或测量的几何角度称为刀

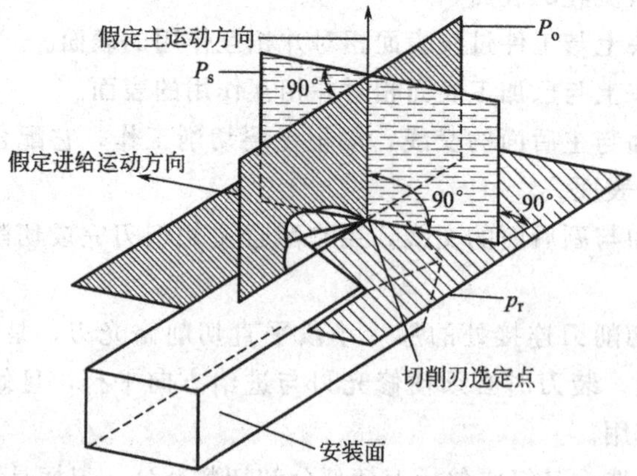

图 5-11　坐标平面

具工作角度，或称为刀具动态角度。以下主要探讨车刀的标注角度（图 5-12）。

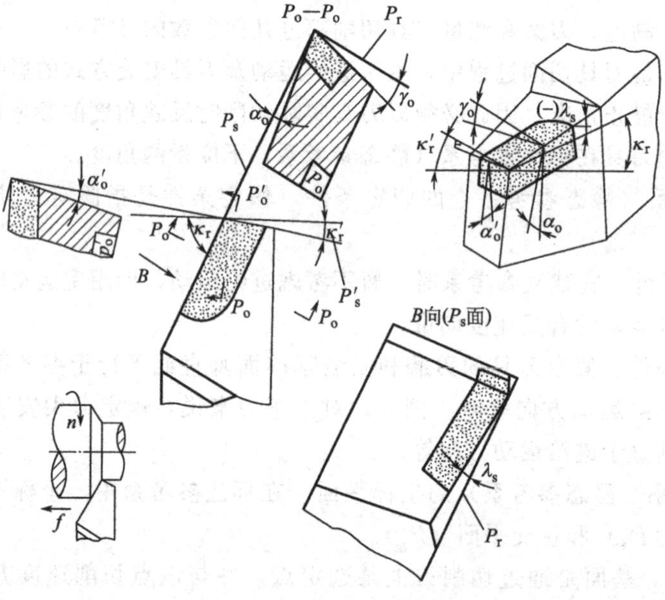

图 5-12　车刀的标注角度

a. 在正交平面（P_o）内测量的角度

• 前角 γ_0　在正交平面内，前面与基面 P_r 之间的夹角。当前面与切削平面之间的夹角小于 90°时，前角为正值；大于 90°时，前角为负值。

• 后角 α_0　在正交平面内，主后面与切削平面 P_s 之间的夹角。当主后面与基面之间的夹角小于 90°时，后角为正值；大于 90°时，后角为负值；当后面与切削平面重合时，后角为零。

• 楔角 β_o　在正交平面内，前面与主后面之间的夹角。它是由前角和后角得到的派生角度。

b. 在基面（P_r）内测量的角度

• 主偏角 κ_r　在基面内，主切削刃在基面上的投影与进给方向之间的夹角。

• 副偏角 κ_r' 在基面内，副切削刃在基面上的投影与背离进给方向之间的夹角。

• 刀尖角 ε_r 在基面内，主切削刃与副切削刃在基面上的投影之间的夹角。它是由主偏角和副偏角得到的派生角度。

c. 在切削平面（P_s）内测量的角度 刃倾角 λ_s 是在切削平面内，主切削刃与基面之间的夹角。当刀尖位于切削刃上最高时，刃倾角 λ_s 为正值；当刀尖位于主切削刃上最低点时，刃倾角 λ_s 为负值；当主切削刃与基面重合时，刃倾角 λ_s 为零。

（3）刀具角度选择原则

刀具几何参数的合理选择是指在保证加工质量的前提下，选择能提高切削效率、降低生产成本、获得最高刀具耐用度的刀具几何参数。

刀具几何参数包括刀具几何角度、刀面形式（平面前刀面、侧棱前刀面等）、切削刃形状（直线形、圆弧形等）。

① 前角的选择 前角主要影响切削变形和切削力的大小以及刀具耐用度和加工表面的质量。

前角大：刀刃变锋利，切削变形和摩擦小，故切削力小，切削热低，加工表面质量高，但是刀具的强度低耐用度下降。

前角小：刀具强度高，切削变形大，易断屑；但是过小会使切削力和切削热增加，刀具的耐用度也下降。

刀具前角的合理选择，主要由刀具材料和工件材料的种类与性质决定 。

a. 刀具材料 由于刀具前角增大，将降低刀刃强度，因此在选择刀具前角时，应考虑刀具材料的性质。刀具材料的不同，其强度和韧性也不同，强度和韧性大的刀具材料可以选择大的前角，而脆性大的刀具甚至取负的前角。如高速钢前角可比硬质合金刀具大 5°～10°；陶瓷刀具前角常取负值，其值一般在 0°～－15°之间。

b. 工件材料 加工钢件等塑性材料时，切屑沿前刀面流出时和前刀面接触长度长，压力与摩擦较大，为减小变形和摩擦，一般选择大的前角。加工脆性材料时，切屑为碎状，切屑与前刀面接触短，切削力主要集中在切削刃附近，受冲击时易产生崩刃，因此刀具前角相对塑性材料取得小些或取负值，以提高刀刃的强度。

c. 加工条件 粗加工时前角小些，精加工时前角大些。

总之，前角选择的原则是在满足刀具耐用度的前提下，尽量选取较大前角。

② 后角的选择 加工表面在后刀面有一个被挤压然后又弹性回复的过程，使刀具与加工表面产生摩擦，刀具后角越小，则与加工表面接触的挤压和摩擦面越长，摩擦越大。因此，后角的主要作用是减小刀具后刀面与加工表面的摩擦。

后角的选择主要考虑因素是切削厚度和切削条件 。

a. 切削厚度 当切削厚度 h_D（和进给量 f）较小时，切削刃要求锋利，因而后角 α_o 应取大些。如高速钢立铣刀，每齿进给量很小，后角取到 16°。车刀后角的变化范围比前角小，粗车时，切削厚度 h_D 较大，为保证切削刃强度，取较小后角，$\alpha_o=4°\sim8°$；精车时，为保证加工表面质量，$\alpha_o=8°\sim12°$。车刀合理后角在 $f\leqslant0.25$mm/r 时，可选 $\alpha_o=10°\sim12°$；在 $f>0.25$mm/r 时，$\alpha_o=5°\sim8°$。

b. 切削条件 工件材料强度或硬度较高时，为加强切削刃，一般采用较小后角。对于塑性较大材料，已加工表面易产生加工硬化时，后刀面摩擦对刀具磨损和加工表面质量影响较大时，一般取较大后角。

选择后角的原则是，在不产生摩擦的条件下，应适当减小后角。

③ 主偏角的选择　主偏角可影响刀具的耐用度、已加工表面粗糙度以及切削力的大小。主偏角小，则刀头强度高，散热条件好，已加工表面残留面积高度小，参加切削的主切削刃长度长，作用在主切削刃上面的平均负荷小。但是背向力大，切小厚度小，断屑效果差。

④ 副偏角的选择　副偏角的功能在于减少副切削刃与已加工表面的摩擦。

副偏角的减小，将可降低残留物面积的高度，提高理论表面粗糙度值，同时刀尖强度增大，散热面积增大，提高刀具耐用度。但副偏角太小，又会使刀具副后刀面与工件摩擦，使刀具耐用度降低。

副偏角的选择原则是，在不影响摩擦和振动的条件下，应选取较小的副偏角。

⑤ 刃倾角的选择　刃倾角主要是影响切屑流向和刀尖强度。

当 λ_s 为负值时，切屑将流向已加工表面，并形成长螺卷屑，容易损害加工表面；但切屑流向机床尾座，不会对操作者产生大的影响。当 λ_s 为正值时，切屑将流向机床床头箱，影响操作者工作，并容易缠绕机床的转动部件，影响机床的正常运行。

精车时，为避免切屑擦伤工件表面，λ_s 可采用正值。另外，刃倾角 λ_s 的变化能影响刀尖的强度和抗冲击性能。当 λ_s 取负值时，刀尖在切削刃最低点，切削刃切入工件时，切入点在切削刃或前刀面，保护刀尖免受冲击，增强刀尖强度。所以，一般大前角刀具通常选用负的刃倾角，既可以增强刀尖强度，又避免刀尖切入时产生的冲击。

通过设置断屑槽，对流动中的切屑施加一定的约束力，可使切屑应力增大，切屑卷曲半径减小。

⑥ 刀尖形状的选择　刀尖是刀具强度和散热条件都很差的地方。刀尖在切削过程中，切削温度较高，容易磨损，增强刀尖可耐用度上升。

5.3.4　积屑瘤对车削加工的影响

用中等的切削速度切削塑性材料时，有时会发现一小块呈三角形状或鼻状的金属块牢固地黏附在刀具的前面上，这一小块金属就是积屑瘤（图 5-13）。

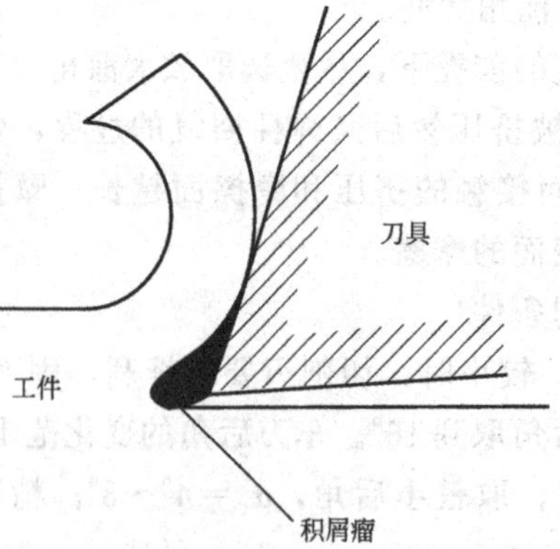

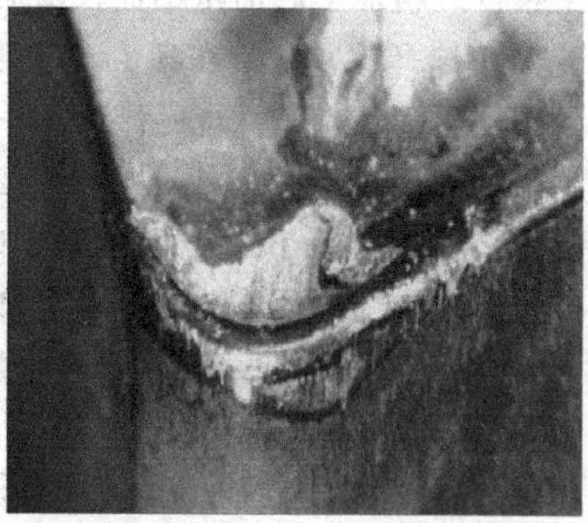

图 5-13　积屑瘤

(1) 积屑瘤的形成原因

切削过程中，切屑对刀具前面产生很大的压力，并摩擦生成大量的切削热。在这种高温高压下，与刀具前面接触的那一部分切屑由于摩擦力的影响，流动速度相对减慢，形成滞留层，摩擦力一旦大于材料内部晶格之间的结合力，滞流层中的一些材料就会附在靠近刀尖的前面上，形成积屑瘤。

积屑瘤在切削过程中是不稳定的，当积屑瘤长大到达一定高度以后，就会被工件或切屑带走而消失；当温度和压力适合时，积屑瘤又开始形成和长大。积屑瘤的存在，实际上就是一个形成、脱落、再形成、再脱落的过程。

（2）积屑瘤对加工的影响

① 保护刀具　积屑瘤包围着切削刃，同时覆盖着一部分刀具前刀面，这块金属受到加工硬化的影响，其硬度可比基体高 2～3 倍，因此可以代替切削刃进行切削，对刀具起保护作用，减少刀具的磨损。

② 增大刀具实际前角　积屑瘤黏附在刀具前面上，刀具的实际前角可增大到 30°～35°，从而减小切削变形，降低切削力。

③ 影响表面质量和尺寸精度　由于积屑瘤总是极不稳定的，时有时无，时大时小，在切削过程中，一部分积屑瘤总是被切屑带走，一部分嵌入工件已加工表面，使工件表面形成硬点和毛刺，表面粗糙度值变大。

④ 影响刀具寿命　积屑瘤对切削刃和刀具前面有一定的保护作用，但在积屑瘤不稳定的情况下使用硬质合金刀具时，积屑瘤脱落可能会使硬质合金刀具表面材料脱落，加剧刀具磨损。另外，它的生长与消失改变着刀具前角，影响着刀具在切削过程中的挤压、摩擦和切削能力，造成工件表面硬度不均匀，还会引起切削过程振动，加快刀具磨损。因此，在精加工时应采取措施，避免产生积屑瘤。但是，当刀具有负倒棱时，在切削过程中积屑瘤比较稳定，可以代替切削刃切削。积屑瘤长大后，使刀具工作前角增大，切削力降低，所以在粗加工时允许有积屑瘤。

（3）防止积屑瘤形成的主要措施

① 降低或提高切削速度　这样就可以使切削温度低于或高于积屑瘤产生的相对温度域，控制它的形成。

② 采用润滑性能好的切削液　切削易产生积屑瘤的工件材料时，采用润滑性能好的压极切削油，可使切屑和刀具之间形成一层吸附膜（润滑膜），大大减小它们间的摩擦，此刀具不易产生积屑瘤。

③ 增大刀具前角　积屑瘤是在比较高的压力和适宜的温度下产生的。当前角增大，就可以减小切屑与刀具前面接触区的压力，使切削力减小，切削温度降低，积屑瘤不易生成。

④ 适当提高工件材料的硬度　可采用热处理工艺，如通过对钢材材料正火、调质等方法，提高材料的硬度。这是因为材料软、塑性大，容易产生积屑瘤。当工件材料的硬度在 50HRC 以上时，不论什么切削速度下切削，均不会产生积屑瘤。

⑤ 降低刀具前面的表面粗糙度值　这样可以减小切屑与刀具前面的摩擦，使积屑瘤不易生成。

5.3.5 车削加工切削液的选用

（1）切削液的作用

切削液有冷却作用、清洗作用、润滑作用和防锈作用。

(2) 切削液的选用

切削液的种类繁多，性能各异，在加工过程中应根据加工性质、工件材料和刀具材料等具体条件合理选用。

① 根据加工性质选用

粗加工时，由于加工余量和切削用量均较大，因此在切削过程中会产生大量的热，易使刀具迅速磨损，这时应降低切削区域温度，所以应选择以冷却作用为主的乳化液或合成切削液。

a. 用高速钢刀具粗车或粗铣碳钢时，应选用体积分数为3%～5%的乳化液，也可选用合成切削液。

b. 用高速钢刀具粗车或粗铣合金钢、铜及其合金工件时，应选用体积分数为5%～7%的乳化液。

精加工时，为了减少切屑、工件与刀具之间的摩擦，保证工件的加工精度和表面质量，宜选用润滑性能较好的极压切削油或高浓度极压乳化液。

a. 用高速钢刀具精车或精铣碳钢时，应选用体积分数为10%～15%的乳化液，或体积10%～15%的极压乳化液。

b. 用硬质合金刀具精加工碳钢工件时，可以不用切削液，也可用体积分数为10%～25%的乳化液或体积分数为10%～20%的极压乳化液。

c. 精加工锡及其合金、铝及其合金工件时，为了得到较高的表面质量和较高的精度，用体积分数为10%～20%的乳化液或煤油。

② 根据工件材料选用

a. 一般钢件，粗加工时选用乳化液，精加工时选用硫化乳化液。

b. 加工铸铁、铸铝等脆性金属时，为了避免细小切屑堵塞冷却系统或黏附在机床上难以清除，一般不用切削液；但在精加工时，为提高工件表面加工质量，可选用润滑性好、黏度小的煤油或体积分数为7%～10%的乳化液。

③ 根据刀具材料选用

a. 高速钢刀具　粗加工时，选用乳化液；精加工时，选用极压切削油或浓度较高的极压乳化液。

b. 硬质合金刀具　为避免刀片因骤冷或骤热而产生崩裂，一般不使用切削液。如果要使用，必须连续、充分。例如加工某些硬度高、强度大、导热性差的工件时，由于切削温度较高，会造成硬质合金刀片与工件材料发生黏结磨损和扩散磨损，此时应加注以冷却为主的体积分数为2%～5%的乳化液或合成切削液。

5.4 问题解决——TRIZ创新方法与专业知识结合

通过上面的学习，我们知道造成汽车铝合金轮毂精车表面出现划伤的因素有很多，可以通过选择合理的刀具几何角度、刀具材料、切削液等来避免在精车过程中汽车铝合金轮毂表面出现划伤的问题。在解决汽车铝合金轮毂精车表面划伤这一问题时，为了提高解决问题的效率，下面将结合TRIZ理论讲述解决难题的流程和方法。

TRIZ先生出现了

工具 1 》 技术矛盾

针对造成汽车铝合金轮毂精车表面划伤存在的问题，我们现有的解决方案是在车削过程中，降低主轴转速，减少刀片和铝屑之间的摩擦，从而降低刀尖温度，防止积屑瘤有害作用的产生；但转速降低，会造成生产效率降低。这时就出现了一对技术矛盾。下面我们就利用技术矛盾来解决划伤的问题。

利用 TRIZ 的“如果……那么……但是……”对该技术矛盾进行规范描述：

如果降低转速

那么划伤改善

但是加工时间长

以上方案可以说是通过改变加工程序、转速，使得汽车铝合金轮毂精车表面不会出现划伤，从而避免汽车铝合金轮毂的合格率受到影响。

降低主轴转速的方案带来的问题就是生产效率降低，低的转速可以减少刀具磨损以及积屑瘤的产生，但转速降低随之进给量也会降低，生产效率降低、产量下降。

根据以上对初步方案的分析，我们可以将其改善和恶化的性能与 TRIZ 技术矛盾中的 39 个工程参数进行对应。

改善的参数：运动物体的作用时间（15）。

恶化的参数：时间损失（25）。

根据所对应的工程参数查找矛盾矩阵表（表 5-3），得到发明原理：10、20、18、28。

表 5-3 矛盾矩阵表（部分）

恶化的参数 / 改善的参数	23. 物质损失	24. 信息损失	25. 时间损失	26. 物质的量	27. 可靠性
1. 运动物体的重量	5,35,3,31	10,24,35	10,35,20,28	3,26,18,31	3,11,1,27
2. 静止物体的重量	5,8,13,30	10,15,35	10,20,35,26	19,6,18,26	10,28,8,3
3. 运动物体的长度	4,29,23,10	1,24	15,2,29	29,35	10,14,29,40
4. 静止物体的长度	10,28,24,35	24,26	30,29,14		15,29,28
5. 运动物体的面积	10,35,2,39	30,26	26,4	29,30,6,13	29,9
6. 静止物体的面积	10,14,18,39	30,16	10,35,4,18	2,18,40,4	32,35,40,4
7. 运动物体的体积	36,39,34,10	2,22	2,6,34,10	29,30,7	14,1,40,11
8. 静止物体的体积	10,39,35,34		35,16,32,18	35,3	2,35,16
9. 速度	10,13,28,38	13,26		10,19,29,38	11,35,27,28
10. 力	8,35,40,5		10,37,36	14,29,18,36	3,35,13,21
11. 应力,压强	10,36,3,37		37,36,4	10,14,36	10,13,19,35
12. 形状	35,29,3,5		14,10,34,17	36,22	10,40,16
13. 稳定性	2,14,30,40		35,27	15,32,35	
14. 强度	35,28,31,40		29,3,28,10	29,10,27	11,3
15. 运动物体的作用时间	28,27,3,18	10	20,10,28,18	3,35,10,40	11,2,13
16. 静止物体的作用时间	27,16,18,38	10	28,20,10,16	3,35,31	34,27,6,40
17. 温度	21,36,29,31		35,28,21,18	3,17,30,39	19,35,3,10
18. 照度	13,1	1,6	19,1,26,17	1,19	
19. 运动物体的能量消耗	35,24,18,5		35,38,19,18	34,23,16,18	19,21,11,27
20. 静止物体的能量消耗	28,27,18,31			3,35,31	10,36,23

利用发明原理找到解决该技术矛盾的具体方案。

发明原理 No. 10 》 预先作用原理

该原理有这样一个解释：预先对物体（全部或部分）施加必要的改变或预先安置物体，使其在最方便的位置开始发挥作用而不浪费时间。根据以上解释，将车轮静置放在冷却室，当车轮温度降到常温 23℃后再精车加工，通过降低切削温度，可防止切削液升温，避免刀具磨损和车轮划伤问题的产生。

发明原理 No. 20 有效作用的连续性

该原理是指物体的各个部分同时满载持续工作，以提供持续可靠的性能或消除空闲和间歇性动作。结合以上解释，采用恒线速度切削（G96），也叫固定线速度切削（图 5-14），在车削内、外径时，车床主轴转速可以连续变化，以保持实时切削位置的切削线速度不变（恒定），避免刀具出现磨损。

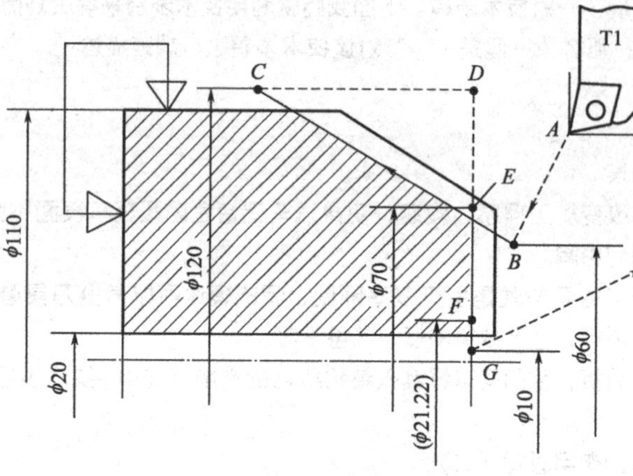

图 5-14 恒线速度切削（G96）

发明原理 No. 28 机械系统代替

该原理是利用光学系统、声学系统、电磁学系统或影响人类感觉的系统代替机械，使物体之间产生相互作用，用运动场代替静止场。根据其解释，我们得到的方案是使用电火花线切割（图 5-15）或激光切割（图 5-16），来避免外圆车刀切削轮毂时造成切屑与轮毂之间产生摩擦，加工出的汽车铝合金轮毂加工精度高、表面质量好，无带状切屑缠绕。

图 5-15 电火花线切割

图 5-16 激光切割

工具 2 物理矛盾

亮面汽车铝合金轮毂是当今中高档轿车的首选，很多车主会选择亮面铝合金轮毂的主要原因，在于轮毂的光泽度比较好，车辆行驶中会比较“炫”，所以现在很多轿车品牌会选择亮面铝合金轮毂来提高汽车的炫酷感。这时，我们就想到铝合金轮毂划伤的问题是否能更好地解决，来保证产品出厂合格率。在精车加工过程中，加工铝合金轮毂正面轮辐部位时需要加快主轴转速，缩短加工时间，提高工作效率；加工铝合金轮毂耳缘部位时又要降低转速，防止刀片与车轮摩擦严重、铝屑断屑不良的情况出现，最终导致汽车铝合金表面划伤严重。也就是说对于精车时的转速，我们既希望它高，又需要它低。这种对系统中同一参数的相反要求，TRIZ 创新方法中称之为物理矛盾。物理矛盾可以通过时间分离、空间分离、条件分离和系统级别分离来寻找解决方案。

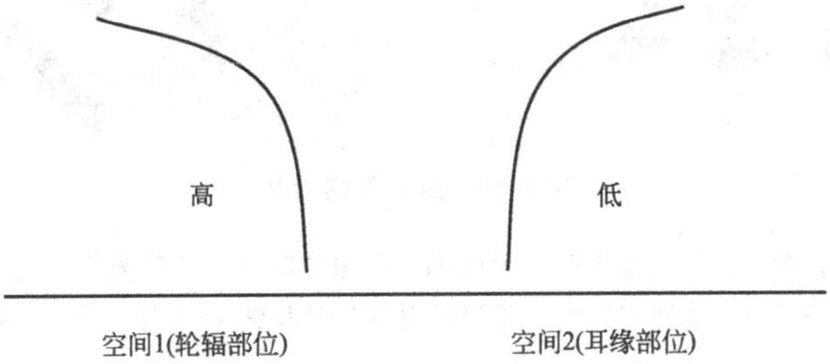

图 5-17 物理矛盾

通过图 5-17 可以看出，该物理矛盾中对参数的相反要求是在不同的空间里。通过对技术系统不同地点的空间 1、空间 2 分析，物理矛盾参数转速具有两个相反的要求，而且在不同的区域具有特定的特性，得知可以运用空间分离原理解决。

运用分割原理

应用分割原理意味着将物体分割成不同的部分，分割程度可增加至成千上万。我们进一步延伸这个概念，将加工车轮工艺流程进行优化。为防止铁屑缠绕造成轮毂（图 5-18）划伤，先用低转速 1000～1100r/min，1 号精车刀加工正面耳缘部位，然后退刀；退刀后，转速提高到 1500～1600r/min，使用 2 号精车刀加工正面轮辐其余部位。通过对加工区域划分，提高刀具的使用寿命，最终实现提高轮毂表面质量的目的。

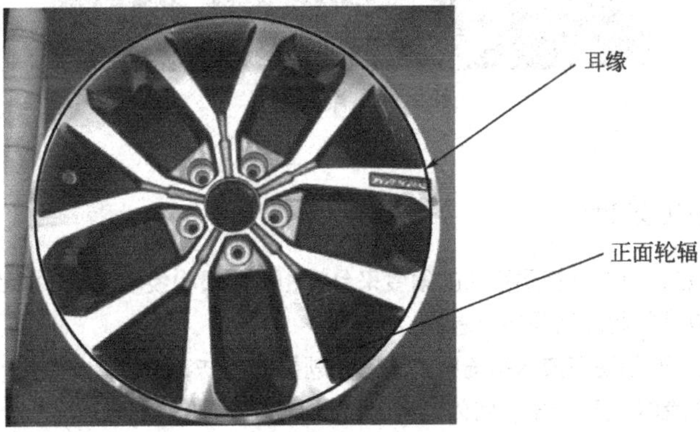

图 5-18 汽车铝合金轮毂

运用复合材料

采用复合材料就是改变材料成分，将均质材料用复合材料替代。世界上什么材料硬度高又耐磨呢？金刚石，还有陶瓷。如何实现呢？将现有车刀的硬质合金材料中加入金刚石和陶瓷材料（图 5-19），从而提高刀片的硬度和耐磨性，改善零件表面质量。

运用中介物

该原理是发明原理中最常用到的，是使用中介物实现所需动作，或把一物体与另一容易去除的物体暂

图 5-19　复合材料刀片

时结合。参考以上解释，结合加工过程中的划伤问题，可将易磨损刀片的硬度和耐磨性提高，在硬质合金刀片上涂抹一层耐磨性高的难溶金属化合物，使刀片的耐磨性提高 2～3 倍，防止刀具磨损造成轮毂表面划伤，如图 5-20 所示。

图 5-20　涂层刀片

工具 3 》 物质-场分析

所谓物质-场分析方法，是指从物质和场的角度来分析和构造最小技术系统的理论与方法学。物质-场分析方法是 TRIZ 中一种常用的解决问题的方法。

物质-场分析方法是一种与现有技术系统相关联的问题建模方法，它所构造的每个系统是为了完成某些功能要求而存在的，它所希望的功能是：物体或者物质（S_1）的输出，是由于另一个物体或者物质（S_2）在某些场（能量类型、工具）的作用下引发的。做好物质-场分析，要求使用者（比做矛盾分析）具有更多的技术知识。

物质-场分析方法同样遵循着 TRLZ 中解决问题的一般流程。物质-场模型作为问题模型，中间工具是标准解法系统，对应的解决方案模型是标准解法系统中的标准解。这个最小的系统模型，应当具备三个必要的元素：两种物质和一个场（图 5-21）。

物质-场分析方法引入了三个基本概念：物质、场、相互作用。

“物质”指任何一种物质，它比一般意义上的物质含义更为广泛，不仅包括各种材料，还包括技术系统（或其子系统）、外部环境，甚至是各种生物。这样做的目的在于，物质-场分析为了简化解决问题的进程，需要人们抛开（暂时忘记）物体所有多余的属性，只区分那些引起矛盾的特性。任何物体都是系统，因此当我们把物质带入到物质-场公式中去的时候，实际上是在对系统施加作用。“物质”可以是自然界中的任何东西，如桌子、房屋、空气、水、地球、太阳、人、计算机等。物质的代号是S，对于一个系统中的多种物质，可以利用下角标的序号加以区分，如S_1、S_2、S_3等。通常我们用S_1来表示被动作用体，用S_2来表示主动作用体，用S_3来表示被引入的物质。

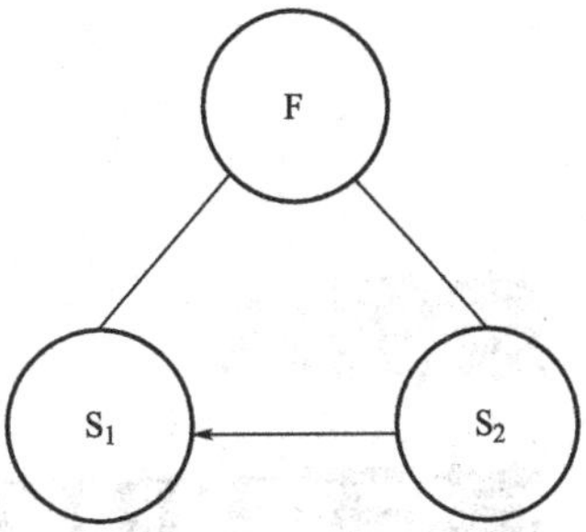

图 5-21 物质-场的基本模型

“场”是物质引起粒子相互作用的一种物质形式，它的概念同样有别于物理学中的场。物理场的相互作用只有四种，即重力场、电磁场、强相互作用场（核力场）、弱相互作用场（基本粒子场），这些场的作用解释了自然界中的所有过程。但是，对于工程技术来说，这样分类是不够的，技术系统对各种场的定量和定性特性非常“敏感”，因此，在物质-场分析中，我们使用了更细的分类法：力场（压力、冲击、脉冲）、声场（超声波、次声波）、热能场，电场（静电、电流）、磁场、电磁场、光场、化学场（氧化、还原、酸性环境、碱性环境）、气味场等。只要物质之间存在相互作用，如拍打、承受、毒害、加热等，都可以称其为物质-场模型中的一种“场”。场的代号是F，对于一个系统中的多种场，可以利用下角标的序号加以区分，如F_1、F_2、F_3等。

物质-场模型可以用来描述系统中出现的结构化问题，这些问题的类型主要有以下四种：

① 有用并且充分的相互作用；

② 有用但不充分的相互作用；

③ 有用但过度的相互作用；

④ 有害的相互作用。

针对不同的问题类型，可以用四种不同的物质-场模型来描述。

汽车铝合金轮毂精车划伤问题也可以使用物质-场。刀具在车削过程中由于长时间加工，铝屑黏附在刀尖上，最终出现铝屑将已加工面划伤的情况。如何让铝屑不黏附在刀头上，而且能够保证安全的情况下边“吹”刀头边加工呢？其实可以在精车刀杆上加装气管，车刀在精车过程中，铝屑通过压缩空气冷却（图5-22），从而解决了刀头粘屑的问题，最终改善轮毂表面划伤。

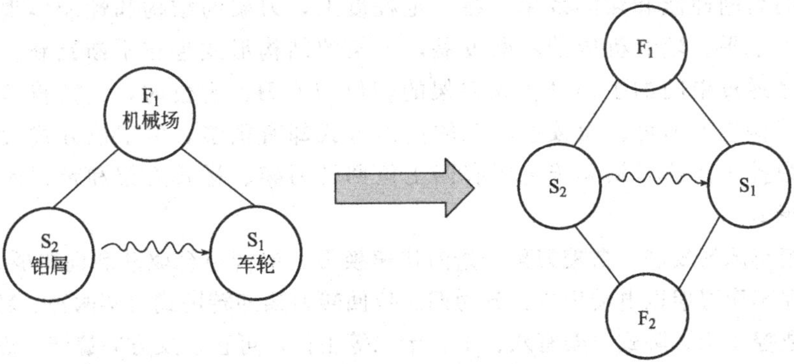

图 5-22 物质-场模型

我们运用TRIZ的三个工具来分析汽车铝合金轮毂表面划伤的问题，最终得出的很多方案都是以所学的数控加工工艺课程内容为依据，比较理想的解决方案都已形成产品，这就是如何将所学课程内容与专业相结合的企业实际案例。可以根据案例所分析的内容与解决方案，来制定汽车铝合金轮毂的数控加工工艺卡片或盘类零件的数控加工工艺卡片。

案例六 基于TRIZ创新方法的数控车床自动回转刀架定位装置故障分析

6.1 问题引入——数控车床自动回转刀架定位装置定位准确性的问题

6.1.1 数控车床自动回转刀架的应用背景

数控车床的刀架是机床的重要组成部分。刀架用于夹持切削用的刀具，因此其结构直接影响机床的切削性能和切削效率。在一定程度上，刀架的结构和性能体现了机床的设计和制造技术水平。随着机床的不断发展，刀架的结构形式也在不断翻新。普通车床的四工位刀架是通过中间的手柄来实现刀架的转位与换刀，定位时，只需将刀架旋转到所需位置，用手柄锁紧即可。而数控车床的换刀方式却有很多，但定位方式大多都以程序控制为主。数控车床的刀架系统主要有四工位回转刀架、排式刀架和带刀库的自动换刀装置等多种形式。

随着数控车床的发展，数控刀架开始向快速换刀、电液组合驱动和伺服驱动方向发展。目前国内数控车床刀架以电动为主，分为四工位回转刀架和转塔式刀架两种。转塔式刀架主要用于简易数控车床。卧式刀架有八、十、十二等工位，可正、反方向旋转，就近选刀，用于全功能数控车床。另外，四工位回转刀架还有液动刀架和伺服驱动刀架。电动刀架是数控车床重要的传统结构，合理地选配电动刀架，并正确实施控制，能够有效地提高劳动生产率，缩短生产准备时间，消除人为误差，提高加工精度与加工精度的一致性等。另外，加工工艺适应性和连续稳定的工作能力也明显提高，尤其是在加工几何形状较复杂的零件时，除了控制系统能提供相应的控制指令外，很重要的一点是数控车床需配备易于控制的电动刀架，以便一次装夹所需的各种刀具。为了能在工件一次装夹中完成多道甚至所有加工工序，灵活方便地完成各种几何形状的加工，提高生产效率，以缩短辅助时间和减小多次安装工件所引起的误差，数控机床必须带有自动换刀装置。随着数控机床的发展，机床的多工序功能不断拓展，各类回转刀具的自动更换装置逐步发展和完善，其换刀数量不断增大，换刀动作趋于复杂，能够实现较复杂的换刀操作，如图 6-1 所示。

发现问题　　分析问题　　解决问题

图 6-1　数控车床刀架的发展

TRIZ先生出现了

现在大多数企业已将普通车床更换为数控车床，经济型卧式数控车床是市场上普及率最高的一种车床，采用的是四工位自动回转刀架。该刀架在许多企业时间紧、任务重的情况下，一天需要近 2000 次的旋转换刀才能保证零件的连续加工。特别是在外部防护较差的环境下，频繁换刀，刀架会出现定位不准的情况，容易造成机床故障，继而影响企业生产效率，直接造成企业经济损失。

(1) 问题提出

普通车床的四工位刀架（图 6-2）虽可人为实现刀架定位，但每更换一把刀具，需停机换刀，影响企业生产效率。使用数控车床四工位自动回转刀架后，虽可使用程序控制，但长时间高频定位后会造成刀架定位不准，同样会造成企业的损失。

(2) 初步解决方案及存在的问题

数控车床自动回转刀架占机床故障率的 70%左右，而刀架定位不准的情况则占刀架故障率的 65%左右，高的故障率使机床每年需要维修刀架 5～6 次，每年维修刀架时间在 1 个月以上，每维修一次刀架，维修价格在 1500 元左右。企业要求刀架的定位装置要有较高的定位准确度，在刀架多次旋转、定位后始终能够保持准确定位。

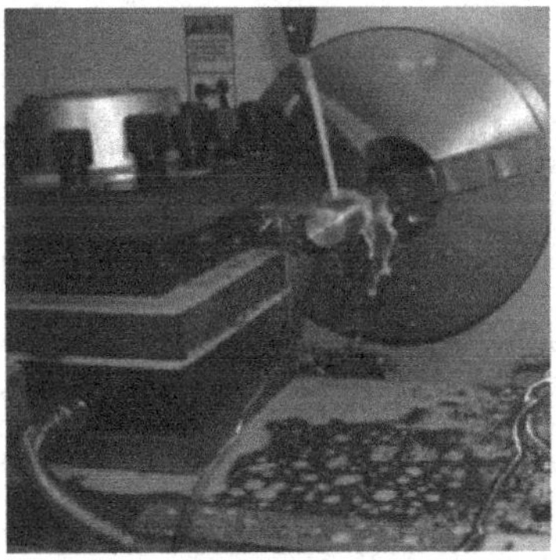

图 6-2　数控车床自动回转刀架零件加工

(3) 最终理想解

最终能够消除旋转的自动回转刀架定位不准的情况，能够不使用定位销即实现刀架准确定位，刀具在切削工件时刀架不抖动。

(4) 分析问题

数控车床自动回转刀架在 2 个月近 12 万次换刀过程中，定位销重复滑动进入反靠盘中，此时，定位元件定位销表面磨损，无法在反靠盘的槽中准确定位，刀架无法实现准确定位。

(5) 解决问题

由于定位销磨损，导致刀架无法准确定位，需要每 2～3 个月将刀架拆卸，更换刀架最底部的定位销（图 6-3）。

自动回转刀架定位不准　　影响工件表面质量　　更换底部定位销

图 6-3　维修数控车床自动回转刀架

6.1.2　数控车床自动回转刀架存在的问题

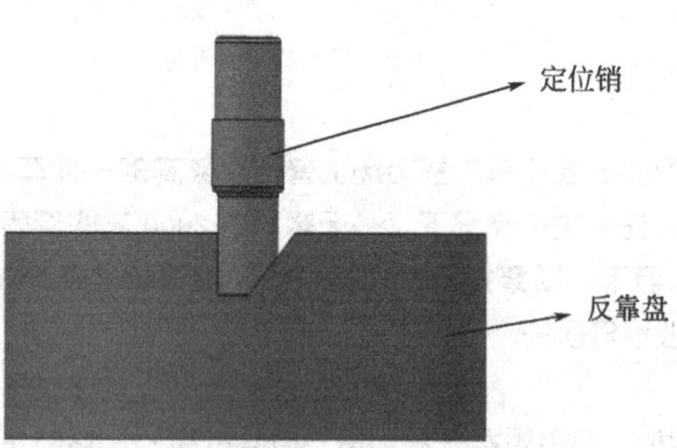

图 6-4　数控车床自动回转刀架

虽然数控车床自动回转刀架（图 6-4）有很多好处，可以用程序控制、一次可完成多道工序的加工、加工精度高、加工效率高等，但自动回转刀架的故障率占机床故障的 65%，在数控加工过程中有多种因素可能造成数控车床自动回转刀架发生故障。可是这种故障一直无法得到真正的解决，造成许多企业每年损失百万元。大家想一想，是不是可以用学习到的故障诊断与维修的知识考虑出解决办法？

6.2　问题分析——数控车床自动回转刀架的分析

想要提高数控车床自动回转刀架的定位准确性，首先要了解数控车床自动回转刀架的结构组成与工作原理。

数控车床自动回转刀架的结构组成如图 6-5 所示。其工作过程可分为刀架抬起、刀架转位、刀架定位并压紧等几个步骤，具体工作过程如下。

当数控系统发出换刀指令后，通过接口电路使电机正转，经传动装置 2、驱动蜗轮蜗杆机构 1，蜗轮带动丝杠螺母机构 7 逆时针旋转，此时由于齿盘 3、4 处于啮合状态，在丝杠螺母机构 7 转动时，使上刀架体产生向上的轴向力，将齿盘松开并抬起，直至两定位齿盘 3、4 脱离啮合状态，从而带动上刀架和齿盘产生“上台”动作。当圆套 8 逆时针转过 150°时，齿盘 3、4 完全脱开，此时销钉准确进入圆套 8 的凹槽中，带动刀架体转位。当上刀架转到需要位置后（旋转 90°、180°或 270°），数控装置发出的换刀指令使霍尔开关 9 中的某一个选通，当磁性板 10 与被选通的霍尔开关对齐后，霍尔开关反馈信号使电机反转，定位销 6 在弹簧力作用下进入反靠盘 5 的槽中进行粗定位，上刀架体停止转动，电机继续反转，使其在该位置落下，通过丝杠螺母机构 7 使上刀架移到齿盘 3、4 重新啮合，实现精确定位。刀架精确定位后，电机及时反转，夹紧刀架。当两齿盘增加到一定夹紧力时，电机由数控装

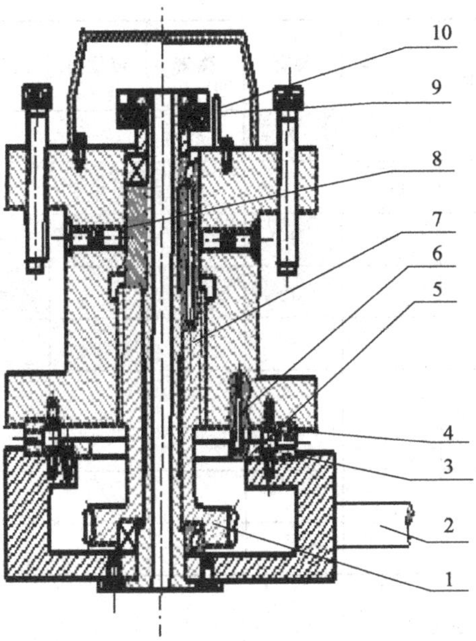

图 6-5 数控车床自动回转刀架结构图

1—驱动蜗轮蜗杆机构；2—传动装置；3,4—齿盘；5—反靠盘；6—销；
7—丝杠螺母机构；8—圆套；9—霍尔开关；10—磁性板

置停止反转，防止电机不停反转而过载毁坏，从而完成一次换刀过程。下面我们就分析造成数控车床自动回转刀架定位不准的机械部分原因有哪些?

TRIZ先生出现了

分析数控车床自动回转刀架的结构组成，有助于我们找到问题存在的原因。为提高数控车床自动回转刀架定位装置的准确性，我们可以尝试运用 TRIZ 理论中系统功能分析的方法来构建数控车床自动回转刀架系统的功能模型。

(1) 系统组件分析

该系统组件主要包括反靠盘、定位销、丝杠螺母机构、圆套、霍尔开关、磁性板、弹簧、上刀架、蜗轮蜗杆机构、传动装置等。其超系统组件有电机、车刀、润滑油、零部件等。

(2) 系统组件相互作用分析（表 6-1）

表 6-1 系统组件相互作用分析

	蜗轮蜗杆机构	传动装置	丝杠螺母机构	上刀架	圆套	弹簧	定位销	反靠盘	霍尔开关	磁性板	电机
蜗轮蜗杆机构		+	+	—	—	—	—	—	—	—	—
传动装置	+		—	—	—	—	—	—	—	—	+
丝杠螺母机构	+	—		+	—	—	—	—	—	—	—

续表

	蜗轮蜗杆机构	传动装置	丝杠螺母机构	上刀架	圆套	弹簧	定位销	反靠盘	霍尔开关	磁性板	电机
上刀架	−	−	+		+	−	−	−	−	−	−
圆套	−	−	−	+		+	+	−	−	−	−
弹簧	−	−	−	−	+		+	−	−	−	−
定位销	−	−	−	−	+	+		+	−	−	−
反靠盘	−	−	−	−	−		+		−	−	−
霍尔开关	−	−	−	−	−		−	−		+	+
磁性板	−	−	−	−	−		−	−	+		−
电机	−	+	−	−	−		−	−	+	−	

（3）建立系统的功能模型（图 6-6）

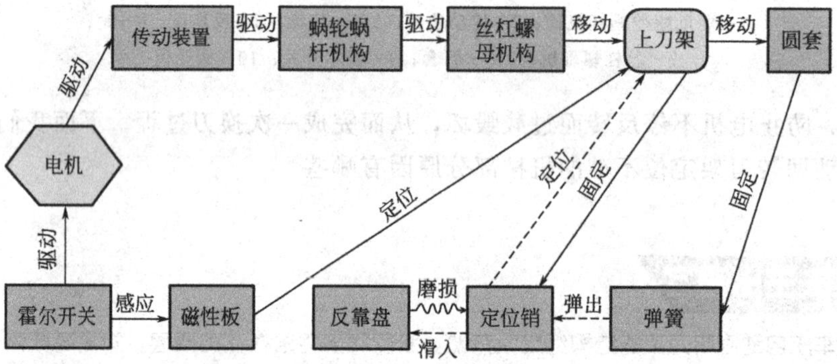

图 6-6　功能模型

（4）根原因分析

根据上述对问题初步分析的结果，运用根原因分析法可以发现，数控车床自动回转刀架定位不准的主要是定位销磨损、定位销滑动进入反靠盘造成的（图 6-7）。

针对这两方面原因，确定了问题的关键点：

① 定位销磨损　刀架旋转定位时，由于定位销硬度较低，从而造成定位销底部磨损，刀架无法准确定位；

② 定位销滑动进入反靠盘　定位销利用上刀架的转动，滑动进入反靠盘当中，定位销底部与反靠盘摩擦，造成定位销磨损。

（5）最终理想解（IFR）分析

从前述所描述的问题及根原因分析过程可以发现，此问题产生的根本原因在于定位销硬度低、定位销滑动进入反靠盘、定位弹簧弹力不足等因素，造成定位销磨损、定位不准的情况。

根据 TRIZ 的最终理想解（IFR）概念，最理想的系统是能够消除旋转的自动回转刀架定位不准的情况，不使用定位销即实现刀架定位，刀具在切削工件时刀架不抖动，不影响企业正常生产。

（6）可用资源分析（表 6-2）

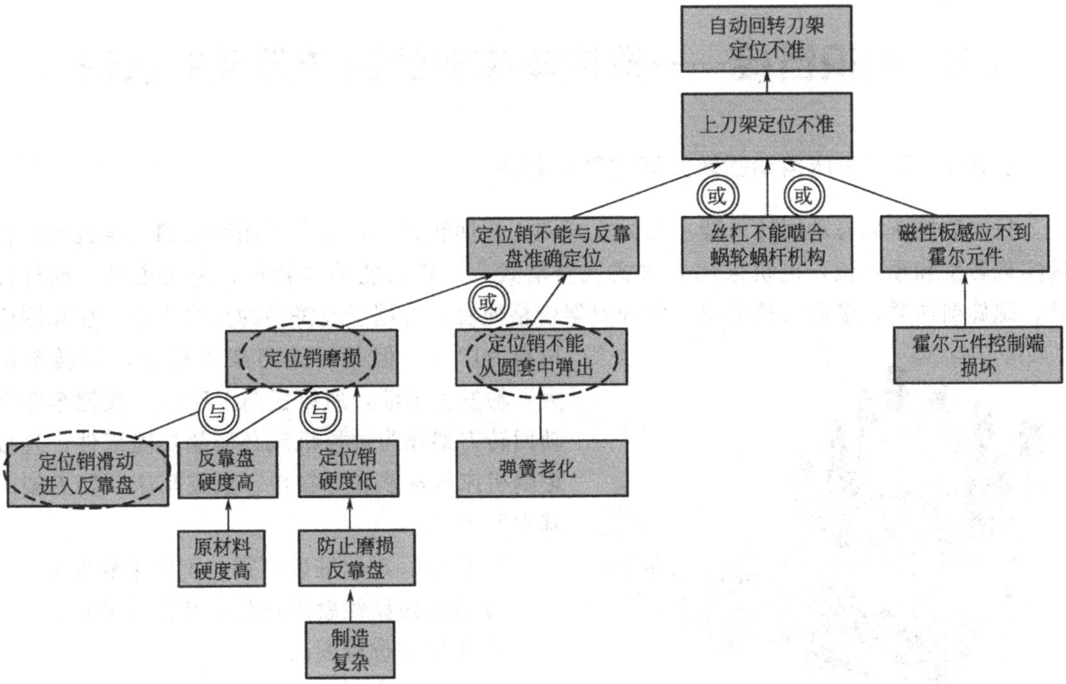

图 6-7　根原因分析树状图

表 6-2　系统资源分析表

	类别	资源名称	可用性分析(初步方案)
系统内部资源	物质资源	定位销、弹簧	选择定位销、弹簧材料定位销尺寸
		上刀架、圆套、反靠盘、丝杠螺母机构、霍尔开关、磁性板	反靠盘沟槽内可涂抹润滑油
		蜗轮蜗杆装置、电机、传动装置	
	场资源	重力场	利用定位销自身的重力
		机械场	利用定位珠定位
		化学场	定位销热处理
	其他资源	电量	
		时间	
系统外部资源	物质资源	车刀、刀位、程序编码	常用车刀更换刀位
		冷却液、进给量	
		人	
	场资源	磁场	利用磁场定位
		电磁场	利用电磁装置定位
	其他资源	工作台	

通过对数控车床自动回转刀架定位装置的分析，想要提高数控车床自动回转刀架定位装置的准确性，我们还需要进一步学习数控车床自动回转刀架定位装置的相关专业知识，为解决该问题提供理论上的指导和专业上的帮助。

6.3　知识链接——数控车床自动回转刀架的认识

6.3.1　数控车床自动回转刀架的基本要求

目前数控车床自动回转刀架主要为立式四工位回转刀架，通常采用双插销（定位销）机构实现转位和预定位，电机采用右置式或转塔式，一般只能单向转位，采用齿轮、蜗杆传动，螺旋副加紧，多齿盘精定位。此种刀架价格便宜，适用于经济型的数控机床，在我国应用最为广泛。但是，该刀架工位少，回转空间大，易发生干涉，所以正向工序长。数控车床自动回转刀架作为数控机床必需的功能部件，直接影响机床的性能和可靠性。数控车床回转刀架的基本要求：

图 6-8　数控车床自动回转刀架

① 转位、定位准确可靠，工作平稳安全；

② 按最短路线就近选位，转位时间短；

③ 重复定位精度高；

④ 防水、防屑、密封性优良；

⑤ 夹紧刚度高，适宜重负荷切削。

经济型数控车床自动回转刀架（图 6-8）可与数控车床的数控系统接口相连接，又可配置简易的数控系统，辅助主机完成轴类、盘类等零件的车外圆、端面、圆弧、刀槽、切断、车螺纹、镗孔的加工工序。

6.3.2　数控车床自动回转刀架的结构特点

数控车床自动回转刀架的结构（图 6-9）特点：

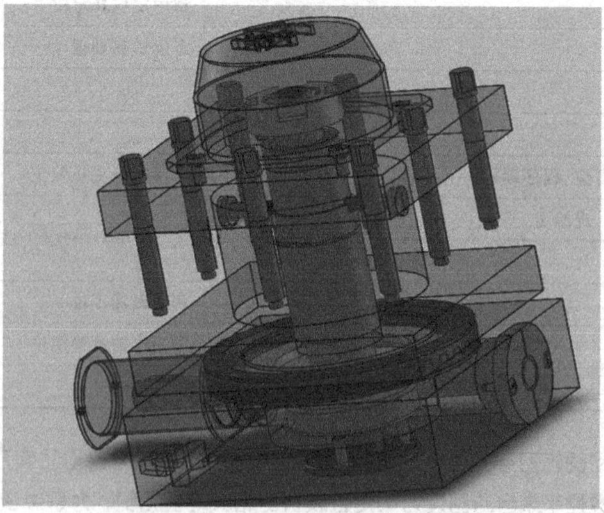

图 6-9　数控车床自动回转刀架结构

① 设置端齿盘作精定位元件；

② 采用霍尔开关（无触点霍尔元件）作信号传输控制，避免了机械接触，延长了使用寿命；

③ 可以借助双重定位机构定位销定位，使刀架回转平稳；

④ 具有防水防滑作用。

6.3.3 数控车床四工位抬起式自动回转刀架传动方案的分析

（1）传动机构结构（图 6-10）

采用蜗轮蜗杆传动和螺旋副加紧，双插销（定位销）预定位，端面多齿盘精定位，霍尔元件发信。

数控车床自动回转刀架自动换刀流程如图 6-11 所示。

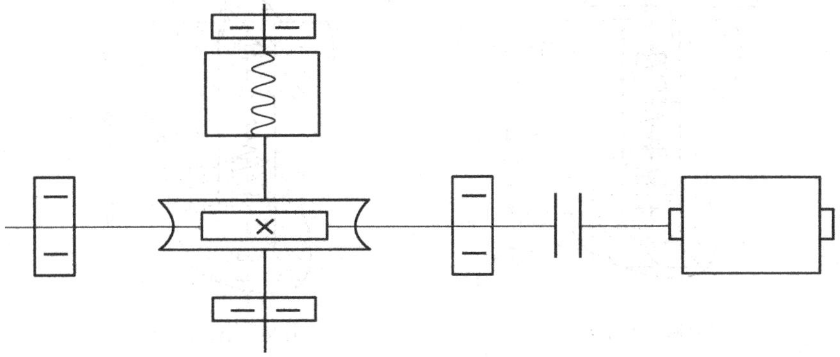

图 6-10 数控车床自动回转刀架传动简图

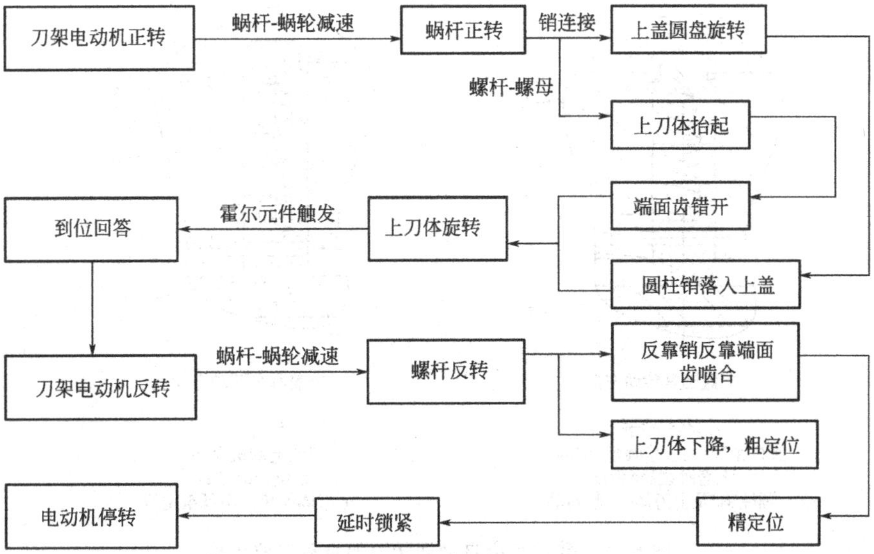

图 6-11 数控车床自动回转刀架自动换刀流程

（2）传动结构分析

① 传动机构

a. 采用蜗轮蜗杆传动的特点　降速比大，结构紧凑，工作平稳无噪声，能阻滞扭转振动。当蜗杆螺旋升角小于摩擦角时，有反向自锁作用。但发热量大，加工复杂，需要有与蜗杆参数相同的蜗轮滚刀，对装配误差较为敏感。

b. 螺旋副加紧采用丝杠螺母机构传动的特点　用较小的扭矩转动丝杠（或螺母），可使螺母（或丝杠）获得较大的轴向牵引力；可达到很大的降速传动比，使降速机构大为简化，传动链得以缩短；能达到较高的传动精度；传动平稳，无噪声；在一定条件下能自锁，即丝杠螺母不能进行逆向传动。此特点特别适合于作部件升降传动。由于蜗杆传动和丝杠螺母传动均能自锁，即夹紧机构双重自锁，不必再配置制动器。

② 定位机构（图 6-12）

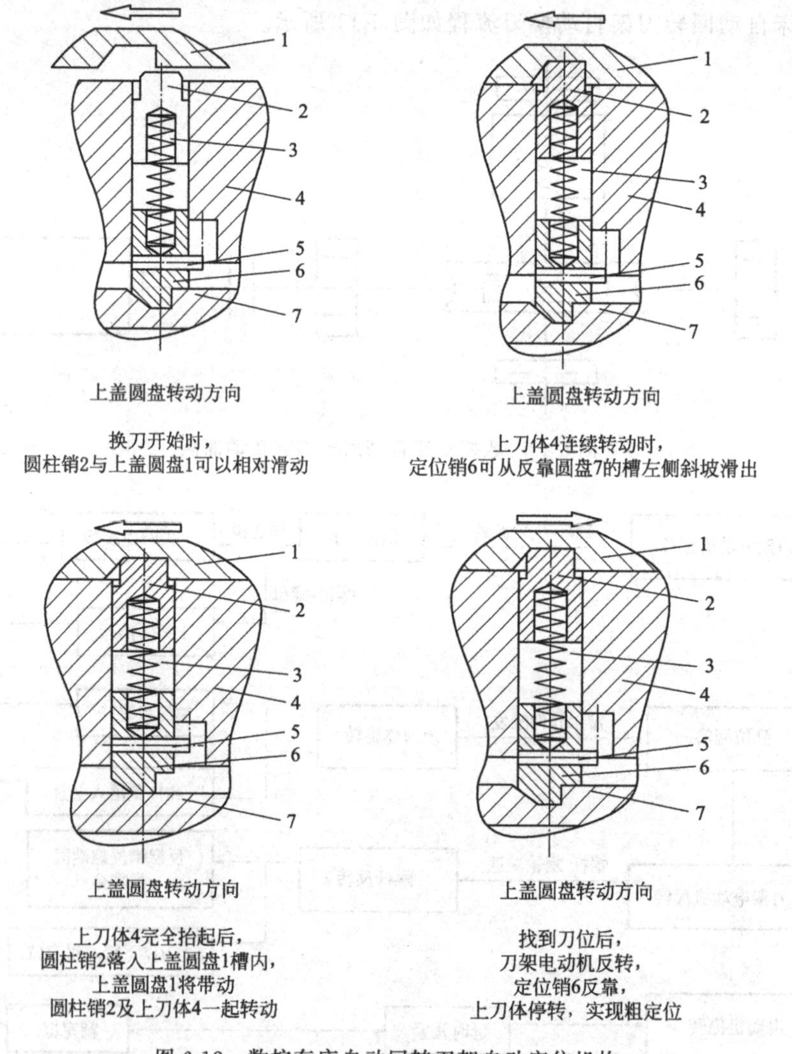

图 6-12　数控车床自动回转刀架自动定位机构

1—上盖圆盘；2—圆柱销；3—弹簧；4—上刀体；5—圆柱销；6—定位销；7—反靠圆盘

a. 双插销粗定位　双插销（定位销）定位，一般与反靠盘配合定位，被称为反靠定位，具有较高的定位精度和可靠性，并能在有冲击和振动的情况下稳定工作。虽易磨损，但定位附加冲击小，定位精度保持性强。

b. 端面齿盘精定位　由于采用了多齿结构，所以定位精度高，一般可达±3″，最高可达±4″；能自动定心，定位精度不受轴承间隙和正反转的影响（也称自由定心）；齿面磨损对定位精度影响不大，随着不断使用磨合，定位精度有可能改善，精度保持性好；承载能力强，定位刚性好；其齿面啮合长度一般不小于 60%，齿数啮合率一般不低于 90%；重复定位精度稳定。但齿形加工较为复杂，转位、定位时动齿盘需要升降，并要有夹紧装置，成本高。

6.3.4 数控车床自动回转刀架参数

中心高是数控车床回转刀架的主要参数。国内生产的数控车床回转刀架的中心高一般为 51～245mm，共计 8 个规格。参照 AK21110-4M 型回转刀架，初选中心高为 110mm（表 6-3）。

表 6-3　数控车床自动回转刀架参数

型号	中心高/mm	工位数	单工位时间/s	刀架转速/(r/min)	最大切力矩/N·m	电动机功率/W	电动机转速/(r/min)	最大载重/kg	重复定位精度/mm	外形尺寸/mm
AK21110-4M	110	4	2.5	25.4	450	120	1400	28	±2″	200×200×252

6.3.5 数控车床自动回转刀架动力源

驱动回转刀架的动力可分为电动机传动和液压传动两大类。一般情况下只在卧式数控机床回转刀架中使用液压传动，其余经济型数控车床均为电动刀架。通过对数控车床回转刀架的基本要求、结构特点、动力源及基本参数的分析，可以得出经济型数控车床自动回转刀架的具体结构组成如下：

① 四工位简易型；

② 伺服电动机直接驱动；

③ 中心高为 110mm，工位数为 4；

④ 外形尺寸为 200mm×200mm×252mm（长×宽×高）；

⑤ 采用霍尔开关作为信号传输控制元件；

⑥ 转位时刀架需要抬起，高度为 5mm。

6.4 问题解决——TRIZ 创新方法与专业知识结合

通过对数控车床自动回转刀架定位装置的分析，我们知道造成数控车床自动回转刀架定位不准的因素有很多，但主要原因在于粗定位的定位销与反靠盘的配合是否准确。我们可以运用创新方法找到创新点，来解决或改善数控车床自动回转刀架定位不准的情况。当我们要解决一些实际加工中存在的问题时，是否能结合一些 TRIZ 创新方法的工具找出解决方案，来减小定位销磨损，从而解决企业因为刀架多次维修而造成的经济损失。

TRIZ先生出现了

工具 1 》 ——技术矛盾

为提高数控车床自动回转刀架定位装置的准确性，将定位装置中的定位销原材料的硬度和耐磨性增加，提高刀架定位准确度，从而改善反靠盘对定位销磨损的有害作用。反靠盘是与定位销配合的主要零件，反靠盘的制作工艺比定位销复杂很多，一旦磨损会增加维修成本，所以定位销硬度的提高可能会造成反靠盘磨损加剧。这时就出现了一对技术矛盾。下面我们就利用技术矛盾来解决定位销磨损的问题。

利用 TRIZ 的“如果……那么……但是……”对该技术矛盾进行规范描述：

如果提高定位销硬度

那么磨损改善

但是反靠盘磨损

以上方案可以说是通过改变定位销的硬度，使得定位销在多次定位后不会产生磨损，从而避免数控车床自动回转刀架定位装置定位不准的情况出现，最终改善零件的加工质量，提高生产效益。

提高定位销硬度的方案带来的问题就是反靠盘的磨损，高的硬度可以减少定位销底部的磨损，但硬度提高会使反靠盘磨损后的制作工艺、制作成本增加。

根据以上对初步方案的分析，我们可以将其改善和恶化的性能与 TRIZ 技术矛盾中的 39 个工程参数进行对应。

改善的参数：物质损失（23）。

恶化的参数：作用于物体的有害因素（30）。

根据所对应的工程参数查找矛盾矩阵表（表 6-4），得到发明原理：33、22、30、40。

表 6-4 矛盾矩阵表（部分）

恶化的参数 改善的参数	22.能量损失	23.物质损失	24.信息损失	25.时间损失	26.物质的量	27.可靠性	28.测量精度	29.制造精度	30.作用于物体的有害因素	31.物体产生的有害因素	32.可制造性	33.操作流程的方便性
1.运动物体的重量	6,2,34,19	5,35,3,31	10,24,35	10,35,20,28	3,26,18,31	3,11,1,27	28,27,35,26	28,35,26,18	22,21,18,27	22,35,31,39	27,28,1,36	35,3,2,24
2.静止物体的重量	18,19,28,15	5,8,13,30	10,15,35	10,20,35,26	19,6,18,26	10,28,8,3	18,26,28	10,1,35,17	2,19,22,37	35,22,1,39	28,1,9	6,13,1,32
3.运动物体的长度	7,2,35,39	4,29,23,10	1,24	15,2,29	29,35	10,14,29,40	28,32,4	10,28,29,37	1,15,17,24	17,15	1,29,17	15,29,35,4
4.静止物体的长度	6,28	10,28,24,35	24,26	30,29,14		15,29,28	32,28,3	2,32,10	1,18		15,17,27	2,25
5.运动物体的面积	15,17,30,26	10,35,2,39	30,26	26,4	29,30,6,13	29,9	26,28,32,3	2,32	22,33,28,1	17,2,18,39	13,1,26,24	15,17,13,16
6.静止物体的面积	17,7,30	10,14,18,39	30,16	10,35,4,18	2,18,40,4	32,35,40,4	26,28,32,3	2,29,18,36	27,2,39,35	22,1,40	40,16	16,4
7.运动物体的体积	7,15,13,16	36,39,34,10	2,22	2,6,34,10	29,30,7	14,1,40,11	25,26,28	25,28,2,16	22,21,27,35	17,2,40,1	29,1,40	15,13,30,12
8.静止物体的体积		10,39,35,34		35,16,32,18	35,3	2,35,16		35,10,25	34,39,19,27	30,18,35,4	35	
9.速度	14,20,19,35	10,13,28,38	13,26		10,19,29,38	11,35,27,28	28,32,1,24	10,28,32,25	1,28,35,23	2,24,35,21	35,13,8,1	32,28,13,12
10.力	14,15	8,35,40,5		10,37,36	14,29,18,36	3,35,13,21	35,10,23,24	28,29,37,36	1,35,40,18	13,3,36,24	15,37,18,1	1,28,3,25
11.应力,压强	2,36,25	10,36,3,37		37,36,4	10,14,36	10,13,19,35	6,28,25	3,35	22,2,37	2,33,27,18	1,35,16	11
12.形状	14	35,29,3,5		14,10,34,17	36,22	10,40,16	28,32,1	32,30,40	22,1,2,35	35,1	1,32,17,28	32,15,26
13.稳定性	14,2,39,6	2,14,30,40		35,27	15,32,35		13	18	35,24,18,30	35,40,27,39	35,19	32,35,30
14.强度	35	35,28,31,40		29,3,28,10	29,10,27	11,3	3,27,16	3,27	18,35,37,1	15,35,22,2	11,3,10,32	32,40,28,2
15.运动物体的作用时间		28,27,3,18	10	20,10,28,18	3,35,10,40	11,2,13	3	3,27,16,40	22,15,33,28	21,39,16,22	27,1,4	12,27
16.静止物体的作用时间		27,16,18,38	10	28,20,10,16	3,35,31	34,27,6,40	10,26,24		17,1,40,33	22	35,10	1
17.温度	21,17,35,38	21,36,29,31		35,28,21,18	3,17,30,39	19,35,3,10	32,19,24	24	22,33,35,2	22,35,2,24	26,27	26,27
18.照度	13,16,1,6	13,1	1,6	19,1,26,17	1,19		11,15,32	3,32	15,19	35,19,32,39	19,35,28,26	28,26,19
19.运动物体的能量消耗	12,22,15,24	35,24,18,5		35,38,19,18	34,23,16,18	19,21,11,27	3,1,32		1,35,6,27	2,35,6	28,26,30	19,35
20.静止物体的能量消耗		28,27,18,31			3,35,31	10,36,23			10,2,22,37	19,22,18	1,4	
21.功率	10,35,38	28,27,18,38	10,19	35,20,10,6	4,34,19	19,24,26,31	32,15,2	32,2	19,22,31,2	2,35,18	26,10,34	26,35,10
22.能量损失	41,42,43,44,45,4	35,27,2,37	19,10	10,18,32,7	7,18,25	11,10,35	32		21,22,35,2	21,35,2,22		35,32,1
23.物质损失	35,27,2,31	41,42,43,44,45,4		15,18,35,10	6,3,10,24	10,29,39,35	16,34,31,28	35,10,24,31	33,22,30,40	10,1,34,29	15,34,33	32,28,2,24
24.信息损失	19,10		41,42,43,44,45,4	24,26,28,32	24,28,35	10,28,23			22,10,1	10,21,22	32	27,22
25.时间损失	10,5,18,32	35,18,10,39	24,26,28,32	41,42,43,44,45,4	35,38,18,16	10,30,4	24,34,28,32	24,26,28,18	35,18,34	35,22,18,39	35,28,34,4	4,28,10,34

利用发明原理找到解决该技术矛盾的具体方案。

发明原理 No. 33 均质性原理

该原理有这样一个解释：存在相互作用的物体，用相同材料或特性相近的材料制成。根据以上解释，我们可以首先寻找刀架定位销与反靠盘材料之间的等同性（图 6-13），即两种材料或属性足够接近，一起使用不会产生明显害处，而且这种等同性能给数控车床自动回转刀架带来益处。可以将定位销（20 钢）和反靠盘（45 钢）用相同材料制成，降低反靠盘对定位销的磨损，提高定位销使用寿命。

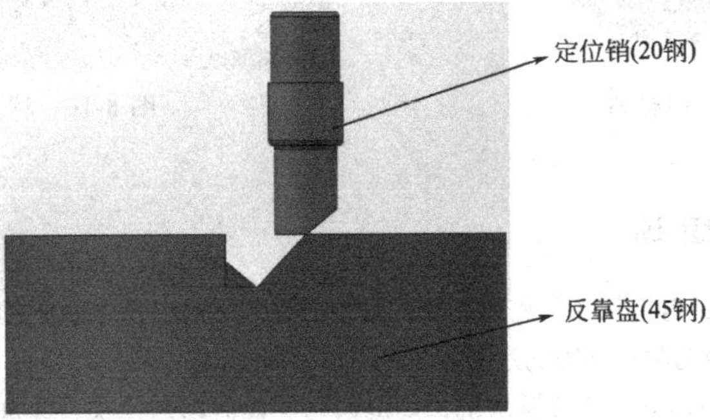

图 6-13 均质性原理图解

发明原理 No. 30 柔性壳体或薄膜原理

该原理是使用柔性壳体或薄膜代替标准结构或将物体与环境隔离。结合以上解释，如果打算将定位销与反靠盘隔离，定位销不直接接触滑动进入反靠盘，那就需要在反靠盘底部覆一层双极材料的薄膜（图 6-14）。这层薄膜的上表面为光滑表面，下表面为摩擦表面，借此可以降低定位销底部的磨损。

图 6-14 双极材料的薄膜

发明原理 No. 40 复合材料原理

该原理是采用复合材料，也就是改变材料成分。单一材料时可以考虑添入其他材料增加系统性能。将磨损率较高的定位销（20 钢）原材料中加入耐磨性高的锰（Mn）（图 6-15）或稀土（图 6-16），提升定位销耐磨性的同时避免由于反靠盘的磨损造成刀架转不到位的情况出现。

图 6-15　锰材料

图 6-16　稀土

工具 2 ——物质-场

所谓物质-场分析方法，是指从物质和场的角度来分析和构造最小技术系统的理论与方法学。物质-场分析方法是 TRIZ 中一种常用的解决问题的方法。

对于数控车床自动回转刀架定位装置来说，定位销与反靠盘均为物质，摩擦力是它们之间的相互作用场，这种场被称为机械场，当然，也可以直接叫做摩擦力。这时，根据系统问题点建立起物质-场模型（见案例五）。针对不同的问题类型，可以用四种不同的物质-场模型来描述。

引用 S_1 或 S_2 的变形来消除有害作用

数控车床自动回转刀架定位装置中定位销滑动进入反靠盘这一问题，也可以使用物质-场（图 6-17）。如何让定位销滑动进入反靠盘时定位销底部不磨损呢？其实可以将定位销易磨损处，原有的棱边变为滚珠（图 6-18），由原来的滑动摩擦变为滚动摩擦，大大降低了摩擦系数，从而避免定位销磨损。

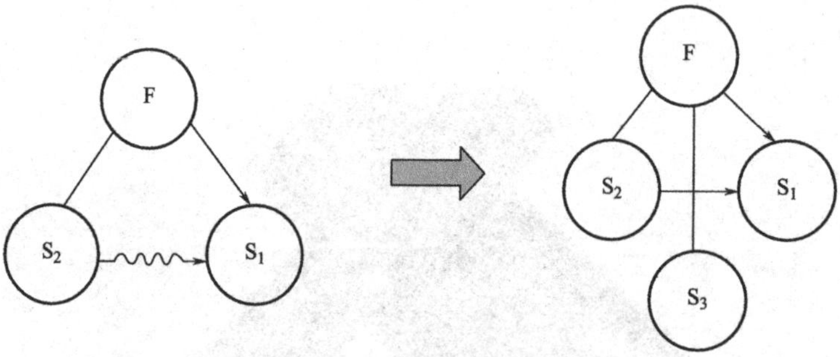

图 6-17　物质-场模型

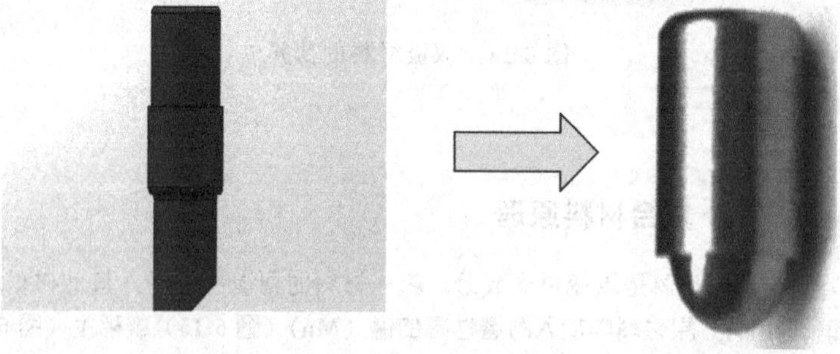

图 6-18　滚珠定位销

引入 F_2 抵消有害作用

数控车床自动回转刀架定位装置中定位销滑动进入反靠盘这一有害因素可以通过改变定位方式，不采用滑动进入反靠盘，而是采用上下移动的方式。使用电磁板（图 6-19）让定位销上下移动，避免由于滑动造成定位销磨损，可以引用一个 F 场资源建立物质-场模型（图 6-20）。

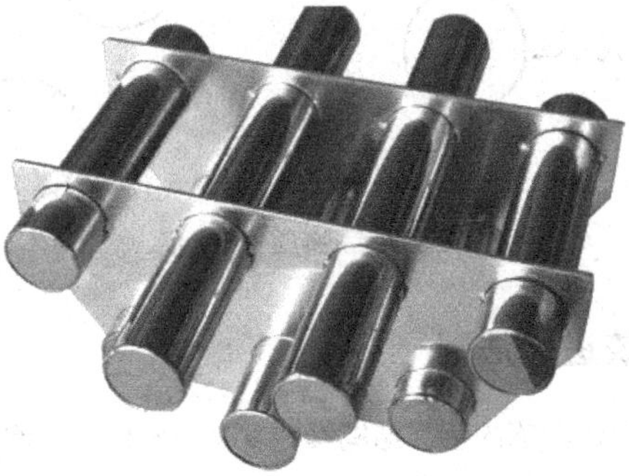

图 6-19 电磁板

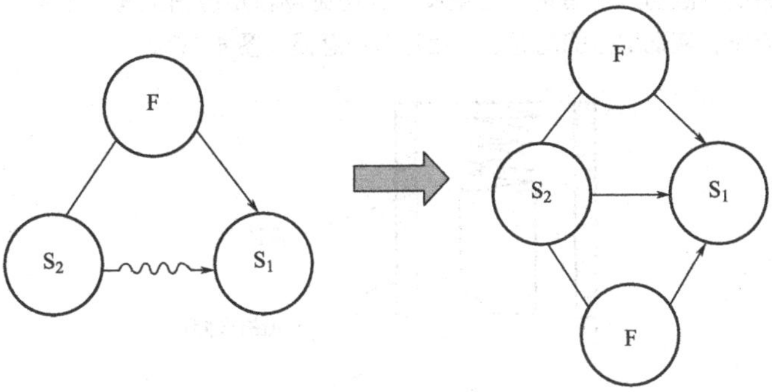

图 6-20 物质-场模型

引入 S_3 来消除有害作用

数控车床自动回转刀架定位装置中定位销滑动进入反靠盘这一有害因素可以增加物质 S_3（图 6-21），让定位销在滑动的过程中不直接接触反靠盘斜面，建立起的物质-场模型（图 6-22）。

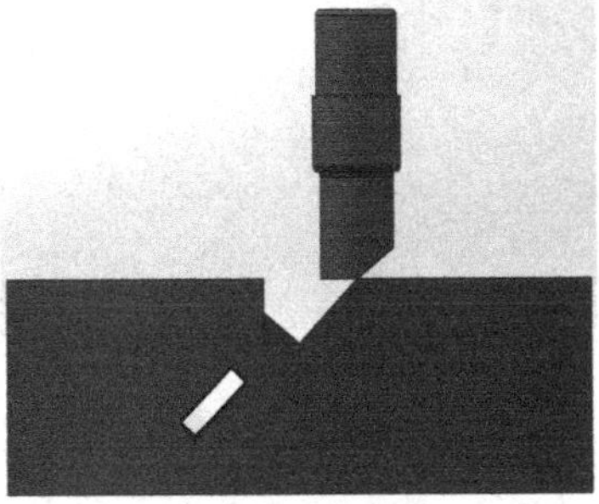

图 6-21 磁性纳米涂层

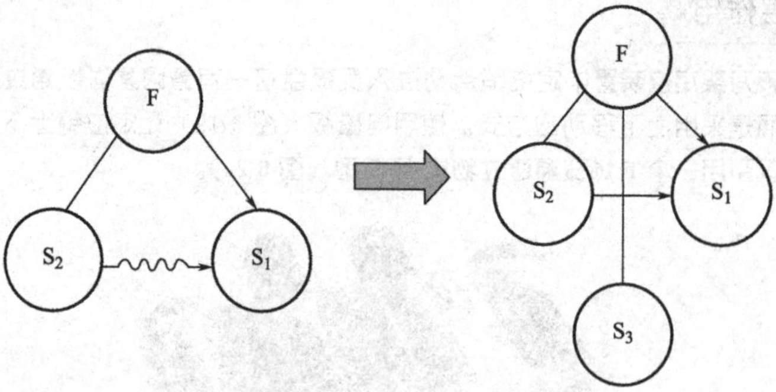

图 6-22　物质-场模型

工具 3 》——技术系统进化法则

根据 TRIZ 理论技术系统进化法则的内容，结构柔性就是指任何产品都可以由刚体向场进行进化。数控车床自动回转刀架的进化也是遵循这一进化法则。

系统中的定位销实现刀架定位功能，但定位销滑入反靠盘时，反靠盘对定位销有害，可以使用电磁定位销，将原有的定位销的外圈加入电磁场，刀架旋转时电磁场将定位销上移，不发生干涉；当定位时，定位销通过内部的弹簧弹出，实现定位的同时还防止定位销磨损（图 6-23）。

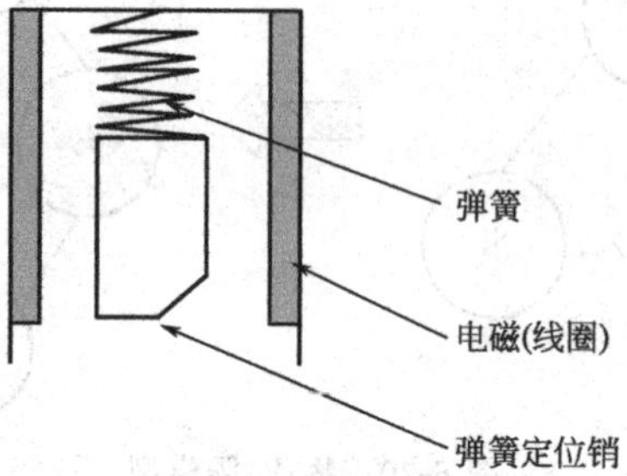

图 6-23　弹簧定位销

我们运用了 TRIZ 的三个工具来提高数控车床自动回转刀架定位的准确性，最终很多方案都是运用了各个领域的先进技术得出的。刀架定位装置的问题尽管是个很小的问题，但刀架定位精度提高，可以提高机床的加工效率和机床使用率，节省生产成本，故障率降低 20%，维修时间缩短 1 个月以上。目前市面上的刀架定位不准大多是以更换定位销为主，或者采用国外（意大利）进口刀架，成本极高。改进后的刀架适合国情，更环保。

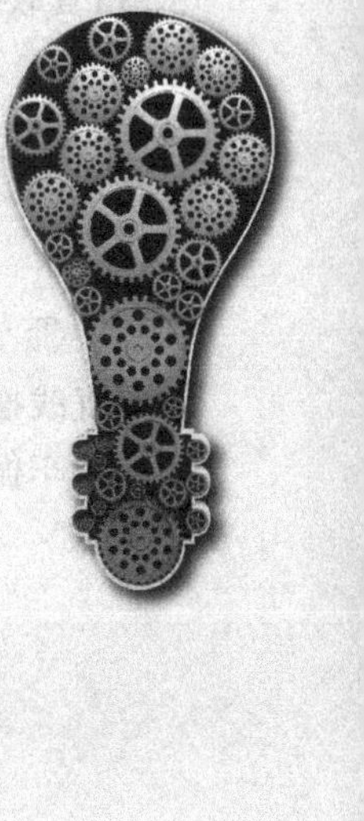

案例七 基于TRIZ创新方法的复杂零件加工程序的编制及加工

7.1 问题引入——带有内凹轮廓零件的加工

7.1.1 G71/G70 外圆复合固定循环指令

G71 适合于采用毛坯为圆棒料，粗车需多次走刀才能完成的单调递增或递减的阶梯轴零件，配合 G70 指令完成精加工部分。指令格式为：

G71 U(Δd) R(e)；

G71 P(ns) Q(nf) U(Δu) W(Δw) F(f) S(s) T(t)；

其中，Δd 为背吃刀量；e 为退刀量；ns 为精加工轮廓程序段中开始段的段号；nf 为精加工轮廓程序段中结束段的段号；Δu 为留给 X 轴方向的精加工余量；(直径值) Δw 为留给 Z 轴方向的精加工余量；f、s、t 为粗车时的进给量、主轴转速及所用刀具。而精加工时处于 ns 到 nf 程序段之内的 F、S、T 有效。

G70 P(ns) Q(nf)；

其中，ns 为轮廓循环开始程序段的段号；nf 为轮廓循环结束程序段的段号。

7.1.2 使用 G71/G70 外圆复合固定循环指令编制程序时遇到的问题

在用 G71/G70 指令编制的程序进行仿真加工的时候，走刀路线为平行于零件轴线分层切削，通过仿真软件加工带有内凹轮廓的零件（图 7-1），在半精车时一次性进行切削加工，导致切削余量过大而损坏刀具

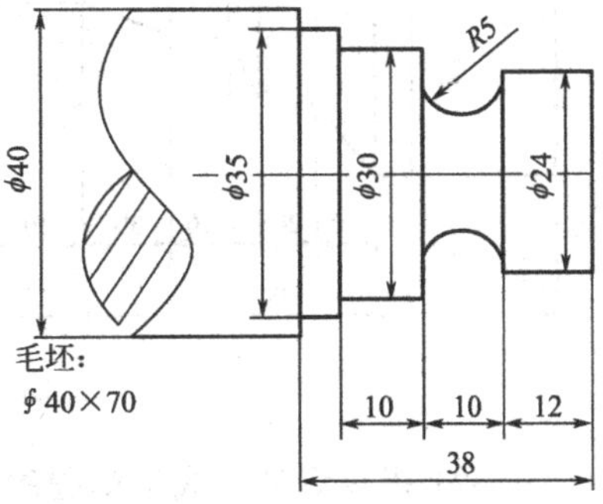

图 7-1 内凹轮廓零件图

(仿真软件撞刀提示)。想一想带有内凹轮廓的图形我们应该如何进行程序的编制呢?

7.2 问题分析——G71/G70 外圆复合循环指令编制程序分析

① 采用复合固定循环需设置一个循环起点，刀具按照数控系统安排的路径一层一层按照直线插补形式分刀车削成阶梯形状，最后沿着粗车轮廓车削一刀，然后返回到循环起点完成粗车循环（图 7-2）。

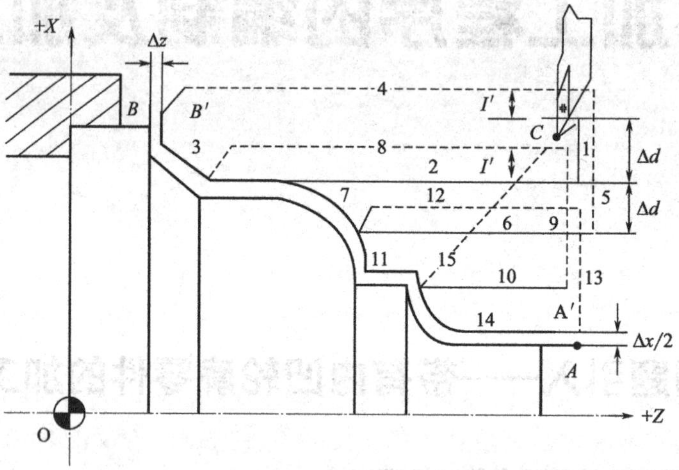

图 7-2 G71 指令走刀路线

② 零件轮廓必须符合 X、Z 轴方向同时单调增大或单调减少，即不可有内凹的轮廓外形。精加工程序段中的第一指令只能用 G00 或 G01，且不可有 Z 轴方向移动指令。见图 7-3。

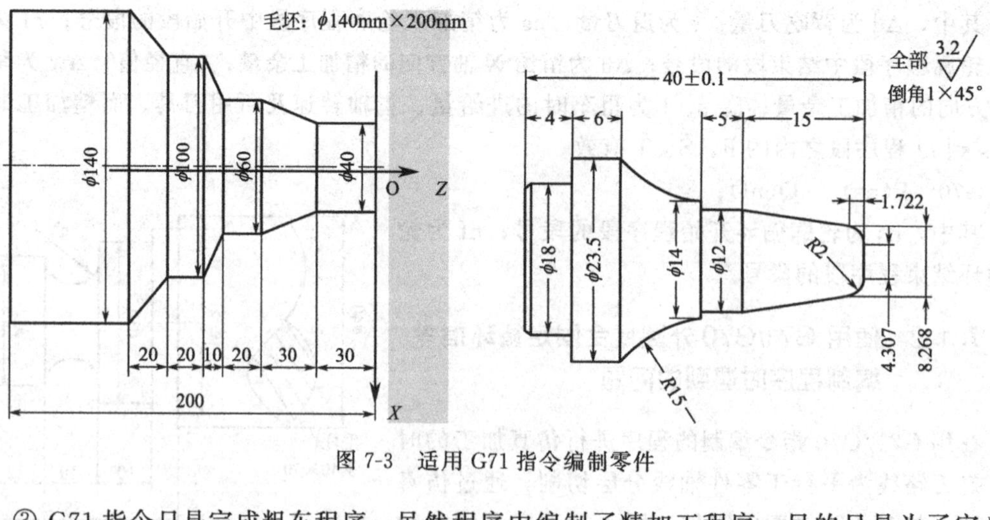

图 7-3 适用 G71 指令编制零件

③ G71 指令只是完成粗车程序，虽然程序中编制了精加工程序，目的只是为了定义零件轮廓，但并不执行精加工程序，只有执行 G70 时才完成精车程序。

7.3 知识链接——创新方法物理矛盾的应用

7.3.1 物理矛盾概述

当一个技术系统的工程参数具有相反的需求，就出现了物理矛盾。比如说，要求系统的某个参数既要出现又不存在，或既要高又要低，或既要大又要小等。符号表示 A+、A-。

例如，对于汽车重量不同的要求——轻和重（图 7-4）。

图 7-4 物理矛盾举例

7.3.2 常见的物理矛盾（表 7-1）

表 7-1 常见的物理矛盾

类别	常见的物理矛盾			
几何类	长与短 大与小 圆与非圆	对称与非对称 锋利与钝	平行与交叉 窄与宽	厚与薄 水平与垂直
材料及能量类	多与少 时间长与短	密度大与小 黏度高与低	导热率高与低 功率大与小	温度高与低 摩擦系数大与小
功能类	喷射与堵塞 运动与静止	推与拉 强与弱	冷与热 软与硬	快与慢 成本高与低

7.3.3 解决物理矛盾的步骤

(1) 定义物理矛盾的步骤

步骤 1：定义技术矛盾。

A+ B-

B+ A-

步骤 2：提取物理矛盾，在这对技术矛盾中找到一个参数，及其相反的两个要求。

C+

C-

步骤 3：定义理想状态，提取技术系统在每个参数状态的优点，提出技术系统的理性状态。

（2）物理矛盾的表述形式

对一项工程问题进行物理矛盾定义时，其表述形式具有固定格式。通常将物理矛盾描述为：

参数　A　需要　B　，因为　C

但是

参数　A　需要　—B　，因为　D

【例1】圆珠笔之所以能写字，是因为笔头的钢珠在滚动时，能将速干油墨带出来转写到纸上。但是，书写的字数多了以后，钢珠与钢圆管之间的空隙会渐渐变大，这样油墨就会从缝隙中漏出来，常常会弄脏衣物等，使人感到不愉快。

步骤1：定义技术矛盾。

圆珠笔方便书写，但是漏墨，同时污染衣物。

步骤2：提取物理矛盾，在这对技术矛盾中找到一个参数，及其相反的两个要求。

钢珠与钢圆管之间的空隙需要小，因为不容易漏油；

但是钢珠与钢圆管之间的空隙需要大，因为容易书写。

步骤3：定义理想状态，提取技术系统在每个参数状态的优点，提出技术系统的理性状态。

空隙既应小，不容易漏油；又应该大，便于书写。

7.3.4 物理矛盾的解决方法

解决物理矛盾的核心思想：实现矛盾双方的分离（图7-5）。

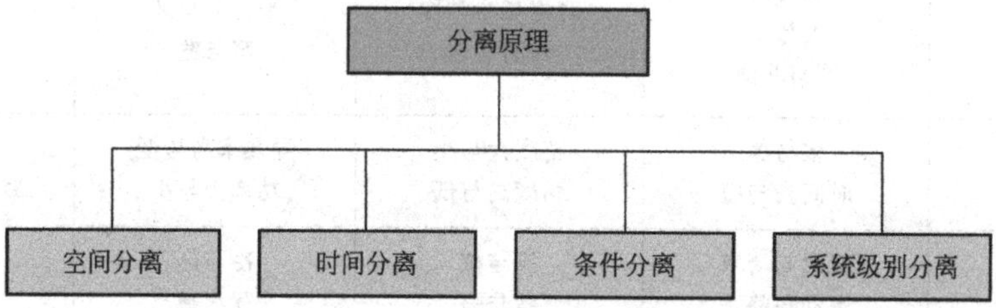

图7-5 分离原理

（1）空间分离

空间分离是指物理矛盾两个相反的需求处于工程系统的不同地点，可以让工程系统不同的地点具备特定的特征，从而满足相应的需求。通常描述此类矛盾的导向关键问题是“在哪里”，即“在哪里需要—（正向需求），在哪里需要—（反向需求）”，这样的物理矛盾一般可以尝试用“基于空间分离”来解决。

如果确定可以使用空间分离来解决这个物理矛盾，则可尝试以下几个发明原理：

发明原理1　分割；

发明原理2　抽取；

发明原理3　局部质量；

发明原理4　非对称；

发明原理7　嵌套；

发明原理 17 空间维数变化。

【例 2】 为了利于长期存放食物，需要将食物置于超低温下冷冻保存；为方便暂时存放食物，需要将其置于较低的温度下，但不能结冰，以便于随时取用。

第一步：定义物理矛盾。

参数：温度

要求 1：高

要求 2：低

第二步：什么空间需要满足什么要求？

空间 1：保鲜，随时取用

空间 2：长期冷冻

第三步：以上两个空间段是否交叉？

否 应用空间分离

应用创新原理分割 1，对温度要求不同的空间进行分割处理，上部温度较高，下部温度较低，如图 7-6 所示。

图 7-6 冰箱的空间分离

(2) 时间分离

如果在不同的时间段上有物理矛盾的相反需求，可以让工程系统在不同时间段具备特定的特征，从而满足相应的需求。通常描述此类矛盾的导向关键问题是“什么时候”，即“在什么时候需要—（正向需求），在什么时候需要—（反向需求）”，则这样的物理矛盾可以尝试用“基于时间分离”来解决。

如果确定可以使用基于时间分离来解决这个物理矛盾，则可尝试以下几个发明原理：

发明原理 9 预先反作用；

发明原理 10 预先作用；

发明原理 11 事先防范；

发明原理 15 动态特性；

发明原理 34 抛弃或再生。

【例 3】 自行车在不使用时，由于体积大不便于存放，占用空间。

第一步：定义物理矛盾。

参数：面积

要求 1：大

要求 2：小

第二步：什么时间需要满足什么要求？

时间 1：骑行

时间 2：存放

第三步：以上两个时间段是否交叉？

否 应用时间分离

应用动态特性原理 15，采用折叠式，自行车在行走时体积大，在存放时折叠体积变小，如图 7-7 所示。

图 7-7 自行车的折叠

(3) 条件分离

如果对于不同超系统的对象有物理矛盾的相反需求，可以让工程系统针对不同的对象具备特定的特征，从而满足相应的需求。通常描述此类矛盾的导向关键问题是“对谁”，即“对某某对象需要—（正向需求)，对另一对象需要—（反向需求）”，则这样的物理矛盾可以尝试用“基于条件分离”来解决。

如果确定可以用基于条件分离来解决这个物理矛盾，可以尝试以下几个发明原理：

发明原理 3 局部质量；
发明原理 17 空间维数变化；
发明原理 19 周期作用；
发明原理 31 多孔材料；
发明原理 32 改变颜色；
发明原理 35 物理/化学状态变化；
发明原理 40 复合材料。

【例 4】 跳水时，由于要从较高的空间跳下，如果水太硬，会造成运动员受到巨大冲击，容易受伤。

分析：水硬（防止运动员撞击池底）
　　　水软（防止运动员受伤）

矛盾：水的软硬

图 7-8 跳水

采用物理/化学状态变化 35，改变水的密度，向游泳池的水中打入气泡，降低水的密度，使水变得软一些，防止受伤，如图 7-8 所示。

(4) 系统级别分离

如果矛盾需求在子系统或超系统级别上有相反的需求，可以使用“系统级别分离”原理分离它们。对于这一分离原理，并没有导向关键词。

对于基于系统级别分离的物理矛盾，可以尝试以下几个发明原理：

发明原理 1 分割；

发明原理 5　组合；

发明原理 12　等势；

发明原理 33　同质性。

【例 5】 在打电话的时候，通常需要离开干其他的事情，但是同时又有电话线的约束，不可以离得太远。

矛盾：打电话时不能离开，有需要离开干其他的事情

采用组合原理 5：子母机（图 7-9）。

图 7-9　子母机

7.4　问题解决——TRIZ 创新方法与专业知识结合

针对使用 G71/G70 外圆复合固定循环指令加工带有内凹圆弧零件中存在的问题，根据上述物理矛盾的内容，我们可以利用创新方法中的物理矛盾来解决我们专业的问题。

步骤 1：定义技术矛盾。

应用 G71/G70 指令加工带有内凹圆弧的零件，在精加工内凹圆弧位置时会产生打刀现象。

步骤 2：提取物理矛盾，在这对技术矛盾中找到一个参数，及其相反的两个要求。

程序　走刀路线需要简单，因为程序编制量小、加工时间短，加工形状单调递增或递减；

但是　走刀路线需要复杂，因为不会出现打刀现象，能够加工出带有内凹圆弧的零件。

步骤 3：定义理想状态，提取技术系统在每个参数状态的优点，提出技术系统的理性状态。

走刀路线既要简单，不容易打刀；又应该复杂，能够加工出带有内凹圆弧的零件。

形状单一：程序编制简单。

形状美观：程序编制复杂。

具体步骤如下。

第一步　定义物理矛盾。

参数：走刀路线

要求 1：简单

要求 2：复杂

第二步　什么时间需要满足什么要求？

时间 1：不带内凹圆弧的位置

时间 2：带有内凹圆弧的位置

第三步 以上两个时间段是否交叉？

否 应用时间分离

根据零件外圆轮廓不同，也就是加工的时间不同，希望所选择的走刀路线既简单又复杂。简单是程序编制量小、加工时间短，同时不易打刀；复杂是能够加工出带有内凹的外轮廓，加工一些形状异形类零件。

方案 1 预先反作用原理 10，选择出合适刀具进行加工，如图 7-10 所示。

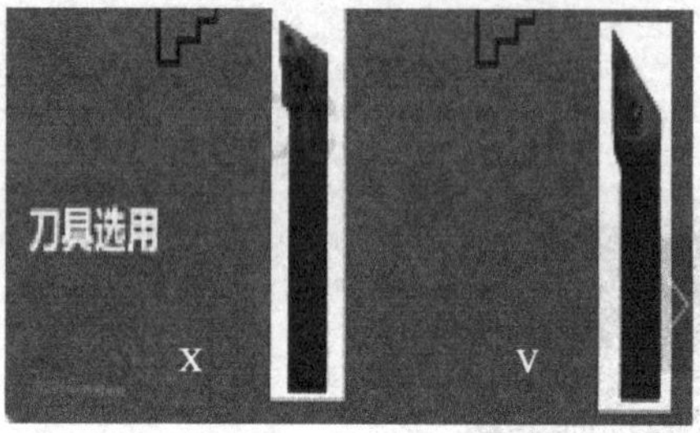

图 7-10 刀具选用

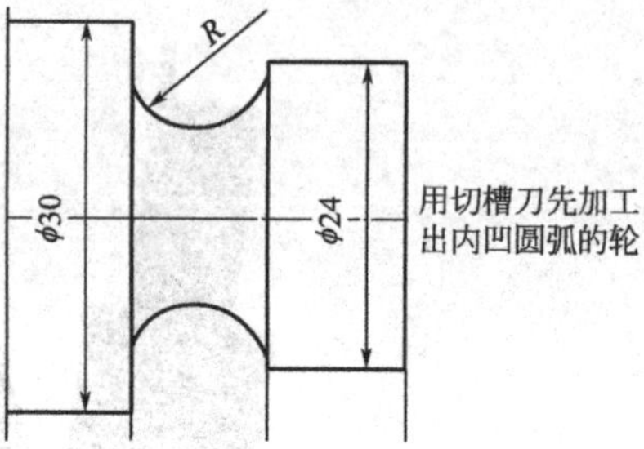

图 7-11 内凹圆弧加工

方案 2 预先作用原理 10，在内凹圆处先用切槽刀加工出内凹圆弧轮廓，再用外圆复合固定循环指令进行加工，如图 7-11 所示。

方案 3 事先防范原理 11，将被加工的材料换成材质较软的材料。

方案 4 抛弃或再生原理 34，不用 G71/G70 外圆复合固定循环指令，改用成型加工复合循环指令 G73 进行加工。

G73 成型加工复合循环指令规定了机床每次循环切削的进刀量和退刀量，程序量小且简洁，程序不容易出错。在加工过程中，只要观察零件加工的第一次循环，就能大概判断出程序有无出错以及对刀是否正确，在程序第一个循环正常之后，就可以自动加工，而且加工的安全性很高。

方案总结 根据可用性、加工效果以及成本的项目评估，方案 4 最为适用，加工效果最为理想。下面学习成型加工复合循环指令 G73。

7.5 知识链接——成型加工复合循环 G73 指令的认识

G73 指令称为成型加工复合循环指令，也称仿形粗车复合循环。它可以按零件轮廓的形状重复车削，每次平移一个距离，直至达到零件要求的位置，对零件轮廓的单调性没有要求。

这种车削循环，对余量均匀，如锻造、铸造等毛坯的零件，是适宜的。当然 G73 指令也可以用于加工普通未切除的棒料毛坯。

7.5.1 G73 指令格式

G73 U-- W-- R--;

G73 P-- Q-- U-- W-- F--;

解释如下。

(1) G73 U-- W-- R--;

U 指 X 轴方向毛坯尺寸到精车尺寸的 1/2，如毛坯尺寸 100，精车尺寸 80，即 U=(100－80)/2=10。

W 指 Z 轴方向毛坯尺寸到精车尺寸的相对距离。

R 指 G73 这个动作执行次数，即此值用以平均每次切削深度。

(2) G73 P-- Q-- U-- W-- F--;

P 指精车起始段序号。

Q 指精车结束段序号。

U 指 X 轴方向精车余量。

W 指 Z 轴方向精车余量。

F 指切削进给量。

7.5.2 G73 指令走刀路线（图 7-12）

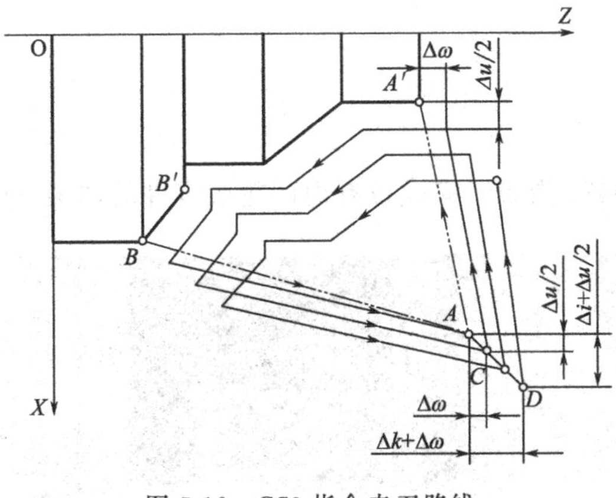

图 7-12 G73 指令走刀路线

7.5.3 G73 指令编程实例

【例 6】 如图 7-13 所示，毛坯 ϕ40×70，选择适合刀具完成此图的程序编制。

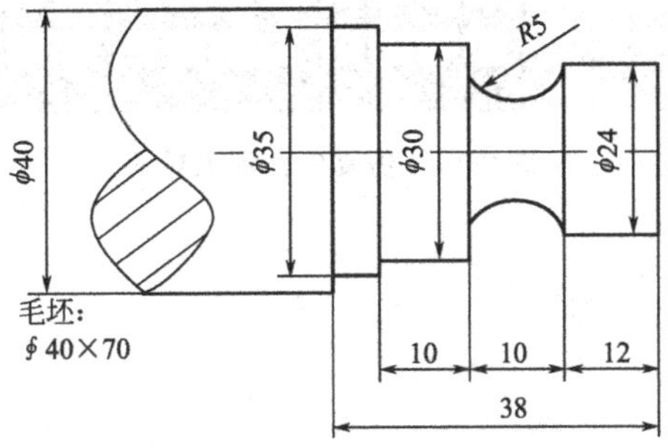

图 7-13 带有内凹圆弧的零件

```
O0001;
N10 T0101;
N20 M03 S800;
N30 G00 X42 Z2;
N40 G73 U3 W0 R10;
N50 G73 P50 Q90 U0.4 W 0.3 F0.5;
N60 G01 X24;
N70 Z-12;
N80 G02 X24 Z-22 R5;
N90 G01 X30;
N100 Z-32;
N100 X35;
N110 Z-38;
N100G01 X41;
N100 G70 P50 Q90;
N100 G00 X100;
N110 Z100;
N120 M30;
```

应用仿真软件使用 G73 指令，完成带有内凹轮廓零件的加工（图 7-14）。

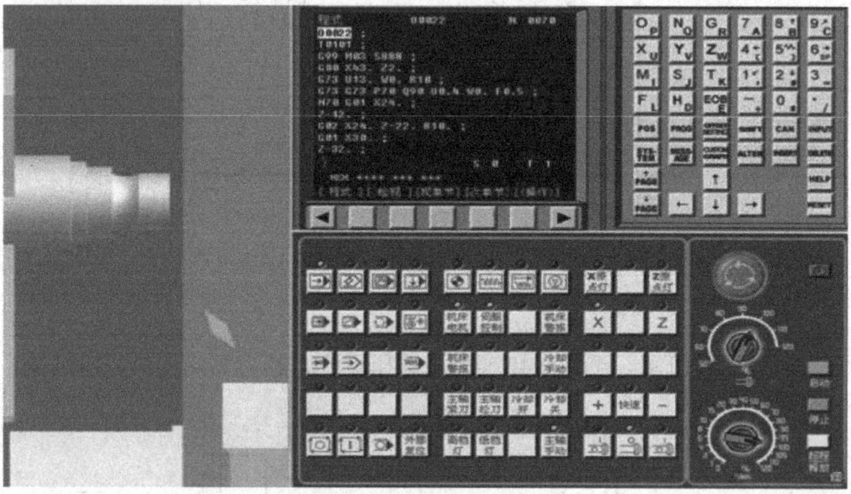

图 7-14 仿真软件加工界面

案例八

基于TRIZ创新思维和创新方法的PLC学习

PLC为可编程控制器的英文缩写，是自动化系统中一种重要的控制设备，被广泛应用在钢铁、冶金、石油、化工、汽车、电子、轻工、机械、国防等领域，几乎所有的工业行业都需要用到它。对于自动化类学生而言，学好PLC课程非常重要。

TRIZ理论经过60多年的发展演化，其主要内容和理论体系已经非常庞大而完备，并且经实践证明，其在解决实际问题特别是发明问题时行之有效。将TRIZ理论融入到《可编程控制器技术（PLC）》这门专业课的学习中，帮助建立创新思维和创新方法论，以期使用创新思维方式去思考问题，用创新方法帮助解决问题。

PLC的学习需要经历几个阶段，可以概括总结为：

“初始——认识PLC的结构和功能”→“动手——学会PLC的硬件接线”→“动脑——学会编制自己的程序”→“训练——完成PLC自动控制任务”→“研究——PLC控制系统容易出现什么故障”→“解决——尝试解决PLC控制系统常见故障”。本案例在学习环节中引入TRIZ理论。

TRIZ的理论体系庞大，包括了诸多内容（图8-1和图8-2）。学习TRIZ要用发展的眼光，从系统论、方法学的角度分析其基本理论体系构成。这个系统的组成包括以下内容：

- 以辩证法、系统论和认识论为**理论指导**；
- 以自热科学、系统科学、思维科学为**科学支撑**；
- 以技术系统进化论为**理论主干**；
- 以技术系统/技术过程、矛盾、资源、理想化最终结果为**基本概念**；
- 以解决工程技术问题和复杂发明问题所需的各种问题分析工具、问题求解工具和解题流程为**操作工具**。

在本案例中，我们应用TRIZ问题**分析工具**——功能分析帮助我们剖析和理解PLC的结构和功能；应用**技术系统进化法则**——完备性和能量传递法则帮助我们构建PLC的硬件

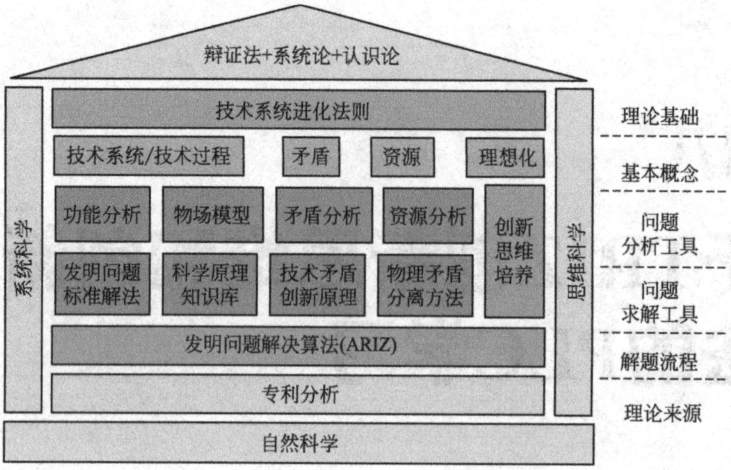

图 8-1 TRIZ 的基本理论体系框架

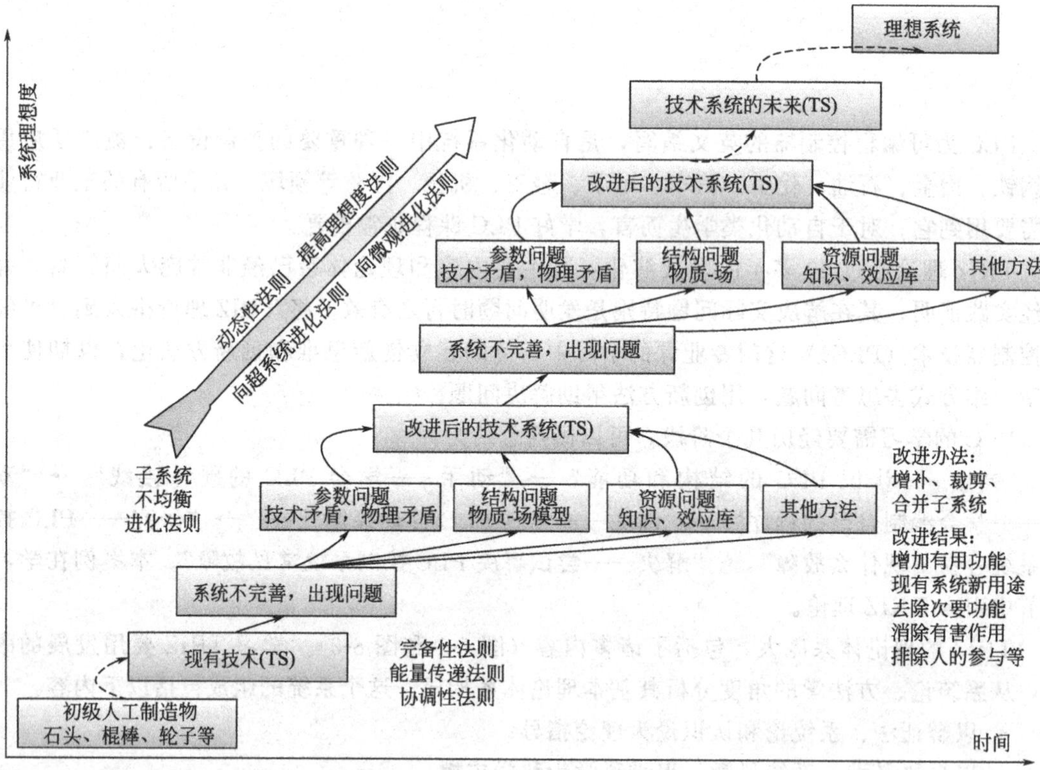

图 8-2 TRIZ 的作用模式

系统；应用**因果分析和矛盾分析**找到 PLC 控制系统中常见的故障，用**创新原理**来解决故障。我们的目的是通过 PLC 课程与 TRIZ 结合，打开思路，探讨如何用 TRIZ 创新思维和创新方法助力专业课的学习，以期帮助类似专业领域的学习者建立和养成用创新思维思考问题、用创新方法解决问题的习惯。

8.1 使用“功能分析”剖析 PLC 结构和功能

8.1.1 知识链接——功能分析

TRIZ 理论是基于系统论的。系统论包括系统思维的建立建模和系统方法的应用研究。系统思维就是把认识对象作为系统，从系统和要素、要素和要素、系统和环境的相互联系、相互作用中综合地考察认识对象的一种思维方法。系统方法是把对象作为系统进行定量化、模型化和择优化研究的科学方法。

TRIZ 系统的功能分析是对系统功能建模的过程，分析的结果是建立功能模型，明确功能关系，改善功能结构。TRIZ 功能分析是现代 TRIZ 理论中一个非常重要的分析问题的工具，是后续许多工具，如因果链分析、功能导向搜索等的基础，是世界上许多著名大企业中应用最为广泛的 TRIZ 工具。

TRIZ 功能模型用矩形框表示系统功能（组件），用箭头表示功能（组件）之间的逻辑（作用）关系，从系统具体的组件角度来分析系统，分析每一个组件实现功能的能力如何。

首先明确几个概念。

(1) 系统

系统由若干要素（物质组件）以一定的结构形式连接构成，是为满足人们的需要而实现某种功能的有机整体。系统包括工程系统和超系统。工程系统就是我们整体的研究对象，比如我们要研究西门子 S8-200PLC CPU 模块或者 S8-200PLC 控制三相异步电动机系统。超系统是包含被分析的工程系统的系统。在超系统中，我们所要分析的系统只是其中的一个组件。比如，啤酒厂罐装车间啤酒瓶传送带单元，可以视为“S8-200PLC 控制三相异步电动机系统”的超系统。工程系统和超系统的划分没有严格的界限，完全取决于项目的需要。

分析系统，要注意几个子概念：要素（组件）、功能和结构，具体含义如下。

① 要素 即组件，是工程系统或超系统的组成部分，要执行一定的功能。这些组成部分是广义上的物体，是指物质、场、或物质与场的组合。物质是指具有静质量的物体。场指没有静质量，可以在物质之间传递能量的实体。

比如，研究自行车，则车轮、车把、车架、传动链条、脚蹬等都是组件，是物质；其超系统中的地面和人，是物质，但风场、热场、重力等没有质量但传递能量，也是组件。

再如，我们要研究西门子 S8-200 PLC，可选定 CPU224CN 控制电机启停系统为工程系统（或技术系统），那么 CPU224CN、主令电器、继电器、接触器、三相异步电动机、PC 机（编程器）、通信电缆等都是组件。考虑系统运行和维护，那么环境中温度场、湿度场、电磁场等也是组件。

系统可以包含多个子组件，构成系统的子系统。我们研究自行车的某个组件，如车轮，那么车外胎、车内胎、轮毂、辐条、轴、轴承等就是车轮这个自行车的子系统的组件。再如，CPU224CN 作为“CPU224CN 控制电机启停系统”中的一个组件，又包含 CPU、存储器、I/O 接口、电源、编程器等，这些共同构成子系统。

我们需要根据项目的目标和限制选择合式的层级。层级选择过高，易遗漏细节，找不到问题的根源；过低，会使得系统变得非常复杂，分析费力。

② 功能　研究对象能够满足人们某种需要的一种属性，表现为改变了物质对象的某种状态（参数）的作用。我们分析功能的时候，要首先考虑这种设备（或系统）为满足某种需要具备什么属性？功能是如何执行的？

功能的描述方式，包括功能的载体、功能的对象和作用。载体是指执行功能的组件。对象是指某个参数由于功能的作用而得到了保持或发生了改变的组件，即接受功能的组件。参数是组件可以比较、测量的某个属性，比如温度、位置、重量、长度等。如图 8-3 所示。

图 8-3　功能的描述

例如，热水器烧水就是正确的描述；头盔保护头部，就不是一个正确的描述，是一个日常用语。原因是头盔和头都是物质，两者之间也存在相互作用，但是，功能的载体却并没有改变头部的参数，头的硬度等参数没有改变。正确的功能描述应该是头盔挡住子弹。头盔这个功能的载体，改变了子弹这个功能的对象的运动轨迹和速度。正确地描述了功能，那么在后来的头盔设计和改造项目中，将会把重点放在如何更加有效地使头盔挡子弹上面。

③ 结构　组件间是否存在相互作用关系。两个组件相互接触了，就存在相互作用。这里的作用包括有用作用和有害作用，有用作用又可分为充分、不足和过度三种作用。

“作用”标识方法

箭头表示方向　→

直线表示充分（或用黑色）———→

虚线表示不足（或用绿色）- - - - - - →

+号线表示过度（或用蓝色）+++++→

波浪线表示有害（或用红色）∿∿∿→

“组件”标识方法

系统组件：矩形框

超系统组件：六菱形

系统作用对象：圆角矩形

（2）系统必备的三个条件

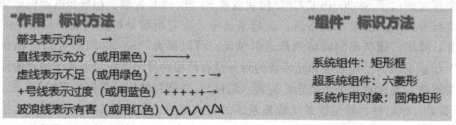

① 至少由两个或两个以上的要素（组件）组成。

② 要素之间相互联系、相互作用、相互依赖和相互制约，按照一定的方式形成一个整体（呈现系统要素的关联性）。

③ 整体具有的功能是各要素的功能所没有的（呈现整体性、非加和性）。

明确了以上概念后，我们可以使用功能分析进行建模了，具体步骤包括组件分析、相互作用分析和功能模型绘制。通过建模，我们可以有效地识别系统和超系统组件的功能、它们的特点，并能分析其成本，可为后续的剪裁、因果链分析等提供降低成本、提高功能、挖掘缺点等分析基础。

8.1.2　知识应用——PLC 结构和功能剖析

下面我们针对 PLC 课程的第一部分“PLC 结构认知”来分析这个技术系统的结构和功能。

国际电工委员会（IEC）在 1987 年的 PLC 标准草案第 3 稿中，对 PLC 做了如下定义：

"可编程序控制器是一种数字运算操作的电子系统，专为在工业环境下应用而设计。它采用可编程序的存储器，用来在其内部存储执行逻辑运算、顺序控制、定时、计数和算术运算等操作的指令，并通过数字式、模拟式的输入和输出，控制各种类型的机械或生产过程。可编程序控制器及其有关设备，都应按易于使工业控制系统形成一个整体，易于扩充其功能的原则设计。"简言之，PLC 是一种用程序来改变控制功能的工业控制计算机。PLC 的结构组成如图 8-4 所示。

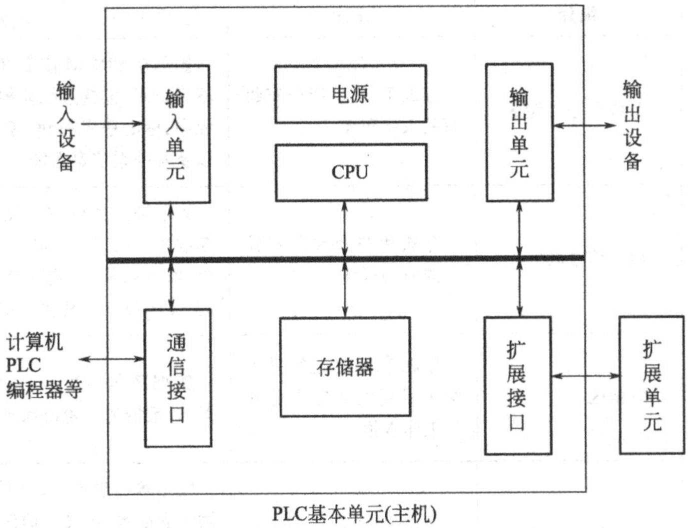

图 8-4 PLC 基本单元结构组成

根据 TRIZ 功能分析的步骤，我们对其进行功能建模，得到功能模型如图 8-5 所示。

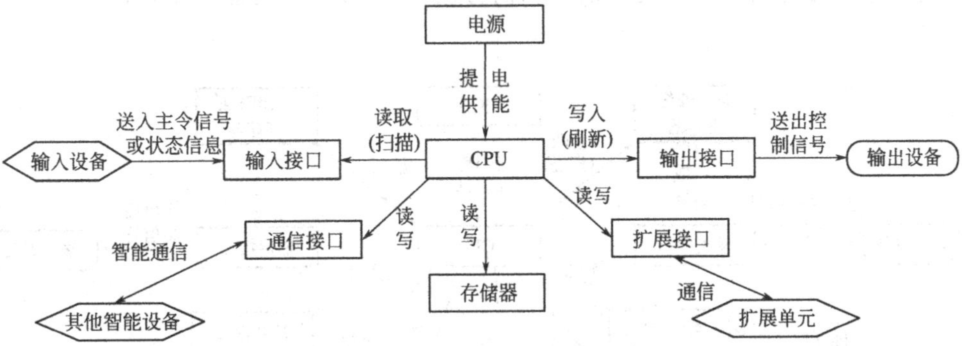

图 8-5 PLC 基本单元功能模型（一）

根据以上功能模型的建模，我们理解到这样的一层含义：PLC 的工作目标是要控制输出设备工作，故我们把输出设备作为此技术系统的控制对象。工作时，CPU 是核心部件，其定期扫描读取输入接口的状态，写入存储器中；然后根据存储器的状态，执行和处理存储器中的程序，将程序处理结果送往输出接口。输入接口的信号，来自 PLC 的超系统组件输入设备；输出接口外面连接输出设备。如果有其他智能设备和 CPU 建立通信，则两者之间通过通信接口进行数据交换。如果基本单元外接了扩展单元，那么扩展单元和 CPU 间进行数据交换需通过扩展接口。

但是，分析此功能模型，我们发现一个问题，就是存储器的作用比较模糊，既有存输入信号的，又有存程序的。实际上，存储器是要分区后再建模，才好剖析透彻 PLC 的功能。故我们先以 S8-200 PLC 为例，分析其存储器的分区情况，再重新构建功能模型。

S8-200 PLC 的存储器分类可见表 8-1。

表 8-1 S8-200 PLC 存储器分类

类型	细分	用途	说明
系统程序存储器	系统程序存储区	存放 PLC 生产厂家编写的系统程序	固化在 PROM 或 EPROM 存储器中，用户不可访问，包括系统监控程序、用户指令解释程序、标准程序模块、系统调用、管理等程序以及各种系统参数等
用户程序存储器	用户程序区	存放用户经编程器输入的应用程序	为了调试和修改方便，总是先把用户程序存放在随机读写存储器 RAM 中，经过运行考核，修改完善，达到设计要求后，再把它固化到 EPROM 中，替代 RAM 使用
	数据区	存放 PLC 在运行过程中所用到的和生成的各种工作数据	数据区包括输入、输出数据映像区，定时器、计数器的预置值和当前值的数据等
	系统区	存放 CPU 的组态数据	输入输出组态、设置输入滤波、脉冲捕捉、输出表配置、定义存储区保持范围、模拟电位器设置、高速计数器配置、高速脉冲输出配置、通信组态等

理解了存储器的细分和功能之后，我们再次构建 PLC 的功能模型，得到图 8-6 所示模型。

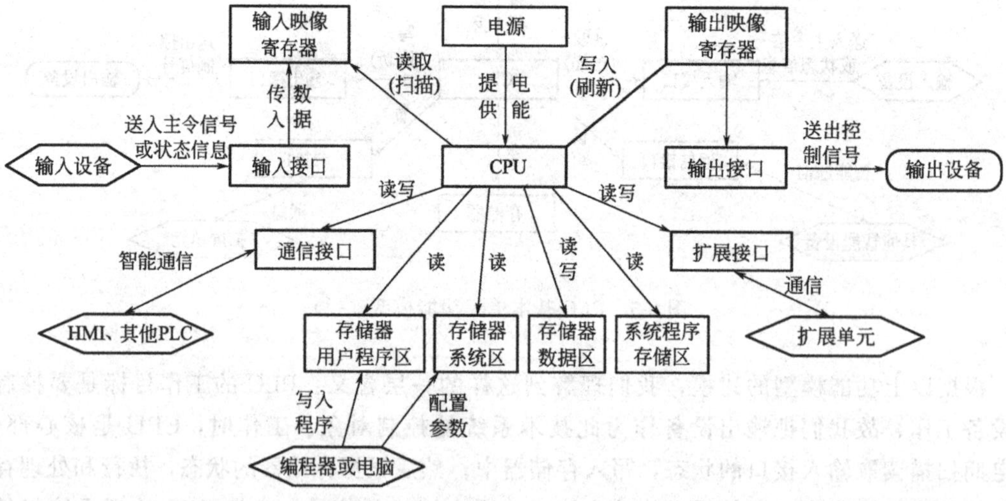

图 8-6 PLC 基本单元功能模型（二）

我们再重新分析 PLC 的功能：PLC 通过输入接口接收来自外部输入设备送来的各种状

态或主令信号，存入输入映像寄存器；CPU 从存储器中逐条读取用户程序，取用输入映像寄存器中的数据，在系统区规定的配置信息下，使用系统程序存储区的指令解释程序、管理程序等，按指令规定的任务进行数据传递、逻辑运算或数字运算，之后，CPU 根据运算结果，更新有关标志位的状态和输出映像寄存器的内容，再经由输出接口或通信接口，实现输出控制、制表打印或数据通信等功能。

比较图 8-5 和图 8-6 所示的两个功能模型，第二个较为详细，有助于我们深刻理解 PLC 的结构和功能。显然，对系统做功能分析，建立功能模型，需要对功能进行深挖，以对系统有一个全面、细致的认知。

这里，对 PLC 新的建模，让我们又产生了新的疑问，引发了我们新的思考：

① PLC 接收输入设备的信号，那么什么可以作为 PLC 的输入设备呢？PLC 通过输出接口控制输出设备，那么什么又是输出设备？

② PLC 的 CPU 作用很多，那么它是怎么协调这么多的任务的呢？也就是说 PLC 的工作过程是什么呢？

思考是个渐进的过程，显然，利用 TRIZ 的功能分析工具来构建功能模型，能够帮助我们深入地、渐进地考虑和剖析问题。

我们先回答第一个问题：根据 PLC 课程参考书，我们可知 PLC 通过输入接口单元，接收来自现场的主令电器（如操作按钮、选择开关）、检测部件（如限位开关、行程开关）或其他一些传感器的开关量或模拟量（要通过模数变换进入机内）信号；PLC 通过输出接口单元，将中央处理单元 CPU 送出的弱电控制信号转换成现场需要的强电信号并输出，以驱动电磁阀、接触器、电动机等被控设备的执行元件。

这里涉及到各种外部设备，我们需要学习如何将这些设备和 PLC 进行连接，也就是要学习 PLC 的硬件接线，进入到 8.2 节的学习。但在这之前，我们需先把第二个问题回答完。

和 CPU 配合工作的组件很多，发生的功能就很多。PLC 协调各种组件实现功能，调控工作节奏，是有一定规则和过程的。查找资料我们可知，PLC 的工作方式是采用周期循环扫描，集中输入与集中输出。PLC 上电后，在系统程序的监控下，周而复始地按一定的顺序对系统内部的各种任务进行查询、判断和执行，这个过程实质上是按顺序循环扫描的过程（图 8-7）。

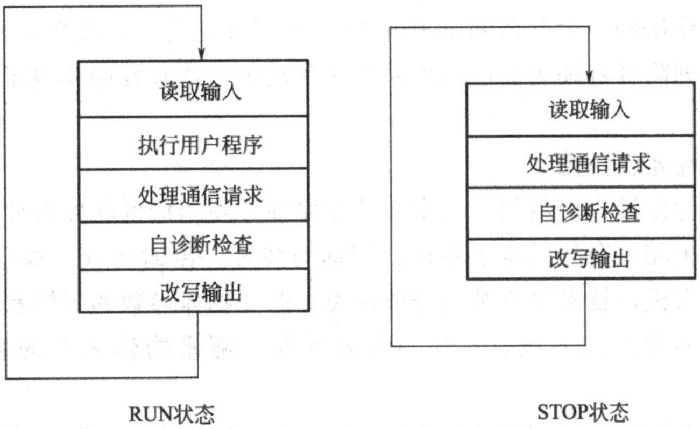

图 8-7 PLC 循环扫描工作过程

图中，CPU循环扫描的一个周期，称为扫描周期。这个扫描周期的时间长短，等于读取输入、执行用户程序、通信处理、CPU自诊断检查、改写输出等所有时间的总和。一般同型号的PLC，其自诊断所需的时间相同，通信时间的长短与连接的外设多少有关系，如果没有连接外设，则通信时间为0。输入采样与输出刷新时间取决于其I/O点数，而扫描用户程序所用的时间则与扫描速度（因为PLC的CPU基于微处理器，故其内部的时钟频率决定着程序的存取速度）及用户程序的长短有关。对于基本逻辑指令组成的用户程序，两者的乘积即为扫描时间。如果程序中包含特殊功能指令，则还必须根据用户手册查表计算执行这些特殊功能指令的时间。然后，PLC采用看门狗（WDT）监视每次扫描是否超过规定时间（如果主机出现故障，扫描周期变长，就会发出报警信号），因此用户必须使扫描监视时间的设定值大于恒定扫描周期的值，否则CPU发出警戒计时报警信号。

至此，也就不难理解PLC输出端响应对比输入信号发生变化之时，会有一定的时间延迟，即输出较输入变化存在滞后。扫描周期越长，滞后现象越严重。

细致分析图8-6展示的功能模型，还会产生疑问：输入接口、输出接口、通信接口、扩展接口都叫接口，那么这些设备或电路又有什么区别？我们可以单独就某一接口电路，再利用功能分析工具分析其结构和功能。实际上，如果我们深入对输入/输出接口电路这个子系统进行功能分析，那么就会对PLC的DI/DO如何进行硬件接线了然了。而对于PLC硬件接线，我们这里将从另外一个角度进行探讨学习。

8.2 使用“技术系统完备性法则”“能量传递法则”理解PLC控制系统硬件接线

8.2.1 知识链接——技术系统进化法则

阿齐舒勒指出：技术系统的进化不是随机的，而是遵循一定的客观规律，同生物系统的进化类似，技术系统也面临着自然选择、优胜劣汰。掌握这些规律，能够能动地帮助我们进行产品设计并预测产品的未来发展趋势。我们暂不设计产品，我们用这些进化法则来剖析PLC及其控制系统的进化过程和它的优劣，认识要实现我们需要的功能，技术系统是如何从低级到高级进化的，有哪些特点和趋势；观察现在工业控制应用广泛的PLC系统是否契合了某些先进的进化法则；大胆预测未来的PLC控制系统会有什么样的发展。

首先，我们梳理阿齐舒勒著名的八大系统进化法则，这些发展构成了TRIZ理论的核心内容之一。

（1）技术系统完备性法则

技术系统完备性发展告诉我们，技术系统要实现某项功能的必要条件，是在整个技术系统中一定要包含四个相关联的基本子系统，即动力装置、传输装置、执行装置和控制装置。从实现功能的角度来说，技术系统被划分成两类：改变物体参数的系统和测量物体参数的系统。其中，改变物体参数的系统，是执行技术系统；测量物体参数的系统，是测量技术系统。

最小执行技术系统的结构如图8-8所示。整个系统需要从能量源接收能量；再由动力装置将能量转换成技术系统所需要的使用形式；传输装置将能量传输到执行装置，按照执行装

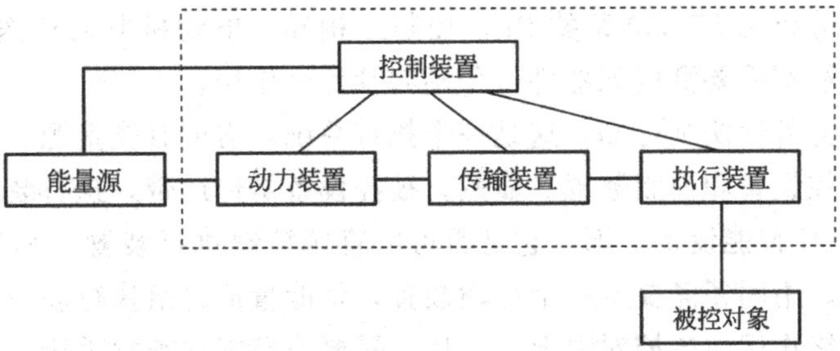

图 8-8 最小执行技术系统的结构

置的特性进行调整，最终作用在产品上；控制装置是复杂系统各部分之间的系统操作。

掌握“技术系统完备性法则”，基于该法则去分析技术系统，有助于我们在设计系统的时候，确定实现所需技术功能的方法，并达到节约资源的目的。

(2) 技术系统能量传递法则

技术系统能量传递法则告诉我们，技术系统实现其基本功能的必要条件之一，是能量能够从能量源流向技术系统的所有元件。如果技术系统的某个元件接收不到能量，它就不能产生效用，那么整个技术系统就不能执行有用功能，或者所实现的有用功能不足。图形化表达如图 8-9 所示。

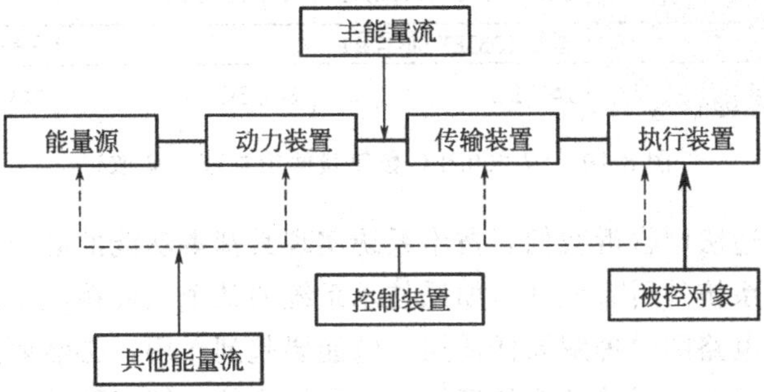

图 8-9 执行技术系统中的能量流

其他进化法则，还包括技术系统动态性进化法则；提高理想度法则；不均衡进化法则；向超系统进化法则；向微观级进化法则；协调性进化法则等。

8.2.2 知识应用——用进化法则来捋顺 PLC 控制系统硬件接线

我们用技术系统完备性和能量传递法则来设计 PLC 控制系统，搭建 PLC 控制回路。

PLC 的功能是：通过输入接口单元，接收来自现场的主令电器（如操作按钮、选择开关）、检测部件（如限位开关、行程开关）或其他一些传感器的开关量或模拟量（要通过模数变换进入机内）信号，存入输入映像寄存器；CPU 从存储器中逐条读取用户程序，取用输入映像寄存器中的数据，在系统区规定的配置信息下，使用系统程序存储区的指令解释程序、管理程序等，按指令规定的任务进行数据传递、逻辑运算或数字运算，之后，CPU 根据运算结果，更新有关标志位的状态和输出映像寄存器的内容；PLC 通过输出接口单元，将中央处理单元 CPU 送出的弱电控制信号转换成现场需要的强电信号并输出，以驱动电磁阀、接触器、电动机等被控设备的执行元件。

现在，我们要分析用 S7-200 某款 PLC 控制三相异步电动机驱动传送带启停这个任务。首先，分析这个系统都需要哪些元器件，分别起到什么作用。

根据技术系统完备性法则可知，这是一个执行系统，需要有能量源、动力装置、传输装置、执行装置、被控设备和控制装置。显然，被控设备是传送带，执行装置是三相异步电动机；控制装置是 PLC 智能设备，那么它是否可以直接控制执行装置三相异步电动机呢？完备性法则告诉我们，中间还需要有一个传输装置，将能量传递给执行装置，按照执行装置的特性进行调整，最终作用在被控对象上。显然，需要我们细细查找手册，查明控制装置和执行装置的电气特性，从而再选择合适的传输装置。

查找 S7-200 手册，发现其 CPU 的 DI 输出有两种形式（图 8-10），一种为 24V DC，一种为继电器（可 24V DC 或 250V AC）。如果被控对象是 24V LED 灯，PLC 两种输出形式都可以与之匹配，此时，两者之间仅需导线等来进行传输；而三相异步电动机的额定电压是三相 380V AC，显然与 PLC 的输出并不能直接匹配。初学者在设计电路图的时候，可能直接就把三相异步电动机接到 PLC 的输出端了（三相异步电动机尚好些，若用 S7-200PLC 控制单相电动机驱动传送带，那么更易犯直接把单相电机连接到 PLC 的输出端的错误了）。

数字量输出规范			
数字量输出规范	24V DC 输出（CPU221、CPU 222CPU224 CPU226）	24V DC 输出（CPU224XP）	继电器
输出类型	固态 MOSFET（信号源）		干触点
额定电压	24 V DC	24 V DC	24 V DC 或 250 V AC

图 8-10 S7-200PLC 数字量输出规范（截取）

技术系统能量传递法则告诉我们，技术系统实现其基本功能的必要条件之一，是能量能够从能量源流向技术系统的所有元件。如果技术系统的某个元件接收不到能量，它就不能产生效用。这句话放到电路图中理解同样适用，电能要起到作用，必然要形成闭合回路，不能短路和断路。电信号又分不同的类型和等级，不同类别的电能起到的作用必然不能混淆。如此想来，初学者易犯的将交流电负载接到 24V DC 输出的 PLC 上，必然是错误的了；或者如图 8-11 所示，没有形成闭合回路的电路图，也必然是错误的了。

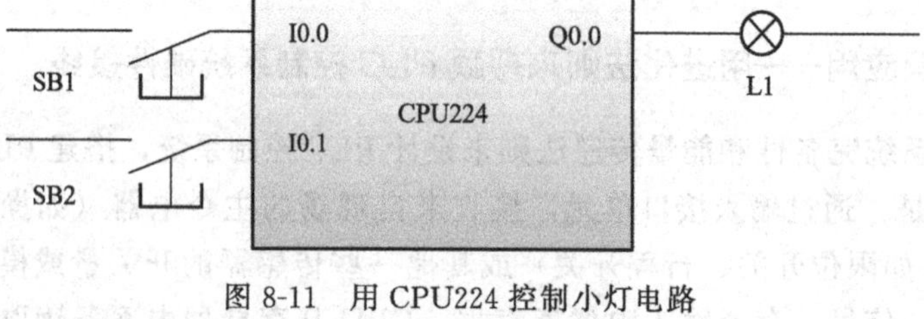

图 8-11 用 CPU224 控制小灯电路

下面我们以 S7-200 系列的 CPU224 为例，剖析如何用 PLC 控制额定电压三相 380V AC 的三相异步电动机。CPU224CN 有两种类型，一种为 AC/DC/RLY，一种为 DC/DC/DC。第一种，其输出为继电器型，可接 220V AC 或 24V DC 负载。第二种其输出为晶体管型，只能接 24V DC 负载。我们需要用一种器件，让 PLC 去控制一个相对比较安全的低压小电流线路，转而实现控制电机大功率的线路。这种器件就是低压电气线路中常用的中间继电器和交流接触器。两者都可以作为控制装置 PLC 与执行装置电机中间的传输装置。如图 8-12 和图 8-13 所示。

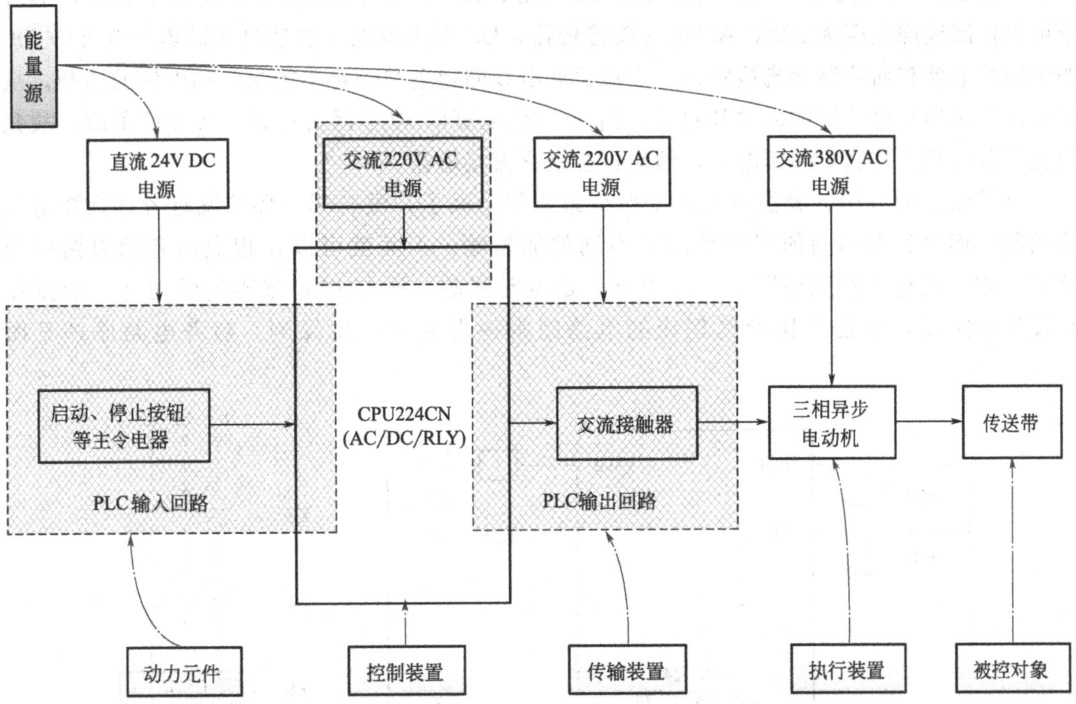

图 8-12 用 CPU224（AC/DC/RLY）控制三相电动机执行系统示意图

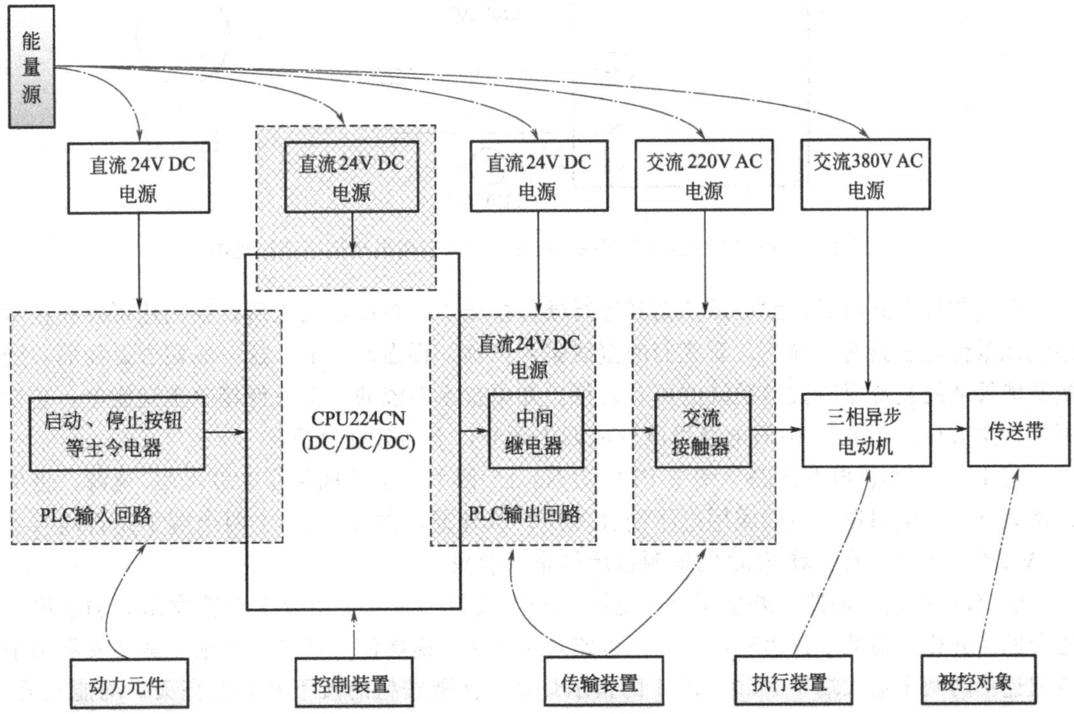

图 8-13 用 CPU224（DC/DC/DC）控制三相电动机执行系统示意图

在图 8-12 和图 8-13 中，要引起特殊注意的是能量源的不同类型或等级。第一，两种类型的 PLC 本身使用的电源不同，可从 AC/DC/RLY 和 DC/DC/DC 的首位标识中看出；第二，两种 PLC 输出类型不同，可从 AC/DC/RLY 和 DC/DC/DC 的末位标识中看出，RLY 型可以控制线圈电压为 220V AC 的交流接触器，DC 型不可以，故通过线圈电压为 24V DC 的中间继电器转而控制交流接触器，交流接触器线圈得电与否再去控制三相电源的通断，从而驱动三相异步电动机的启动和停止。当然，RLY 型的 PLC 因可以接 24V DC 负载，故我们也可以让其先控制中间继电器，然后再控制交流接触器。

有了以上的分析，我们发现这个执行系统很全面了，没有哪个环节没有考虑到能量源的问题，而且针对不同的回路采用了不同的能量源。下面就可以在相应示意图思路的指导下，着手设计电路原理图了。对于有一定电路基础、没有 PLC 基础的学习者，尝试让其设计电路图，往往要比给其现成的电路图掌握得更为印象深刻。参考电路原理见图 8-14。

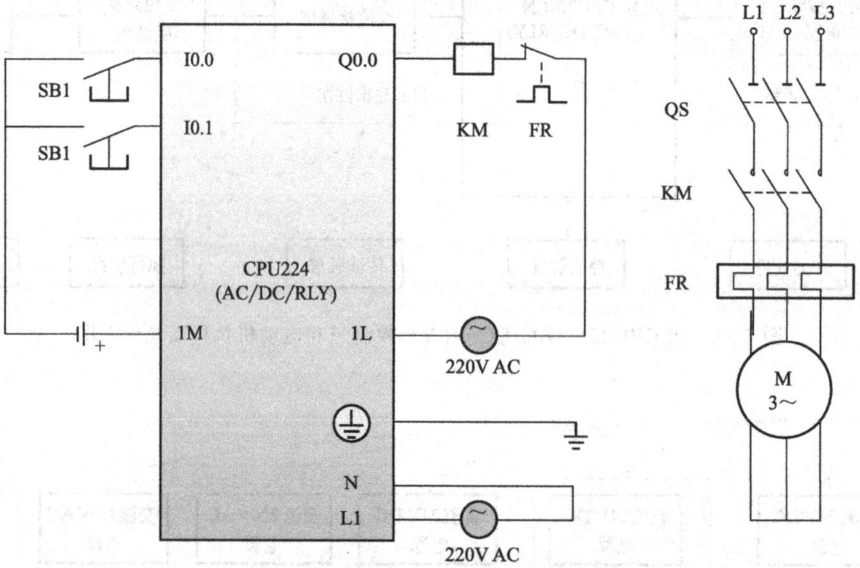

图 8-14 用 CPU224（AC/DC/RLY）控制三相电动机电路原理图

在绘制好电路图后，就可以依据其进行硬件接线了。在接好线之后，我们还可以在技术系统能量传递法则的指导下，看我们的接线是否正确。再强调一下，这一法则告诉我们，能量要能够从能量源流向技术系统的所有元件，如果技术系统的某个元件接收不到能量，它就不能产生效用。图 8-14 中的电路可以分成四个部分，下面分别分析。

① PLC 的本机电源回路　图中 PLC 的 N、L1 两个端子外面接了 220V AC 电源，借助万用表（可用电阻挡查通断或用电压挡查电压）查外部电源和 N、L1 两个端子是否均有了 220V AC。上电，看一看 PLC 的电源指示灯是否能亮。

② PLC 的输入回路　外接了直流电源和两个按钮，后者是给整个系统发出启动和停止指令的。同样，借助于万用表，查一下电路是否连通。需要注意的是，连通了就要查看两个按钮连接的两个输入端子 I0.0、I0.1 的指示灯是否能随按钮的按下和弹开亮灭。均能亮灭，表示能量已能正常传递遍所有输入回路。

③ PLC 的输出回路 Q0.0 外部连接了交流接触器的线圈、热继电器的触点和交流电源。用外用表电阻挡测整个电路是否连通。这里就不使用万用表的电压挡了，除非让 PLC 装载了程序并且运行。

以上三点，我们可以通过 PLC 电源指示灯是否能亮、输入端子指示灯是否能亮、接触器是否能吸合，来判断“电”能量是否能传递到相应部件。如果没有动作，则逐级查是否断路，或者器件损坏。

④ 三相电源和接触器主触点、热继电器主触点、三相异步电动机的回路 同样，要保证三相电源能正常送到电机的三相绕组上。如果电机不能启动，或者不能正常启动，则必然是电路断路或器件损坏，能量无法到达执行装置。

技术系统完备性法则和能量传递法则，适用于现在所有带有智能控制装置的自动化系统。在没有智能控制装置之前，能量传递法也适用。例如，三相异步电动机的继电器接触器控制系统，所有的继电器、接触器均构成了传输装置，将能量逐级传递给被控装置负载。智能装置在现代自动控制中不可或缺，读者可以使用 PLC 驱动自动化生产线上常常见到的气动执行装置——气缸，来使用这两个进化法则指导构建硬件系统，做一下练习。显然，在电、气、液、机械单一或者混合的传动控制系统中，电能、气体液体压力能、机械能的传递都不能凭空产生和消失，如果设备不工作，我们顺着能量的传递方向去捋一捋，总能发现能量在哪里被截断了，从而找到问题所在。

8.3 使用“因果链”分析工具分析 PLC 常见故障

在 8.1 节中，我们用 TRIZ 的问题分析工具——功能分析，研究了 PLC 的结构功能。如果还对 PLC 的输入回路和输出回路做了功能分析建模，那么必然能够对 PLC 的硬件 DI/DO 设备接线了然了，并且对功能分析这种分析问题的方法也有了一定的熟悉。在 8.2 节中，我们使用 TRIZ 八大进化法则的“技术系统完备性法则”“能量传递性法则”分析了如何思考和设计 PLC 的硬件系统。之后，需要学习 PLC 的编程技术。这部分，请读者自行按照手册等资料慢慢学。软硬件系统都有了一定的基础之后，我们就初步具备了 PLC 控制系统安装和调试的功底了，要进入到 PLC 控制系统运行维护的阶段。此时面对这样那样的故障，唯有慢慢积累现场维护经验，方能成为技术好手。若能够再用更多的 TRIZ 理论和方法武装自己的头脑，更能助力匪浅。我们可以使用因果链分析这个工具，帮助我们寻找 PLC 控制系统各种常见故障的原因。

8.3.1 知识链接——因果链分析

因果链分析是现代 TRIZ 理论中分析问题的另一个重要工具，它可以帮助我们进行更加深入的分析，找到潜藏在工程系统中深层的原因，建立起初始缺点与各个底层缺点的逻辑关系，找到更多解决问题的突破口。

(1) 什么是因果链分析

因果链分析是全面识别工程系统缺点的分析工具。与功能分析工具不同的是，因果链分析可以挖掘隐藏于初始缺点背后的各种缺点。对于每一个初始缺点，通过多次问“问什么”，就可以得到一系列的原因，将这些原因连接起来，就像一条条的链条，因此被称为因果链。

随着不断的追问，可能会发现找到的原因背后还有其他的因素在起作用，一直追问下去，直到物理、化学、生物或者几何等领域的极限为终点。

（2）缺点的种类

因果链是由一个个由逻辑因果关系的缺点链接而成的链条，其中每一个缺点都是其前面缺点造成的结果，同时，它又是造成后面缺点的原因。缺点包括初始缺点、中间缺点和末端缺点。我们可以将缺点文字描述用矩形框框起来，用有向箭头连线连接上下两层缺点。箭头指向结果，采用图形化表述方式表示因果链。绘制因果链，首先要注意关于缺点分类的几个概念。

① 初始缺点　初始缺点是由项目的目标决定的，一般是项目目标的反面。比如，我们要解决PLC控制三相异步电动机，电动机不转故障，那么“电机不转”就是初始缺点。

② 中间缺点　中间缺点是指处于初始缺点和末端缺点之间的缺点，它是上一层缺点的原因，又是下一层缺点造成的结果。比如，电机不转的原因是电机绕组没电，电机绕组没电的原因又是导线连接脱落，那么“电机绕组没电”就是中间缺点。

在列出中间缺点的时候，需要注意以下几个问题。

a. 需要明确上下层级的逻辑关系。要找在物理上直接接触的组件所引起的缺点，避免跳跃。例如，电机不转，原因是电机绕组没电，电机绕组没电，原因是三相电源没电。逻辑上似乎行得通。于是测量，电源有电啊。其实就是漏掉了中间的好多问题（因果链谓之缺点）。而考虑直接和电机绕组物理连接的导线，就有可能直接找对地方。

b. 有时，造成本层级缺点的下一层缺点不止一个，那么同一级的缺点之间可以用And或Or运算符连接起来。And运算符是指上一层缺点是由下一层级的几个缺点共同作用的结果；Or运算符是指上一层缺点是由下一层级的几个缺点中的任何一个单独作用造成。

c. 寻找中间缺点，可以在功能分析、成本分析、流分析中发现的问题中查找，或者通过经验、公式、领域专家、文献等寻找。

③ 末端缺点　做具体项目的时候，无穷尽地挖掘问题的原因是没有意义的，因此，问题需要界定一个终点，这个终点就是末端缺点。当遇到如下几个情况时候，我们就结束因果链分析了：

a. 达到物理、化学、生物或者几何等领域的极限时；

b. 达到自然现象时；

c. 达到法律法规、国家或行业的标准时；

d. 不能继续找到一层原因时；

e. 达到成本的极限或者人的本性时；

f. 根据项目的具体情况，继续深挖下去就会变得与本项目无关时。

④ 关键缺点　经过因果链分析得到的中间缺点和末端缺点很多，但并不是所有问题都可以解决。经过精心选择需要进一步接近的缺点就是关键缺点。

⑤ 关键问题　选出关键缺点，需要解决关键缺点对应的问题就是关键问题。如果关键问题解决方案能够解决初始缺点，那么它就是最终解决方案。有时候，这些解决方案可能会遇到限制条件，产生一些矛盾，此时，就需要用到TRIZ理论中的问题解决工具，如物理矛盾、技术矛盾、标准解等来解决这类问题。

8.3.2 知识应用——挖一挖 PLC 控制系统故障的原因

PLC 控制系统分为输入回路、CPU、输出回路、通信等几部分。在更为高级的 PLC 控制系统中，输入回路还可能包括传感检测部分。除了 DI/DO 数字量输入输出信号外，可能还存在模拟量信号的输入和输出处理部分，或者包括通信模板和上位机监控设备。控制设备、组件较多，逻辑关系就相对复杂。各种外围设备、组件及 PLC 在生产过程中都可能产生故障或误动作，对各种故障如何及时、准确地检测、显示和报警，是设计控制系统的工程人员必须要充分考虑和引起重视的问题。对于维修维护人员而言，能够准确、快速地检查和排除故障，需要对 PLC 控制系统非常了解。下面就以较为简单的“S7-200 PLC 控制三相异步电动机驱动传送带”系统“电机不转”故障为例，学习绘制因果链。

① 问题背景 某企业生产线的多段输送带分别由用三相异步电动机驱动，系统的启停由一台西门子 PLC CPU224CN 控制，某次出现输送带不转动现象。

② 寻找初始缺点 由项目目标决定，初始缺点应为“输送带不转动”。

③ 寻找中间缺点 导致系统不运行的直接原因可能是电机不旋转、输送带卡死、输送带和滚筒之间打滑等。

④ 确定相互关系 电机不旋转、输送带卡死、输送带和滚筒间打滑，应是 Or 的关系。

⑤ 重复③、④步，建立起最终图 8-15 所示的因果链分析图。

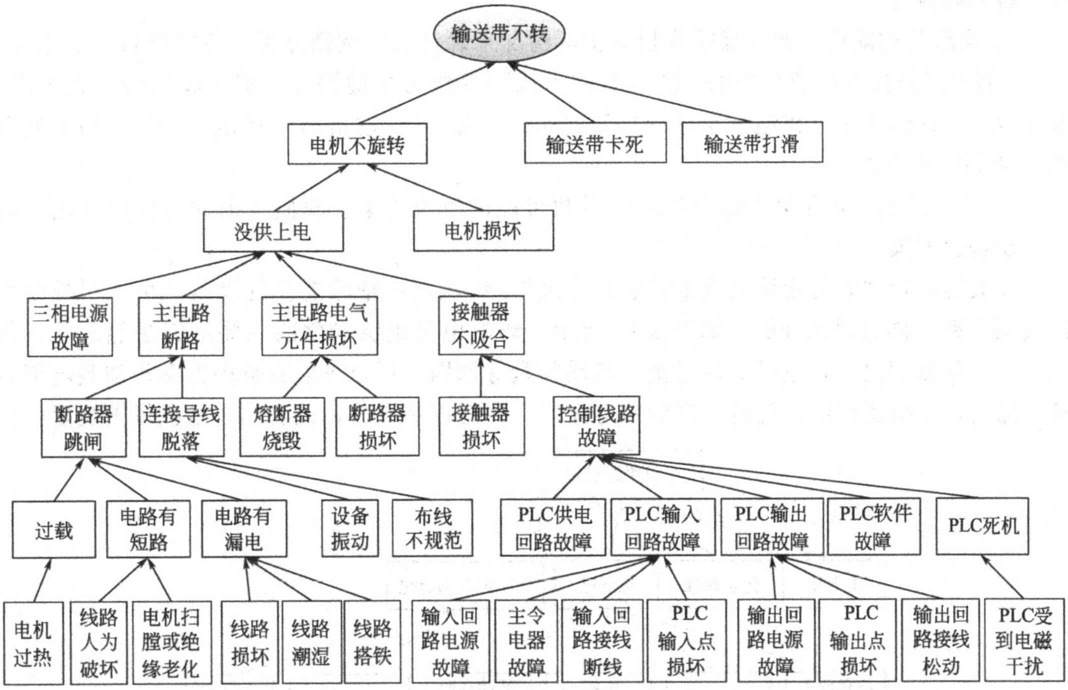

图 8-15 输送带不转因果链分析图

此因果链分析图实际上还可以继续深挖，限于篇幅，请读者自行查找资料完成。

⑥ 检查功能分析（或流分析，本案例未用）中可能的缺点是否被全部包括。读者可参考图 8-16 提供的功能模型图。

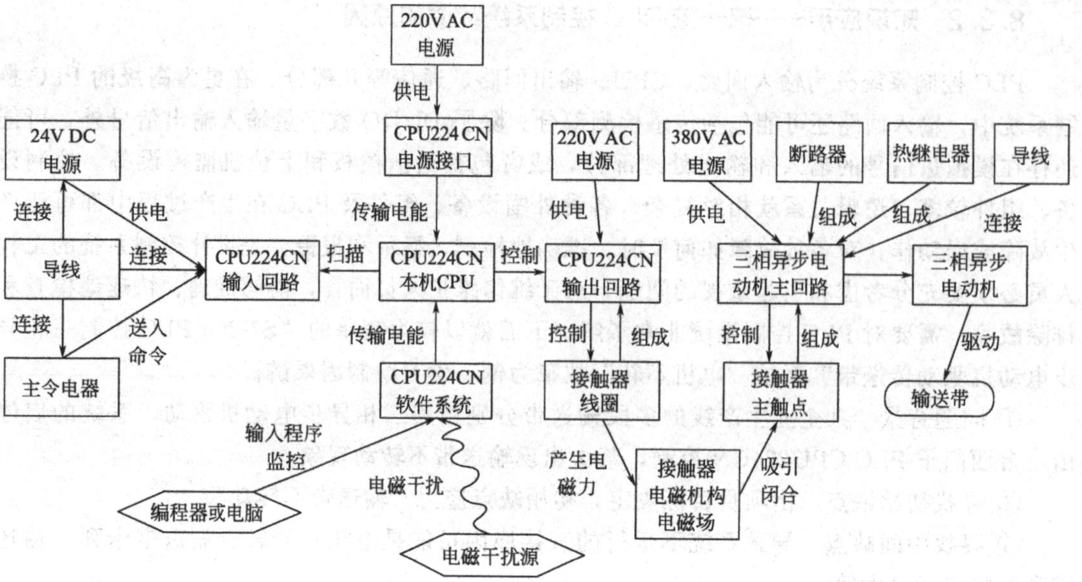

图 8-16 输送带系统功能模型

功能模型和因果链分析图并不是唯一的，只要合理，利于剖析透彻系统功能结构、缺点和关键问题就好。

⑦ 确定关键缺点。此步骤需要根据实际情况来确定。本例经分析，将“电机绝缘老化”“PLC 输出回路接线松动”“PLC 受到电磁干扰”等作为关键缺点，那么相应的关键问题，就变成了“如何延缓电机绝缘老化速度”“如何避免 PLC 输出回路接线松动”“如何避免 PLC 受到电磁干扰”。

⑧ 将关键缺点转化为关键问题，并寻找可能的解决方案。我们可因此对关键问题，提出初步解决方案。

a. 关键问题“如何延缓电机绝缘老化速度” 影响电机绝缘老化的因素，可以引导学生们查阅资料，再做因果分析。如图 8-17 所示，影响电机绝缘老化的主要原因是热老化。热老化的主要原因之一是电机负荷过重、启动频繁等原因。可以采取的解决方案是加装电流表进行监视，电机工作电流超过电机额定电流时，注意控制负荷；或者加装电机保护装置，如

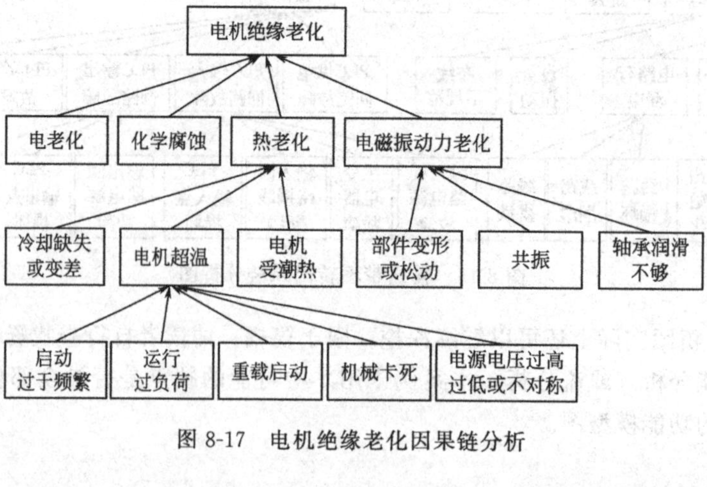

图 8-17 电机绝缘老化因果链分析

果出现过载、过流、缺相、堵转等问题，使得电源及时跳闸，保护电机。

b. 关键问题“如何避免 PLC 输出回路接线松动” 此类故障往往在 PLC 工作一段时间，随着设备动作的频率升高而出现，具体是使用中的振动加剧或机械寿命等原因。具体解决方案是，使用合适冷压端子接线方式。

c. 关键问题“如何避免 PLC 受到电磁干扰” 如果是强电干扰，解决方案是 PLC 本机和 I/O 系统电源均加装隔离变压器或电源滤波器。如果是信号干扰，则将 PLC 的输出采用中间继电器进行信号隔离。注意，走线时不能将 PLC 的 I/O 线和大功率线走同一个线槽；不同的信号线尽量不用同一个插接件转接；不能将 PLC 与高压电器安装在同一个开关柜内，同一个柜子内的电感性负载，比如接触器的线圈，要并联 RC 消弧电路。

以上关键问题均较为专业，可以继续深挖，让学生们查找资料，做出因果链分析，从而对“电机绝缘”“电气隔离”“防止电磁干扰”等课题进行梳理。

8.4 使用“技术矛盾”解决 PLC 控制系统维修维护问题

利用 TRIZ 理论解决问题的典型步骤是问题识别→问题解决→概念验证（实际上，我们利用其他理论解决问题时步骤也是如此）。问题识别阶段重点是对工程系统进行全面分析并识别正确的问题来解决，需要解决的问题都是深层的、潜在的问题，不一定是初始问题。问题识别阶段就是采用各种问题分析工具（比如前述的功能分析、因果分析等）输出一系列关键问题的集合。在问题解决阶段，将这些关键问题转化为 TRIZ 理论的问题模型，然后运用相应的 TRIZ 工具（表 8-2）找到相应的解决方案模型，并将其转化为具体的解决方案。最后，对在问题解决阶段开发出的所有解决方案进行实际可行性评估，根据所有解决方案的主要价值参数中得分最高的解决方案，进行进一步开发或进一步评估。本节我们进行到问题解决阶段，尝试使用技术矛盾问题模型、矛盾矩阵工具和相应的解决方案模型（发明原理），针对 8.3 节最后提出的关键问题，提出最终解决方案。

表 8-2 经典 TRIZ 工具

问题模型	工具	解决方案模型
技术矛盾	矛盾矩阵	40 个发明原理
物理矛盾	分离原理	40 个发明原理
物质-场模型	76 个标准解	标准解的物质-场模型
How to 模型	效应库	具体的效应

8.4.1 知识链接——技术矛盾和发明原理

在解决技术问题的时候，我们经常会遇到这样的一种情形，为了达到某种目的，需要改善某个参数，如果这个参数的改善不会带来其他的问题，那么对于该参数的改善就是一个解决方案。但如果在改善某个参数的时候，却带来了另外的问题，带来了负向的效应，这就是矛盾。描述这种矛盾，可以用“if，then，but”模型来描述。比如，有一台普通数控车床，工程人员发现车削过程中产生的碎屑会卡住刀具并损坏工件，从而恶化了系统稳定性。于是工程人员提出了一个解决方案，使用一种配备视觉传感器和图像识别功能的特殊机器人，在切削碎屑形成之时将其清除；但是，这种机器人却复杂而且昂贵。这就产生了矛盾。

（1）描述问题

要解决的问题是"在没用昂贵专用机器人配备的车床上，如何通过不断清除碎屑来提高加工过程的稳定性"。

（2）阐述技术矛盾

以技术矛盾模型阐述这个问题，见表8-3。

表8-3 全自动无人车床的技术矛盾

	技术矛盾-1	技术矛盾-2
如果(if)	使用特殊机器人进行图像识别	不使用特殊机器人进行图像识别
那么(then)	碎屑会被清除，加工过程会变得稳定	设备简单而且便宜
但是(but)	装备将变得极其复杂而且昂贵	碎屑没有清除，加工过程不稳定

（3）选择技术矛盾

因为我们的目标是提高加工过程的稳定性，所以我们选择技术矛盾-1进行矛盾分析。

解决这类技术矛盾，就用到了TRIZ的矛盾矩阵和发明原理。

阿齐舒勒和他的弟子们在整理分析数以万计的专利后，发现虽然每个专利解决的问题不是一样的，但是在解决这些问题的时候，所使用的原理是基本类似的。阿齐舒勒对这些通用原理进行了总结并进行编号，这就是被人们熟知的40个发明原理。

阿齐舒勒和他的弟子们还发现所有工程问题都可以使用一系列有限的通用工程参数来描述。经过对众多的工程参数进行一般化处理，确定了39种能够表达所有技术矛盾的通用工程参数，并对它们进行了编号。39个工程参数的含义在此不再赘述，读者可查阅TRIZ专业书籍。

为了解决工程系统中的技术矛盾，我们可以用40个发明原理来一条条地查询使用，但这样效率比较低，因此，阿齐舒勒提出了一个39行×39列矛盾矩阵。竖列为要改善的工程参数，横行为被恶化的工程参数，改善的参数和恶化的参数交叉定位的矩阵单元中，是40个发明原理中常常被用到的原理。

（4）确定参数

确定技术矛盾中要改善的参数和被恶化的参数并一般化为通用工程参数。我们将全自动无人车床的技术矛盾中的参数一般化，显然，改善的参数是加工过程的稳定性、可靠性（编号27），恶化的参数是设备的复杂性（编号36）。

（5）确定发明原理

在阿齐舒勒矛盾矩阵中定位改善参数和恶化参数交叉的单元，确定发明原理。本例得到编号13、35、1（表8-4）发明原理。

（6）发明原理描述

在发明原理列表中找到发明原理描述。本例得到如表8-5所示具体原理描述。

表 8-4 全自动无人数控车床的发明原理

改善的参数 \ 恶化的参数		35	36	37	38
		适应性及多用性	设备的复杂性	检测的复杂性	自动化程度
25	时间损失	35,28	6,29	18,28,32,10	24,28,35,30
26	物质或事物数量	15,3,29	3,13,27,10	3,27,29,18	8,35
27	可靠性	13,35,8,24	13,35,1	7,40,28	11,13,27
28	测量精度	13,35,22	27,35,10,34	26,24,32,28	28,2,10,4
29	制造精度	—	26,2,18	—	26,28,18,23

表 8-5 阿齐舒勒发明原理

发明原理编号	发明原理	发明原理描述
13	反向作用	• 用相反的动作代替问题定义中所规定的动作 • 让物体或环节可动部分不动,不动部分可动 • 将物体上下或内外颠倒
35	物理/化学状态变化	• 改变聚集态(物态) • 改变浓度或密度 • 改变柔度 • 改变温度
1	分割	• 把一个物体分成相互独立的部分 • 将物体分解成容易拆卸和组装的部分 • 增加物体分割的程度

(7) 确定解决方案

应用发明原理的提示，确定最适合解决技术矛盾的具体解决方案。本例根据发明原理 13 的第三个提示“将物体（或过程）颠倒”，得到方案，将车床主轴与工件倒置放置，切屑产生的碎屑将在重力的作用下自动从工件上掉落，防止工件与热的落屑接触而升温，并可避免工作主轴受到污染。

8.4.2 知识应用——解决“避免 PLC 受到电磁干扰”问题关键方案中的矛盾

在 8.3 节中，我们进行了“S8-200 PLC 控制三相异步电动机驱动输送带”的功能分析和输送带不运行的因果链分析。这属于问题识别阶段，最终输出了一系列关键问题。在关键问题“避免 PLC 受到电磁干扰”问题中，我们继续进行因果分析，得到干扰原因包括强电干扰和信号干扰。然后，我们提出“防止信号干扰”问题解决方案之一“将 PLC 的输出采用中间继电器进行信号隔离”。分析此方案，是将 PLC 的输出回路加入一个中间继电器组成的回路，即如图 8-13 所示。PLC 输出控制小电流回路中间继电器，中间继电器通过电磁机构再控制交流接触器，那么 PLC 的输出控制信号就不会直接接入负载回路中，可降低负载端引入的电磁干扰。但是，因增加了一个回路，从而给系统的维修维护增加了负担。

(1) 描述问题

要解决的问题是“如何在使用中间继电器的情况下，提高控制回路可维修性”或者“如何在不使用中间继电器的情况下，提高 PLC 输出端抗干扰能力”。

（2）阐述技术矛盾

我们将这个矛盾用技术矛盾模型进行准确描述，如表 8-6 所示。

表 8-6　输送带 PLC 控制系统的技术矛盾

	技术矛盾-1	技术矛盾-2
如果(if)	使用中间继电器进行 PLC 输出与负载隔离	不使用中间继电器进行 PLC 输出与负载隔离
那么(then)	降低负载端带给 PLC 控制端的电磁干扰影响	不会增加控制柜的维修难度
但是(but)	控制柜可维修性会变差	无法提高 PLC 输出端抗干扰能力

（3）选择技术矛盾

我们的目标是提高 PLC 输出端抵抗负载端电磁干扰能力，所以我们选择技术矛盾-1。

（4）确定工程参数

确定技术矛盾中要改善的参数和被恶化的参数并一般化为通用工程参数。表 8-6 中的参数一般化，改善的参数是作用于物体的有害因素（编号 30），恶化的参数是可维修性（编号 34）。

（5）确定发明原理

在阿齐舒勒矛盾矩阵中定位改善参数和恶化参数交叉的单元，确定发明原理。本例得到编号 35、10、2（表 8-7）发明原理。

表 8-7　使用中间继电器避免 PLC 输出端受到电磁干扰问题发明原理

恶化的参数 / 改善的参数		33 可操作性	34 可维修性	35 适应性及多用性	36 设备的复杂性
29	制造精度	1,32,35,23	25,10	—	26,2,18
30	作用于物体的有害因素	2,25,28,39	35,10,2	35,11,2,31	22,19,29,40
31	物体产生的有害因素	—	—	—	19,1,31
32	可制造性	2,5,13,16	35,1,22,9	2,13,15	27.26,1

（6）发明原理描述

在发明原理列表中找到发明原理描述。本例得到如表 8-8 所示具体原理描述。

表 8-8　阿齐舒勒发明原理

发明原理编号	发明原理	发明原理描述
35	物理/化学状态变化	• 改变聚集态(物态) • 改变浓度或密度 • 改变柔度 • 改变温度
10	预先作用	• 预先对物体(全部或至少部分)施加必要的改变 • 预先安置物体，使其在最方便的位置开始发挥作用而不浪费运送时间
2	抽取	• 从物体上抽出产生负面影响的部分或属性 • 仅抽出物体中必要的部分或属性

(7) 确定解决方案

应用发明原理的提示，确定最适合解决技术矛盾的具体解决方案。本例根据发明原理 10 的第一个提示“预先对物体（全部或至少部分）施加必要的改变”，得到方案：不使用中间继电器，还是让 PLC 输出直接控制交流接触器，对于其线圈这种感性负载并联 RC 浪涌吸收器，从而提高 PLC 控制器输出端抗干扰的能力。

根据发明原理 10 的第二个提示“预先安置物体，使其在最方便的位置开始发挥作用而不浪费运送时间”，得到方案：将中间继电器的一对常开触点引入到 PLC 的输入端，将其是否工作的信息反馈到输入端，如果 PLC 输出控制中间继电器线路出现问题，则相应 PLC 输入点得不到控制信号，从而帮助维修人员确定是哪路中间继电器回路出现问题，提高控制回路的可维修性。

案例九 一种污水过滤器效率提高的技术改造

9.1 问题引入——过滤网孔带来的问题

9.1.1 问题背景

某化工厂小型污水处理系统（图 9-1）日处理污水量约 30t。由于污水中含有小粒径的

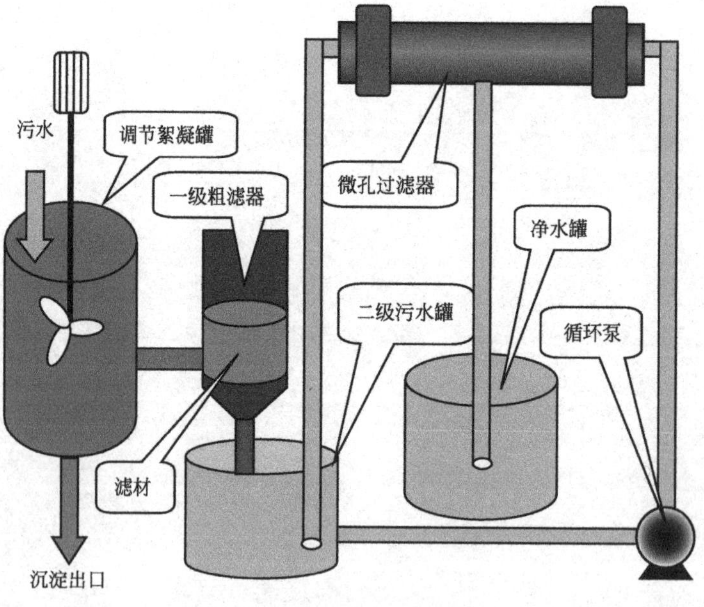

图 9-1　污水处理系统

不溶性悬浮物颗粒，因此在污水处理系统中设置一级粗过滤装置，用于除去这类杂质。在实际运行过程中发现，由于污水水质的特殊性，原有的一级粗过滤器的过滤效果并不理想，生产效率低下，难以满足生产指标的要求，因此，企业提出对一级粗过滤装置进行技术改造。

9.1.2 问题描述

（1）技术系统的功能

我们把一级粗过滤器定义为要研究的技术系统。一级粗过滤器系统由过滤器桶、滤材和污水组成，污水中主要含有不溶性悬浮颗粒。一级粗过滤器系统实现污水过滤的功能，准确地说，是除去污水中的悬浮颗粒。

一级粗过滤器系统如图 9-2 所示。

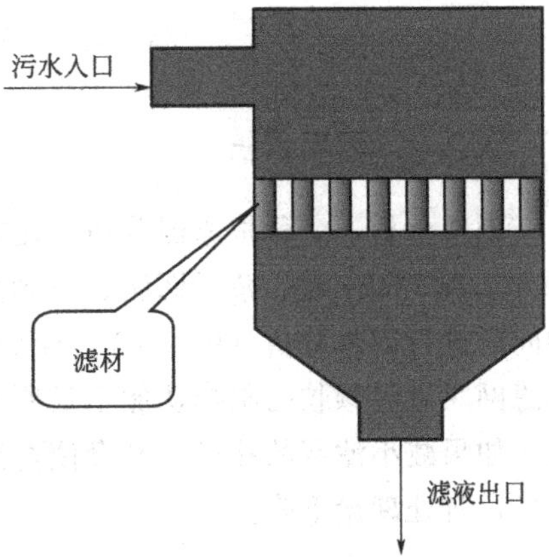

图 9-2 一级粗过滤器系统

（2）技术系统的工作原理

如图 9-2 所示，污水由一级粗过滤器入口进入，依靠自身重力向下流动，通过滤材。滤材由滤网或滤布组成。污水经过滤材后，悬浮颗粒被除去，清液由下端出口流出。

（3）当前系统存在的问题

一级粗过滤器过滤效果不佳，进入下一级过滤装置的滤液中悬浮颗粒过多，滤液不能达到标准。如果要增强过滤器的过滤效果，一般来说要减小滤网的孔径，但由于孔径变小后流体的流动阻力增加，污水通过滤网的时间变长，使得单位时间内污水处理量减少，过滤器生产率降低，不能满足日处理 30t 的生产要求。若增加过滤器台数，将导致设备成本和运行成本增加。

目前，类似问题的解决通常采用减小滤网的孔径，但污水处理量会减少，过滤器生产率降低。于是又采用增加污水压力的办法来提高过滤效率，但长期较高的压力又会缩短滤材的使用寿命，同时也增加了动力消耗。

（4）改进后的要求

改进后的过滤系统要求能够高效率、高质量地对污水进行过滤，使得滤液中基本不含悬浮颗粒。

9.2 问题分析

9.2.1 组件功能分析

整个过滤系统由过滤器筒体、滤网和污水以及清水、悬浮颗粒、重力等组件组成。功能模型如图 9-3 所示。

从组件功能分析图中我们可以看到，由于过滤网对污水的阻挡作用，造成了污水过滤速度下降；对悬浮颗粒的阻挡作用不足，造成了污水过滤质量不高。

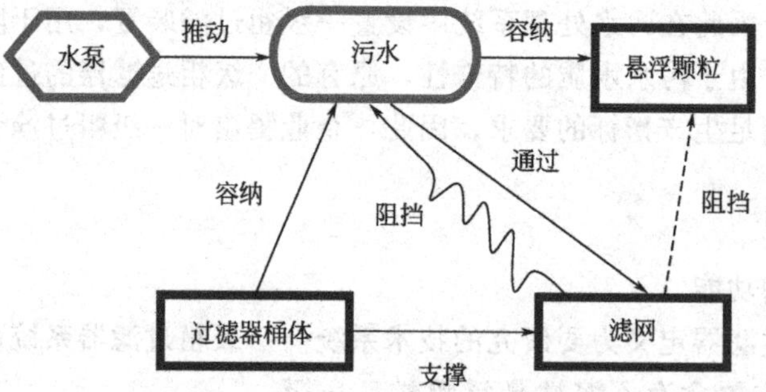

图 9-3 组件功能分析

9.2.2 因果分析

因果分析，又称根原因分析，用来找到技术系统中问题产生的根本原因。因果分析常用的方法有 5Why 法、鱼骨图法、三轴分析等。我们采用 5Why 法对组件功能分析图中呈现出的问题进行因果分析（图 9.4）。从功能分析来看，过滤质量不佳，滤液不能够达标，是因为滤网对悬浮颗粒的阻挡功能不足所致。也就是滤网的孔径太大，较大的悬浮颗粒也能够通过。如果减小滤网的孔径，又会使过滤速度下降，污水流动阻力增加，能耗上升，过滤时间延长，日处理量下降。

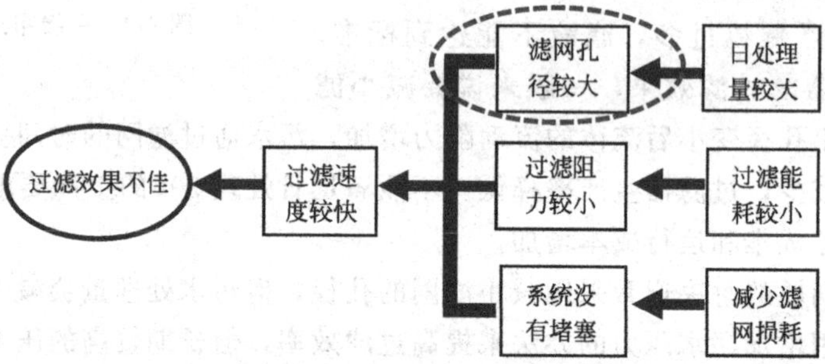

图 9-4 因果分析图

9.2.3 资源分析

以下对解决污水过滤问题可能使用到的资源进行分析。包括资源很多，主要为物质资源和场资源，如表 9-1 所示。

表 9-1 资源分析

类别		资源名称	可用性分析(初步方案)
系统内部资源	物质资源	桶体	可用,增加一层支架
		污水	可用,预处理
		滤网	可用,改造
	场资源	水重力	可用,改变流体流向
		滤网对水阻力	可用,产生旋流
	其他资源		

续表

类别		资源名称	可用性分析(初步方案)
系统外部资源	物质资源	操作工	不可用
		调节絮凝罐	可用,预处理污水
		新过滤材料	可用
	场资源	车间电力	可用,提供动力
		车间压缩空气	可用,提供动力
	其他资源	桶内部空间	可用,改变流向

9.3 问题求解

以“在满足过滤质量的前提下，提高日处理量”为入手点解决问题。

9.3.1 矛盾描述

矛盾描述：为了提高过滤系统的污水日处理量，我们需要过滤网孔的孔径要大；为了提高过滤系统的过滤质量，我们又需要过滤网孔的孔径要小。这样，就形成了一对物理矛盾。

9.3.2 转换成 TRIZ 标准矛盾

对过滤网孔的孔径既要求大，又要求小。

9.3.3 利用分离原理求解

对于物理矛盾，我们通常采用分离原理进行求解。分离原理包括空间分离、时间分离、条件分离以及系统级别分离等。

根据问题不难看出，清水和悬浮颗粒向着同一个方向运动，是在同一个方向上存在着两种相反的需求。利用空间分离原理，如果能够使清水和悬浮颗粒朝着不同的方向运动，那么这个问题就能够迎刃而解，如图 9-5 所示。

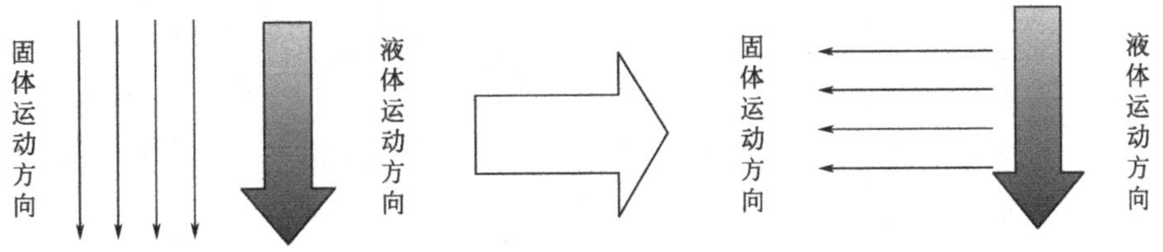

图 9-5　空间分离

我们很容易就能够想到，如果利用离心作用就可以实现这一结果。将悬浮颗粒运动路径上的滤网孔径减到最小，直至为零；将清水运动路径上的滤网孔径增到最大，可与桶径相当。于是就得到了新型离心式一级粗过滤器。

9.4　最终方案

新型离心式一级粗过滤器结构原理和样机照片如图 9-6 和图 9-7 所示。实践证明，改进后的一级粗过滤系统完全能够满足污水过滤效率和过滤质量的要求。

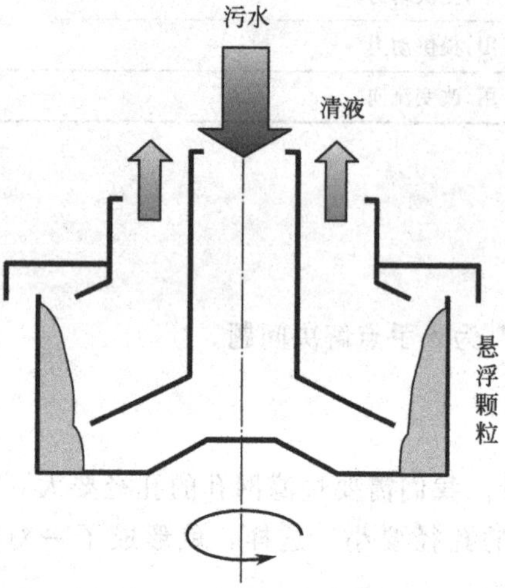

图 9-6　离心式一级粗过滤器结构原理图

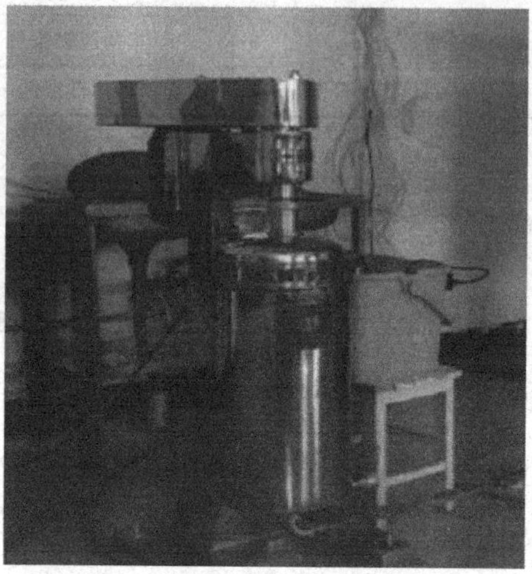

图 9-7　样机照片

案例十 提高电厂粗粉分离器分离合格率

10.1 问题引入

10.1.1 问题背景

电厂制粉系统的任务是将煤磨制成合格的煤粉送到炉膛燃烧。制粉系统中粗粉分离器的作用，是将细度不合格的煤粉送回到磨煤机重新磨制，合格的煤粉送到细粉分离器或送往锅炉直接燃烧。某热电厂粗粉分离器在分离煤粉过程中出现大量不合格的粗粉进入炉膛燃烧，分离合格率低的情况，造成了飞灰或燃烧不均匀（粗粉直径 50～100μm，细粉直径 20～50μm）。

类似的问题通常采用的解决方案是：①利用径向离心式分离器进行分离，这种分离器结构复杂，对煤种适应性不强；②对无法正常燃烧的粗粉颗粒利用除尘器进行分离，加大了除尘器的工作压力，并造成浪费。因此，企业提出对分离煤粉装置进行技术改造。

10.1.2 问题描述

（1）技术系统的功能

煤粉分离装置由转子、传动装置、细粉出口、外锥体、进粉管、粗粉出口和锁气器组成，实现粗粉和细粉分离的功能。系统如图 10-1 所示。

（2）技术系统的工作原理

如图 10-1 所示，煤粉气流自下而上进入分离器时，由于流通截面扩大，煤粉气流流速降低，部分粗粉在重力作用下分离出来；继续上升的煤粉气流进入转子区域，在转子带动下做旋转运动，粗粉在离心力的作用下被抛到分离器的筒壁上，沿筒壁滑落下来，经回粉管返回磨煤机重磨，细粉则由气流携带从上部引出。

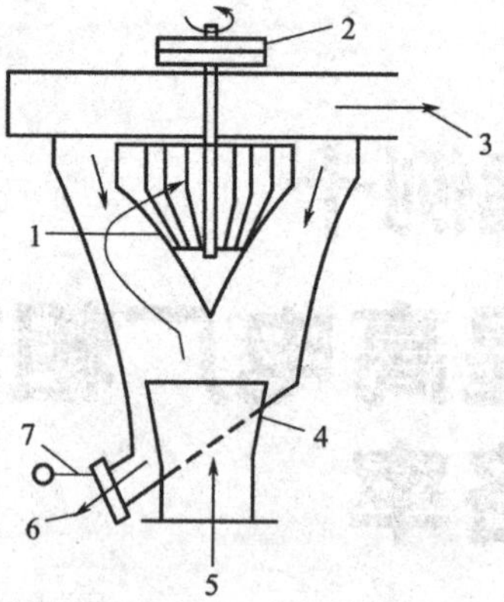

图 10-1 粗粉分离器结构原理图

1—转子；2—传动装置；3—细粉出口；4—外锥体；5—进粉管；6—粗粉出口；7—锁气器

(3) 当前系统存在的问题

当前技术系统主要利用重力分离原理、离心运动原理将粗粉和细粉进行分离。分离过程中出现大量不合格的粗粉进入炉膛燃烧，造成飞灰或不完全燃烧，严重影响分离合格率。

(4) 改进后的要求

改进后的分离系统要求能够分离出合格细度的煤粉。

10.2 问题分析

10.2.1 组件功能分析

煤粉分离装置由转子、传动装置、细粉出口、外锥体、进粉管、粗粉出口和锁气器等组件组成。功能模型如图 10-2 所示。

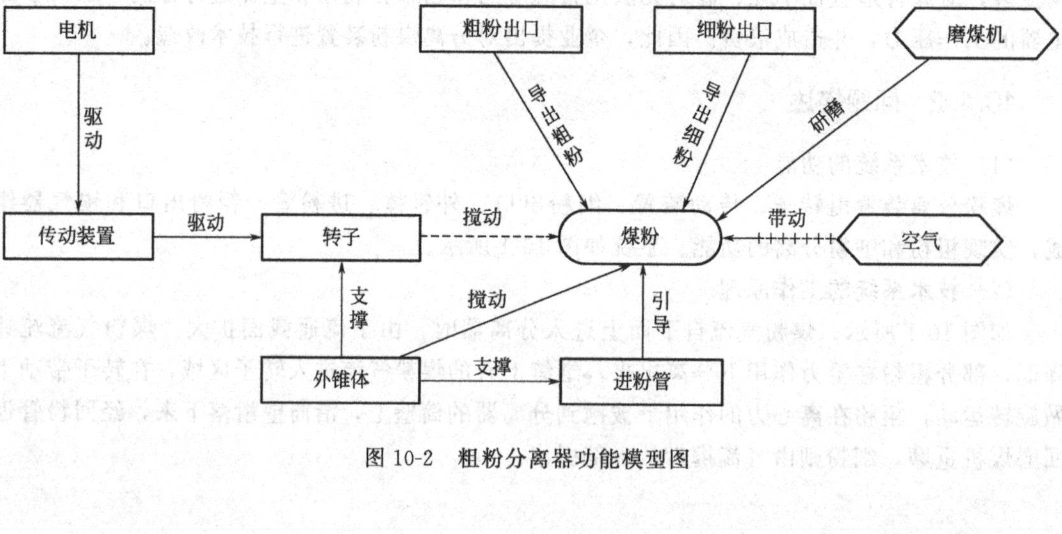

图 10-2 粗粉分离器功能模型图

10.2.2 因果分析

从功能分析来看，分离效果不佳，煤粉粗细不能够达标的原因，是因为转子对煤粉的搅动功能不足所致。如图10-3所示。

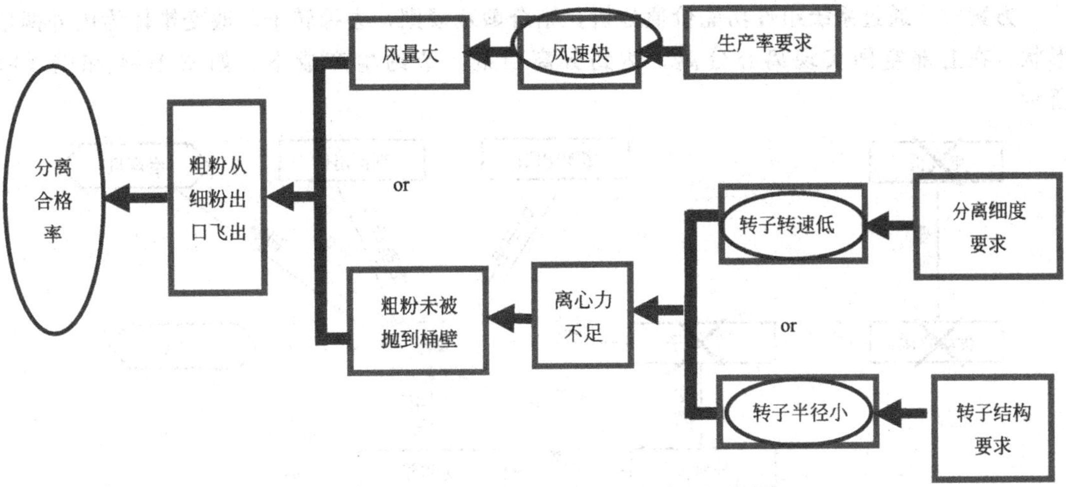

图10-3 因果分析图

10.2.3 资源分析（表10-1）

表10-1 资源分析

类别		资源名称	可用性分析(初步方案)
系统内部资源	物质资源	转子、外锥体、粗粉出口、细粉出口	可用，外锥体做成双层结构
		进粉管	可用，改变结构，降低风速
	场资源	离心力	可用，改变其大小
		空气动力场	可用，改变其大小
		重力	可用，改变其大小
	其他资源	外锥体内部空间	可用，改变空间维数
系统外部资源	物质资源	送风机	可用，提供动力
		空气	可用，改变运动方向
	场资源	电场	可用，利用静电吸附
	其他资源		

10.3 问题求解

10.3.1 运用裁剪规则进行求解

方案一 通过系统组件功能价值分析，结合剪裁规则，去掉转子，改变锥体为内外两层形状，在上部空间实现离心分离，达到分离目的，节约生产成本。如图 10-4 和图 10-5 所示。

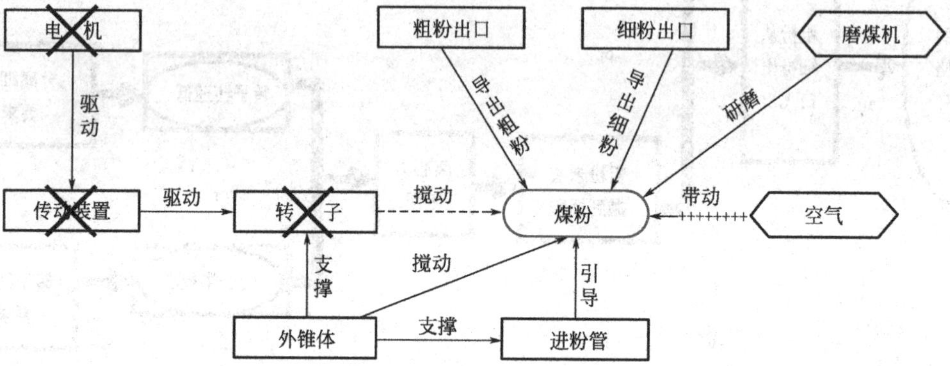

图 10-4 粗粉分离器的裁剪

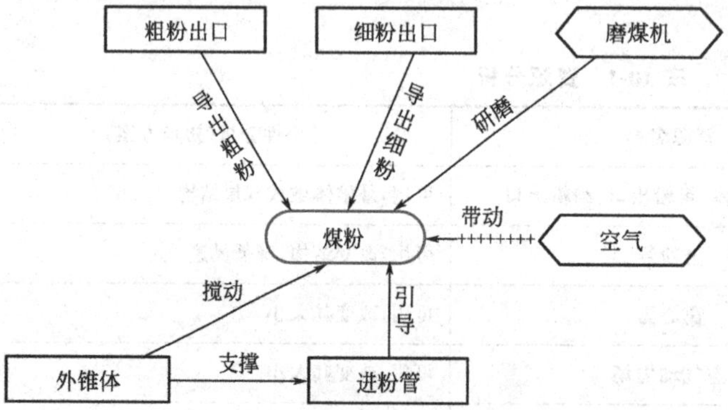

图 10-5 裁剪后的粗粉分离器

10.3.2 运用技术矛盾原理进行求解

以“风速快造成分离合格率低”为入手点解决问题。

(1) 矛盾描述

矛盾描述：如果降低送风机风速，那么煤粉受力变小，分离合格率提高，但是生产率下降。

(2) 转换成 TRIZ 标准矛盾

改善的参数：力 10，恶化的参数：生产率 39。

(3) 查找矛盾矩阵

得到如下发明原理：3、28、35、37。

方案二 依据发明原理28 机械系统替代，得到解如下：

利用机械系统替代原理在系统中加入电场，静电对细粉的吸附能力大于粗粉，收集细粉，完成粗粉和细粉的分离，如图 10-6 所示。

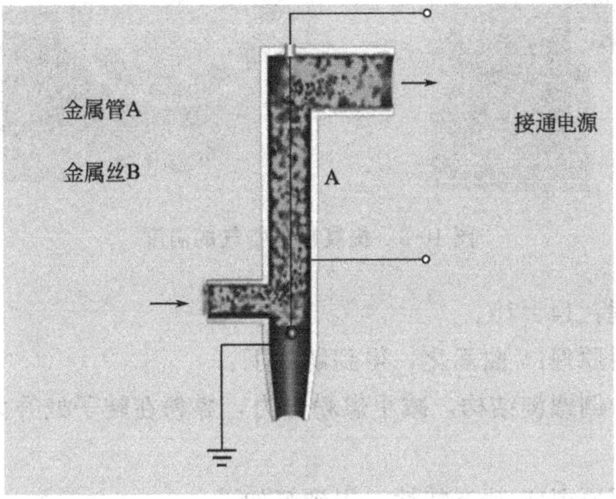

图 10-6 采用静电场的粗粉分离器

方案三 依据发明原理35 物理、化学参数变化，得到解如下：

增加进粉管出口直径，降低煤粉出口速度，提高煤粉重力分离效果。图 10-7。

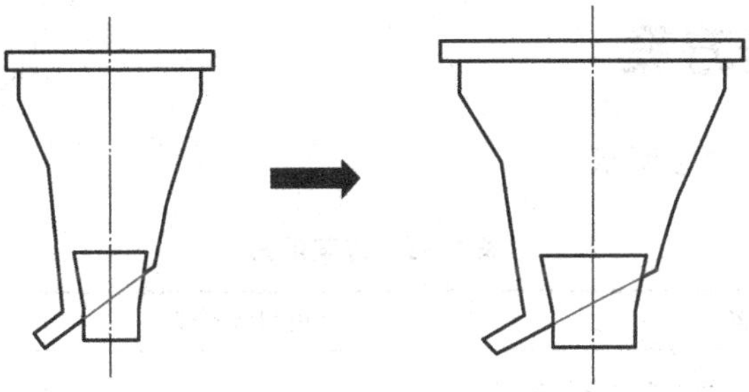

图 10-7 增加进粉管出口直径的粗粉分离器

方案四 依据发明原理37 热膨胀，得到解如下：

将输送的空气进行加热，空气温度升高，体积膨胀，密度下降，对粗粉的推动力下降，对细粉的推动力影响不大。降低粗粉速度，提高分离合格率。如图 10-8 所示。

10.3.3 运用物理矛盾进行求解

以“离心力不足造成分离合格率低”为入手点解决问题。

(1) 矛盾描述

如果转子转速提高，那么煤粉受到的离心力增大，但是能量损失增加。

(2) 转换成 TRIZ 标准矛盾

改善的参数：力 10，恶化的参数：能量损失 22。

(3) 查找矛盾矩阵

图 10-8 提高输送空气的温度

得到如下发明原理：14、15。

方案五 依据发明原理14 曲面化，得到解如下：

将转子外形制作为倒螺旋结构，减小煤粉升力，煤粉在转子处升力下降，在离心力作用下实现分离。

方案六 依据发明原理15 动态特性，得到解如下：

在外锥体上安装可动的轴向挡板，煤粉流经轴向挡板时产生旋转，由于轴向挡板布置在转子和锥体之间的环形空间内，它具有较好的导流作用，更有利于煤粉气流旋转，从而提高了离心分离的效果。

10.4 最终方案

上述方案汇总如表 10-2 所示。

表 10-2 方案汇总

序号	方案	所用创新原理	可用性评估
1	方案一:去掉转子,改变锥体为内外两层结构,在上部空间实现离心分离,达到分离目的	裁剪	结构简单,筛选效率提高,大量节约生产成本
2	方案二:在系统中加入电场,静电对细粉的吸附能力大于粗粉,收集细粉,完成粗粉和细粉的分离	原理 28 机械系统替代	结构变得复杂,分离效果明显提高
3	方案三:增加进粉管出口直径,减小出口风速,提高分离效果	原理 35 物理、化学参数变化	结构变化不大,提高分离效果
4	方案四:将输送的空气进行加热,降低粗粉速度,提高分离合格率	原理 37 热膨胀	结构变化不大,预热空气需增加成本
5	方案五:将转子外形制作为倒螺旋结构,减小煤粉升力,煤粉在转子处升力下降,在离心力作用下实现分离	原理 14 曲面化	提高分离效率,结构复杂

续表

序号	方案	所用创新原理	可用性评估
6	方案六：在外锥体上部安装可动的轴向挡板，它具有较好的导流作用，更有利于煤粉气流旋转，从而提高了离心分离的效果	原理 15 动态特性	有效提高分离效率，结构变复杂

依据上面得到的若干创新解，通过评价，确定最优解。

最终选定采用方案 1、3 和 6 的合并原理：

根据 TRIZ 原理提示，结合工程实际情况，最终选定将外锥体结构改为内外锥体双层结构，加大入外锥体进出口直径，安装轴向挡板，更有利于煤粉气流旋转，提高分离效果。

案例十一 降低电缆隧道内电缆接头密集处温度

某大型企业新建1座220kV变电站和7座110kV变电站。由于地上空间有限，新建变电站全部采用电缆出线，110kV电压等级采用单芯电缆且截面较大，而且每座110kV变电站都有4回进线分别来自220kV变电站不同的110kV母线，电缆根数较多。由于电缆隧道相比于其他敷设方式具有很多优点，因此220kV变电站至110kV变电站及车间级变电站和终端用户，均采用电缆隧道敷设方式进行电力输送。

11.1 问题引入

11.1.1 问题背景

尽管在敷设的电缆选择上已采用性能优越的电缆，但由于电力电缆隧道内布设有大量高等级、大负载的输电电缆，在长期的使用中，输电电缆发热、老化、过载、短路等引起的火灾事故仍可能发生，尤其电缆接头和电缆终端头更是电缆故障发生率比较高的地点。

110kV及以上电压等级交联电缆中间接头按照功能分为绝缘接头和直通接头，目前国内使用的中间接头主要型式为预制型电缆附件。一般电缆接头是电缆外径的3倍左右，且大负荷电缆接头由于环境温度及自身发热的共同作用，故障率较高，电缆头放炮极易引起隧道火灾，导致其他电缆烧损，造成大面积停电停产的重大事故。电缆隧道如图11-1所示。

11.1.2 问题描述

问题所在的技术系统为电缆隧道通风系统。电缆隧道通风系统由隧道、电缆支架、电缆、电缆接头、排风机以及负载等组件组成。电缆隧道是高电压等级、大截面电缆首选敷设方式，电缆接头实现电缆连接功能，通过电缆实现对用户的供电。电缆隧道通风系统的功能

图 11-1　电缆隧道

是降低电缆头密集处温度，不超过室温，是提高电缆接头及电缆本体运行的安全性要求。

（1）现有系统的工作原理

电缆隧道全长 2000 多米，高度 3.9m，宽度 6.3m，中间砌筑一堵 0.3m 厚的防火墙将隧道一分为二。来自 220kV 变电站的 4 回 110kV 电缆线路分别布置在电缆隧道防火墙的两侧，避免隧道内发生火灾事故时，110kV 变电站 4 回电源线全部故障停电的事故。

电缆隧道内设置电缆支架。根据电压等级的不同，电缆敷设具体为：110kV 电缆每隔 1.5m 设一处电缆支架，每层支架只敷设一回 110kV 电缆，三根单芯电缆采用水平平行敷设；每层支架间距亦与电压等级有关，110kV 电缆支架间距为 300mm，净距不小于 2 倍电缆外径加 50mm。

电缆隧道为钢筋混凝土结构，地下一层，地上通风亭和出风亭均为砖混合结构。电缆隧道每隔 75m 为一个防火及通风分区，分区两端设置通风亭兼作出入口。居中设置排风通风亭。排风通风亭采用机械排风方式，排风量根据工艺提供的散热量确定。电缆隧道内，110kV 电缆沿电缆全长敷设光纤感温电缆，对电缆温度进行监控。电缆隧道结构如图 11-2 所示。

（2）当前系统存在的问题

受安装及运输条件的限制，每轴电缆的长度有限，而且随着电缆截面的增大，每轴电缆的长度会相应地减少，因此电缆敷设中不可避免会出现接头。220kV 变电站出线电缆较多，且电缆截面大部分相同，导致隧道内同一地点的电缆接头密集，通风不畅，以及电缆接头自身发热造成局部温度过高。

电缆隧道正常排风量根据工艺提供的散热量确定。但由于电缆接头在同一地点密集，造成排风不畅，出现局部温度高的问题。目前的解决方案是将电缆接头错位布置，避免电缆接头密集造成隧道局部空间狭小，温度升高，使电缆绝缘老化加快，降低电缆及电缆接头寿命，易引发电缆故障。缺点是浪费电缆，且不方便管理，同时电缆隧道需要全线加宽，增加占地面积，增加投资。

（3）改进后的要求

不需要大量投资，不增加维护工作量，改进后的电缆隧道通风系统能够使电缆接头密集处温度保持常温。

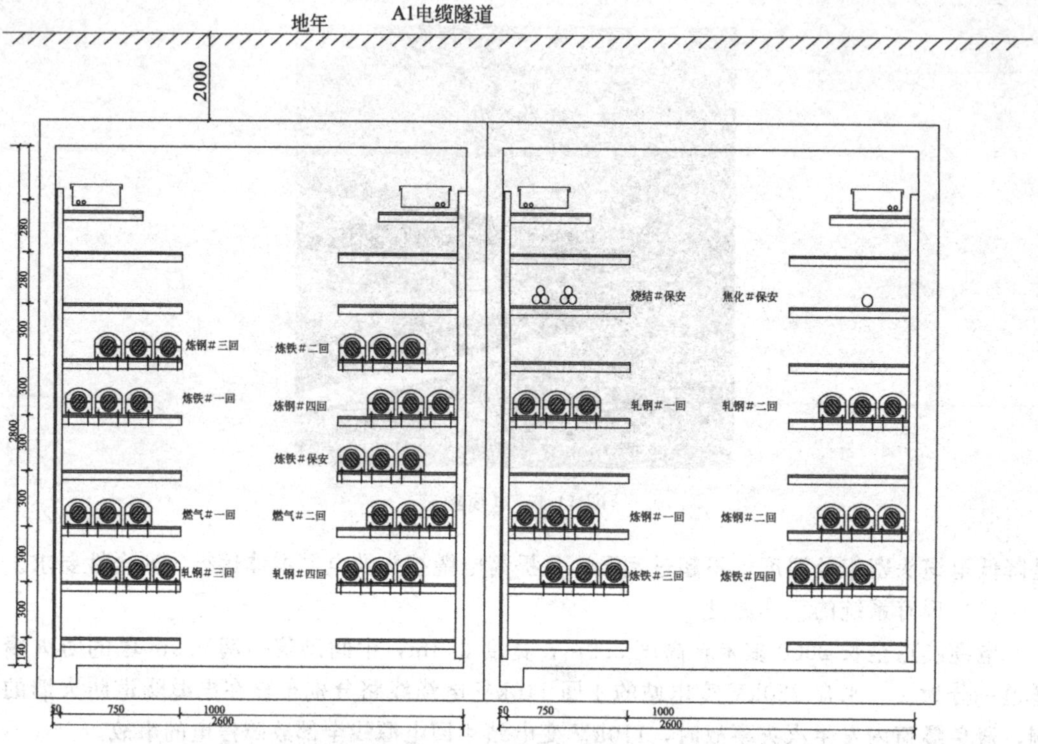

图 11-2　电缆隧道结构图

11.2　问题分析

11.2.1　功能分析

建立功能模型如图 11-3 所示。

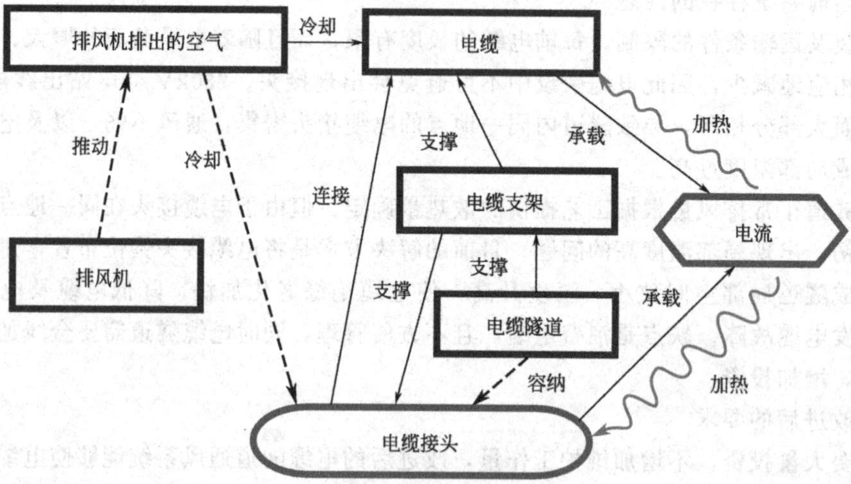

图 11-3　组件功能分析模型

11.2.2 因果分析（图 11-4）

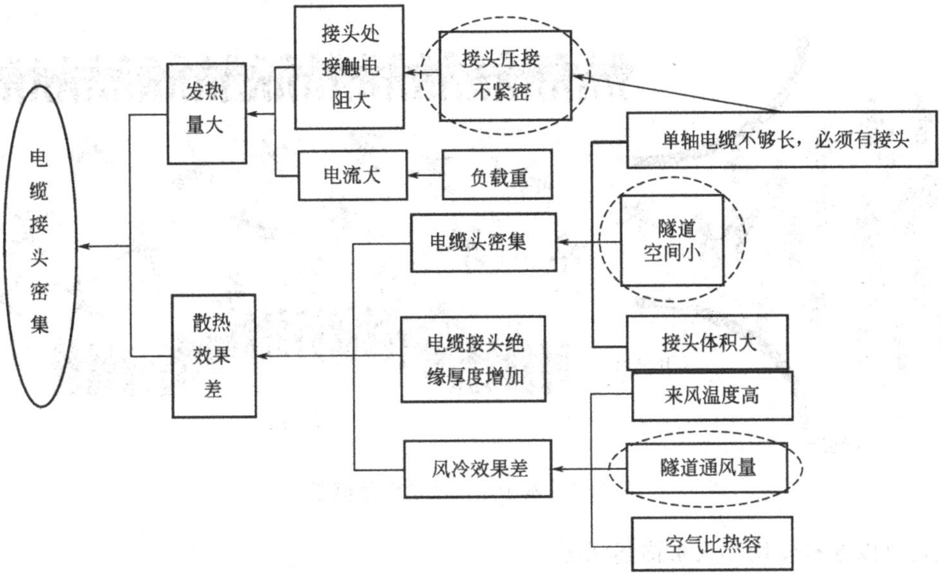

图 11-4 因果分析

11.2.3 资源分析（表 11-1）

表 11-1 可用资源

资源名称		类别	可用性
系统内部资源	排风机、负载	物质资源	可用
	电缆、电缆接头、电缆支架	物质资源	否
	电场	场资源	可用
	发热量	场资源	可用
系统外部资源	电缆隧道	空间资源	可用
	地上、地下	空间资源	可用
	空气	物质资源	可用

11.3 问题求解

小人法是 TRIZ 理论中常用的解题工具之一。所谓小人法是用一组小人来代表技术系统中不能完成特定功能的部件，通过“聪明的小人”，实现预期的功能。然后，根据小人模型对结构进行重新设计。小人法的主要作用是克服由于思维惯性导致的思维障碍，尤其是对于系统结构，同时提供解决矛盾问题的思路。

我们首先需要明确问题：电缆接头处的温度高，现有流通的空气不能充分地带走热量，使电缆接头处的温度不能降下来。然后我们建立问题模型，如图 11-5 所示。

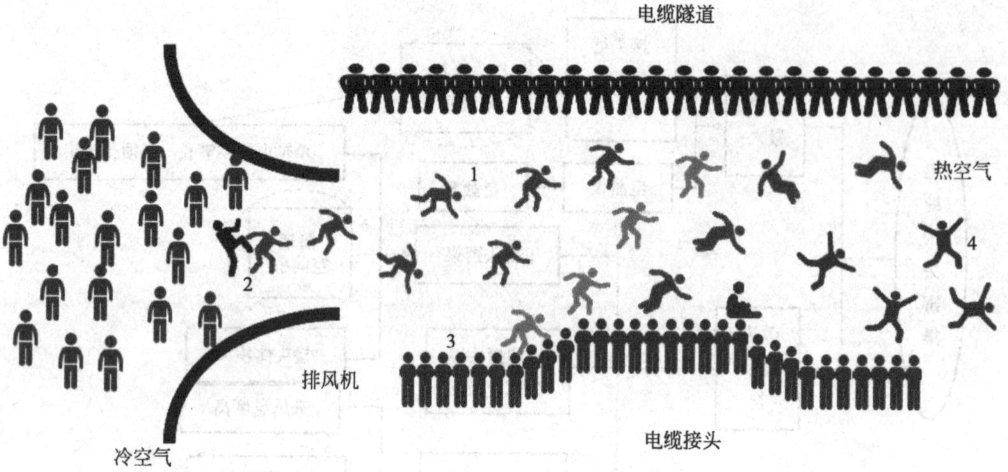

图 11-5 基于小人法的问题模型

我们可以这样使用小人来描述问题：

灰色小人 1（冷空气）被排风机小人 2 推入隧道。一部分小人经过深红色小人 3（电缆接头）时，抢夺深红色小人的红色外套（带走热量）并穿在自己身上，使自己变成红色小人 4（温度升高）。稍远的灰色小人也可抢夺附近小人的衣服。

为什么红色小人身上的外套仍然很多？

原因 1：排风机小人动作太慢，使推入隧道灰色小人的数量太少；

原因 2：灰色小人自己已经带了一部分衣服，不能带更多的衣服；

原因 3：灰色小人不够强壮，带不动太多的衣服；

原因 4：远处的小人抢不到红色小人的衣服，只能就近抢夺；

结果：红色小人的衣服仍然很多。

针对上述原因，我们只要采取以下措施就能够解决问题：

① 增加推入隧道的灰色小人的数量；

② 让灰色小人自己少带些衣服；

③ 让灰色小人变得强壮，能够多些带衣服；

④ 让远处的小人也能够抢到红色小人的衣服。

方案一 增加通风量

可以采用增大排风机的排风量、增加排风机的数量、增加排风孔的数量、增加烟囱来强化通风，使电缆接头处的隧道空间局部增大等，如图 11-6 所示。

方案二 降低冷空气温度

通过预先作用，使冷空气温度降低，然后进入隧道，如图 11-7 所示。

方案三 增加冷空气的比热容

使用比热容比空气大的气体，或在空气中增加比热容较大的气体，以吸收更多的热量，如图 11-8 所示。

方案四 增加空气扰动，强化换热效果

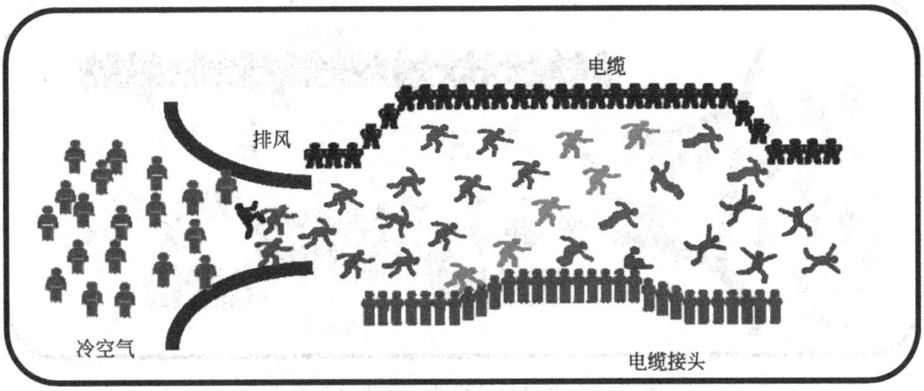

图 11-6 使电缆接头处的隧道空间局部增大

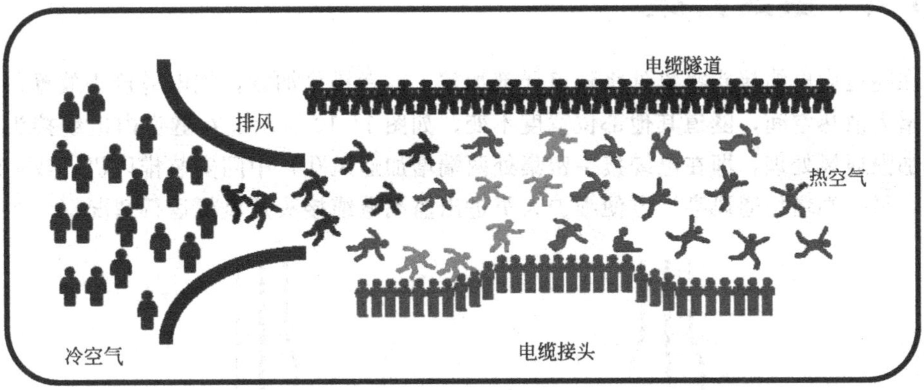

图 11-7 降低冷空气温度

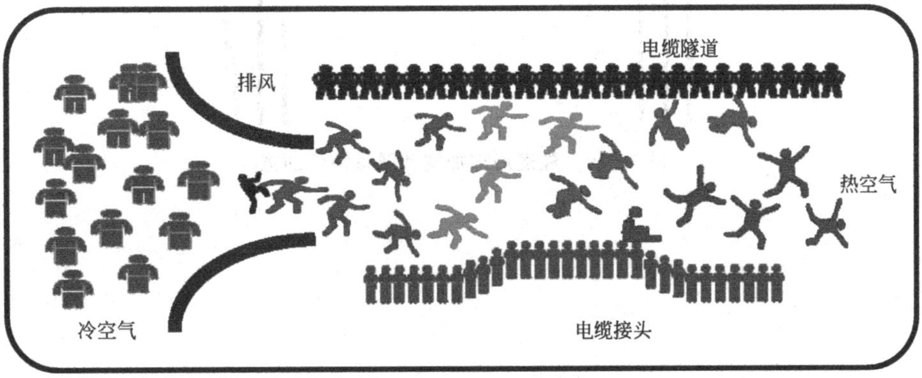

图 11-8 增加冷空气的比热容

在隧道壁面或电缆接头上增加不规则纹理、翅片等，以扰动空气，强化换热效果，如图11-9所示。

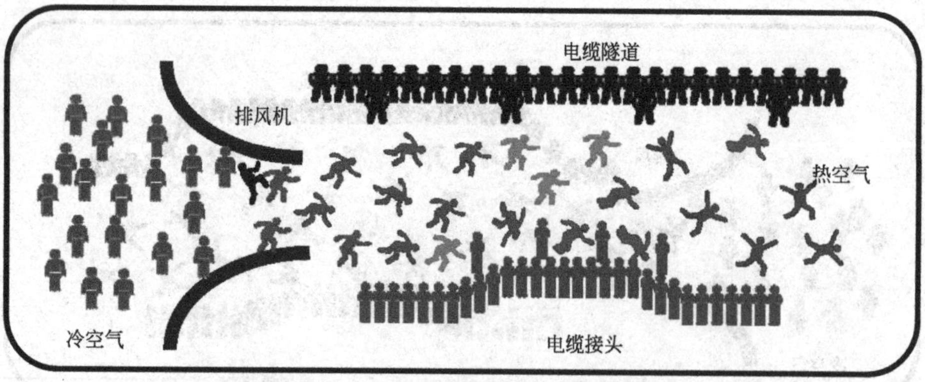

图 11-9 增加空气扰动，强化换热效果

11.4 最终方案

仅在隧道内电缆接头密集处将隧道局部加宽，或者错位加宽，把电缆接头放置在隧道加宽处，增大散热空间，隧道其他部位宽度不变，如图 11-10 所示。在隧道内电缆接头密集处做局部加强通风处理，即在电缆接头密集处两端增加通风孔，中间安装排风机；或一端增加通风孔，另一端增加通风亭，方便维护人员进出监测电缆接头及风机运行情况。

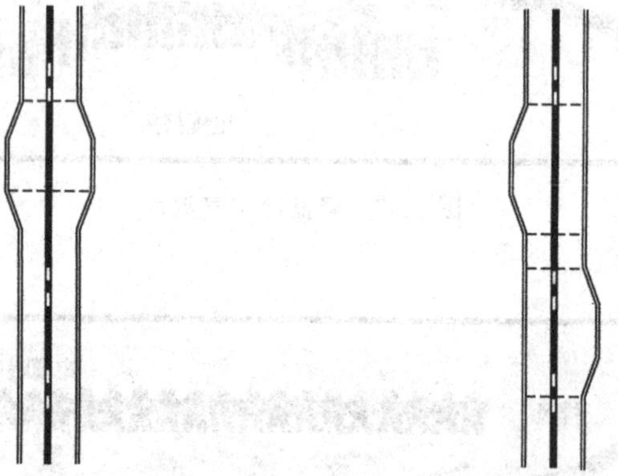

图 11-10 隧道局部加宽和隧道错位加宽

案例十二 基于TRIZ的电力变压器散热问题的研究

12.1 问题引入

12.1.1 问题背景

某铝业自备电厂使用12台大型电力变压器，均采用强制风冷的方式，使变压器冷却油降温至65℃，达到为变压器降温的目的，如图12-1所示。由于这种冷却方式需要配置多台大型风机，每台变压器风机功率为64kW，电能消耗巨大，因此企业提出对变压器的散热进行技术改造，以减少电能消耗，从而降低运行成本，增加企业效益。

12.1.2 问题描述

按照厂里节能降耗的要求，去掉散热风机，改强制散热为自然散热。但是，如果采用自然散热方式，为了满足温度要求，需要增加变压器外壳的散热面积，这样又使得变压器的体积、重量等参数变得庞大，产生了新的矛盾。

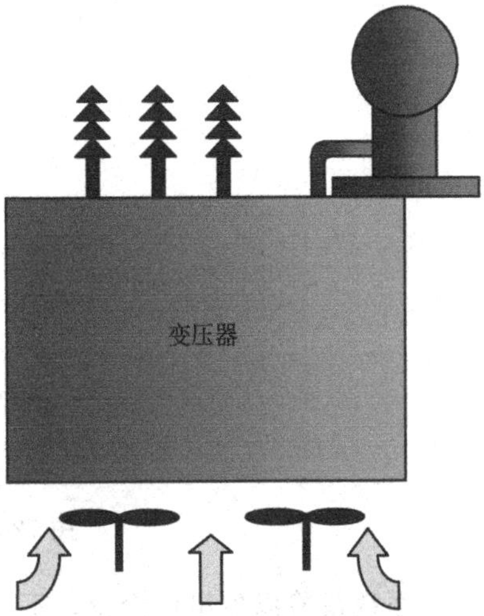

图12-1 强制风冷的电力变压器

我们以电力变压器作为技术系统加以研究。该技术系统的功能是改变电压。但是由于在变压的过程中会产生热量，使得系统温度升高，过高的温度又会影响系统的功能正常发挥，同时也会产生不安全因素。因此，我们实际上研究的是技术系统的另一个功能，就是如何去除产生的热量。我们必须把变压器的温度严格控制到 65℃以下。所以，我们期望改造后的系统在不增加能耗的前提下，又能够很好地控制温度，保证变压器的正常运行。

12.2　问题分析

12.2.1　组件功能分析（图 12-2）

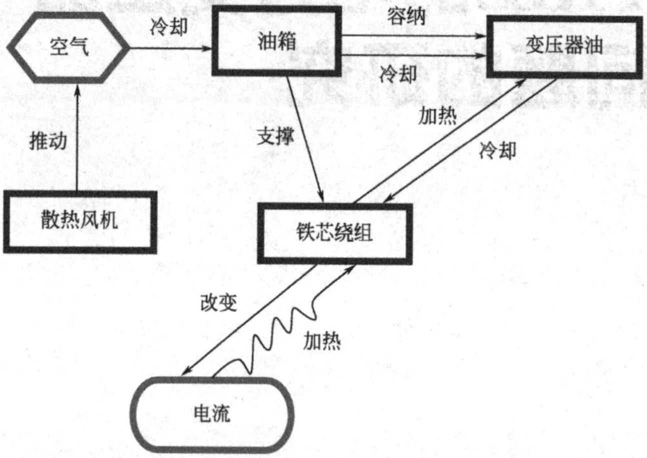

图 12-2　强制风冷系统组件功能分析

经过分析，电力变压器产生电耗的原因是散热风扇需要电力驱动，而散热风扇对于变压器的功能——改变电压而言是不产生价值的，其作用只是使空气产生对流而强化传热。因此我们把这部分组件进行裁剪（Trimming），其功能转移到油箱（外壳承担）。由于空气被外壳加热以后会产生自然对流现象，因此外壳能够承担散热风扇的功能。如图 12-3 所示。

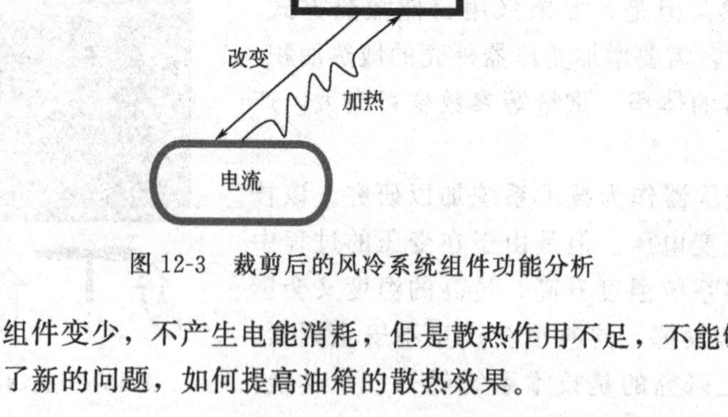

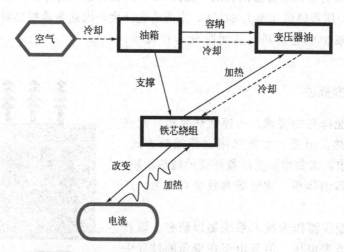

图 12-3　裁剪后的风冷系统组件功能分析

系统裁剪以后组件变少，不产生电能消耗，但是散热作用不足，不能够满足变压器降温的要求。于是产生了新的问题，如何提高油箱的散热效果。

12.2.2　因果分析

结合传热学理论，由图 12-4 因果分析可以看出，增大油箱表面积可以改善油箱散热效果，但会导致油箱体积增大和重量增加。

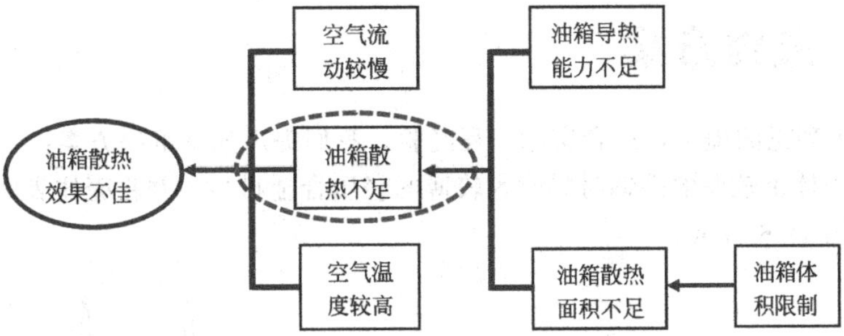

图 12-4　油箱散热不佳因果分析

12.3　问题求解

如果要增强油箱（外壳）的散热效果，一般来说要增大外壳散热面积，从而使得变压器的体积和重量增加，但现场有限的空间制约了变压器的体积。变压器油箱面积属于“静止物体的面积”，为改善参数的第 6 个通用技术参数，变压器的体积属于“静止物体的体积”，为恶化参数的第 8 个通用技术参数。

改善油箱的面积将会导致体积的恶化，这一对矛盾属于技术矛盾，根据 1970 年制定的矛盾矩阵表查询是无法查到结果的。随着科学技术的不断发展，美国科学工作者于 2003 年依据 1500 万份专利对矛盾矩阵表进行了修订，产生了 2003 版的矛盾矩阵表（图 12-5）。新的矛盾矩阵表更加先进，更加完善。由新的矛盾矩阵表查询可知，解决这一矛盾所对应的创

2003 版矛盾矩阵表

恶化的参数 / 改善的参数	1 运动物体的质量	2 静止物体的质量	3 运动物体的尺寸	4 静止物体的尺寸	5 运动物体的面积	6 静止物体的面积	7 运动物体的体积	8 静止物体的体积
1 运动物体的质量	35, 28, 31, 08, 02, 03, 10	03, 19, 35, 40, 01, 26, 02	17, 15, 08, 35, 34, 28, 29, 30, 40	15, 17, 28, 12, 35, 29, 30	28, 17, 29, 35, 01, 31, 04	17, 28, 01, 29, 35, 15, 31, 04	28, 29, 07, 40, 35, 31, 02	40, 35, 02, 04, 07
2 静止物体的质量	35, 03, 40, 02, 31, 01, 26	35, 31, 03, 13, 17, 02, 40, 28	17, 04, 30, 35, 03, 05	17, 35, 09, 31, 13, 03, 05	17, 03, 30, 07, 35, 04, 14	17, 14, 03, 35, 30, 04, 09, 40, 13	14, 13, 03, 40, 35, 05, 30	31, 35, 07, 03, 13, 30
3 运动物体的尺寸	31, 04, 17, 15, 34, 08, 29, 30, 01	01, 02, 17, 15, 30, 04, 05	17, 01, 03, 14, 04, 15	01, 17, 15, 24, 13, 30	15, 17, 04, 14, 01, 03, 29, 30, 35	17, 03, 07, 15, 01, 04, 29	17, 14, 07, 04, 03, 35, 13, 01, 30	17, 31, 03, 19, 14, 04, 30
4 静止物体的尺寸	35, 30, 31, 08, 28, 29, 40, 01	35, 31, 40, 02, 28, 29, 04, 03	03, 01, 04, 19, 17, 35	17, 35, 03, 28, 14, 04, 01	03, 04, 19, 17, 35, 01	17, 40, 35, 10, 31, 14, 04, 07	35, 30, 14, 07, 15, 17	14, 35, 17, 02, 04, 07, 03
5 运动物体的面积	51, 17, 03, 04, 01, 18, 40, 14, 30	17, 15, 03, 31, 02, 04, 29, 01	14, 15, 04, 18, 01, 17, 30, 13	14, 17, 15, 04, 13	05, 03, 15, 14, 01, 04, 35, 13	17, 01, 04, 03, 24, 05, 02	14, 17, 07, 04, 13, 01, 31, 03, 18	14, [illegible], 07, 13, [illegible], 31, 03, 01, 18
6 静止物体的面积	14, 31, 17, 19, 04, 13, 03, 12	35, 14, 31, 30, 17, 04, 18	17, 19, 03, 13, 01, 14	17, 14, 03, 04, 07, 09, 24, 13, 26	04, 31, 07, 19, 15, 14, 03, 13	17, 35, 03, 14, 04, 01, 28, 13	17, 18, 14, [illegible], 13, 26	14, 28, 26, 13, 04, 35, 17
7, 运动物体的体积	31, 35, 40, 02, 30, 29, 26, 19	31, 40, 35, 26, 02, 13, 30	01, 07, 04, 35, 03, 29, 15, 13, 30	07, 15, 04, 03, 01, 35, 19, 10	17, 04, 07, 01, 31, 05, 24, 36, 35	17, 14, 04, 03, 31, 07, 35	35, 03, 28, 01, 07, 15, 10	35, 14, 28, 02, 03, 24, 13

图 12-5　矛盾矩阵分析

新原理编号为 14、28、26、13、4、35、17。这些创新原理的排列顺序是按照使用最多来排列的，因此我们优先使用 14 号原理“曲面化原理”——使用曲面来代替平面。

根据创新原理的提示，获得如下解决思路：

改变壳体的几何形状，增加壳体内外表面的曲面化程度。

12.4 最终方案

根据 TRIZ 理论的提示，结合实际工程经验，我们提出如下解决方案：

将变压器壳体由较厚的碳钢材料改为较薄的轻质合金材料，并将壳体表面形状增加若干散热翅片，如图 12-6 所示。

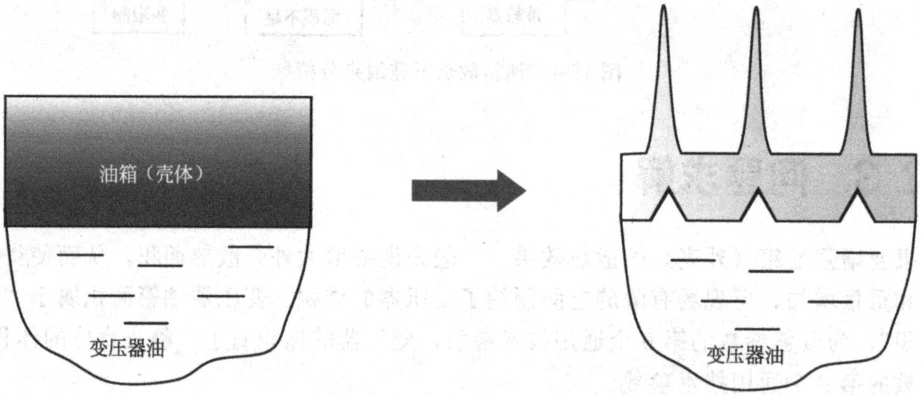

图 12-6 改造前后油箱（壳体）对比

改造以后，变压器体积不变，壳体的表面积增大，空气实现自然对流，传热得到强化，冷却后的变压器油的温度经过传热计算，能够达到变压器运行的要求温度。根据计算，单台变压器每年将节约电能 56 万千瓦时，全部设备运行每年可节约 600 余万度电能，经济效益十分可观。

案例十三 降低离心式水泵填料密封系统温度

13.1 问题引入

13.1.1 问题背景

某药业自备电厂用于提供锅炉给水的离心泵，其旋转的转轴与静止的壳体之间存在间隙。为防止液体由泵内漏出而降低泵的输出效率，常用形式简单、价格较为低廉的填料（柔性材料橡胶石棉）对间隙进行密封（图 13-1）。由于填料密封箱的温度很容易在短时间内骤然上升（有时水泵运行几分钟就上升到 100℃以上），使得填料变硬、失效，引起液体大量泄漏，水泵效率降低，因此企业提出对离心泵的密封进行技术改造，以减少液体泄漏，从而降低运行成本，增加企业效益。

图 13-1　离心式水泵的密封

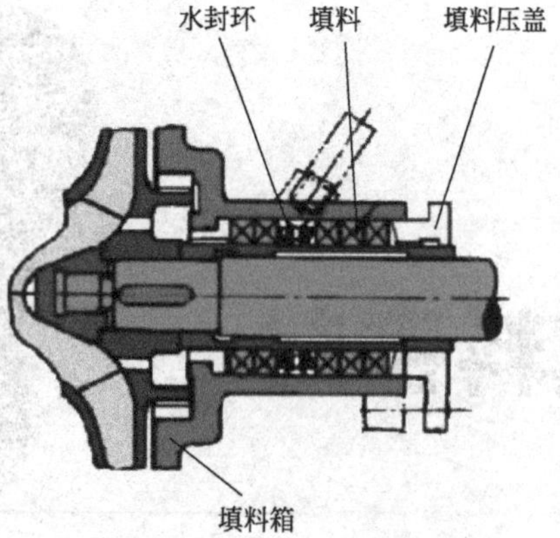

图 13-2 离心式水泵的填料密封

13.1.2 问题描述

如图 13-2 所示，填料经压盖轴向压缩面与泵轴表面接触，粗糙的填料与泵轴表面形成无数个小“凹槽”，则有压水轴向被多次降压节流；沿水封环孔被挤压出的冷却水与接触面间形成液体膜，再次阻碍有压水流向外部。因此，有压水经降压与阻隔，减少了漏失的可能。

但填料密封箱的温度很容易在短时间内骤然上升，使得填料变硬、失效，引起液体大量泄漏，水泵效率降低。并且长时间运行，变硬的填料也会损伤泵轴。

所以，我们期望改造后的系统在不增加能耗的前提下，又能够很好地控制温度，较长时间不会失效。

13.2 问题分析

13.2.1 组件功能分析（图 13-3）

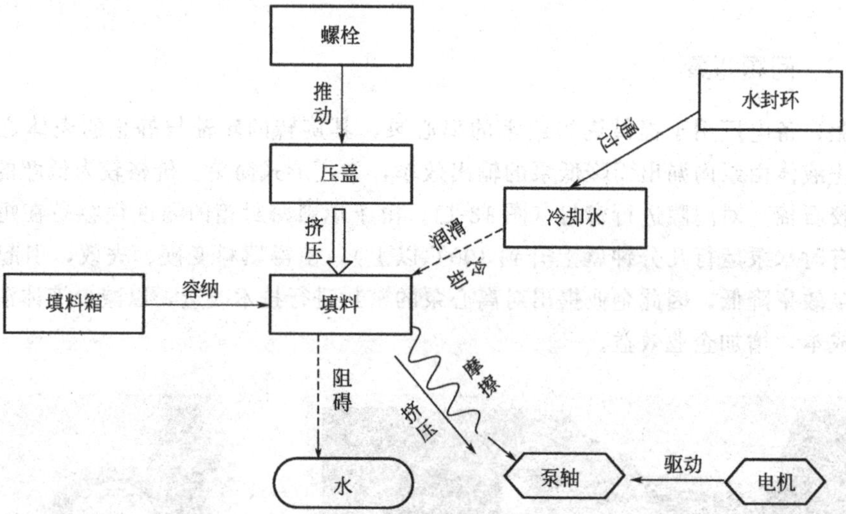

图 13-3 离心式水泵填料密封的组件功能分析

13.2.2 因果分析（图 13-4）

根据因果分析，确定问题关键点 1：填料与泵轴接触面积大，摩擦严重；问题关键点 2：冷却水对填料冷却作用不好。

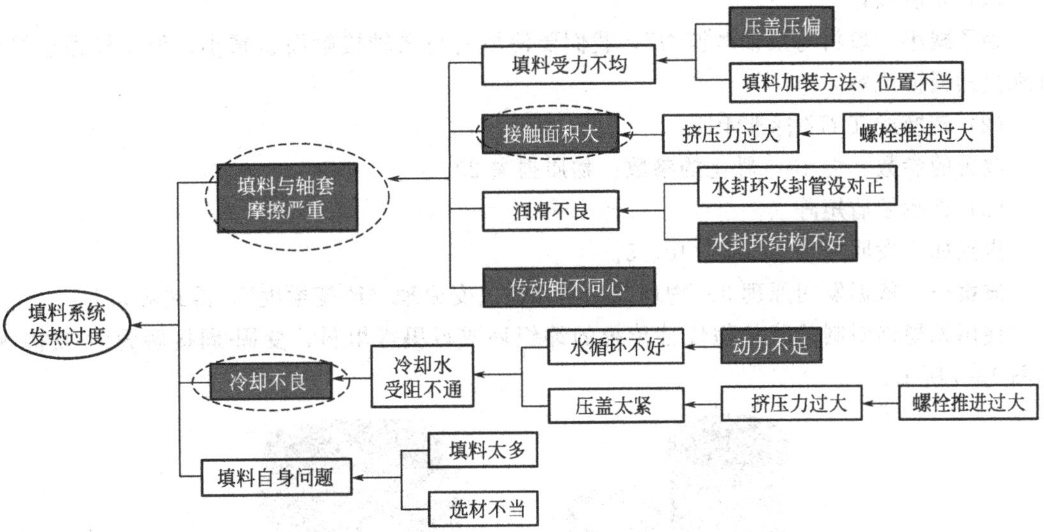

图 13-4　因果分析

13.2.3　资源分析（表 13-1）

表 13-1　资源可用性分析

类别		资源名称	可用性分析(初步方案)
系统内部资源	物质资源	螺栓	可用，改变其旋进、后退的距离
		水封装置	可用，改变其结构、位置
		冷却水	可用，改变其流动状态
		填料	可用，改变其材料
		填料箱、压盖、轴	可用，改变轴的外表面材料
	场资源	热场	
		气压场	可用
	其他资源	填料箱内部空间	
系统外部资源	物质资源	空气	可用，提供动力
		操作工	可用，更换填料
	场资源	热场	可为填料密封系统降温
		电力	可用，给冷却水泵提供动力
	其他资源		

13.3　问题求解

13.3.1　运用技术矛盾进行求解

以**“填料与泵轴接触面积大，摩擦严重”**为入手点解决问题。

（1）矛盾描述

为了减小“填料与泵轴摩擦力”，我们要使填料与泵轴接触面积减小，但这样做会导致输水量的漏损严重。

（2）转换成TRIZ标准矛盾

改善的参数：力10，恶化的参数：物质损失23。

（3）查找矛盾矩阵

得到如下发明原理8、35、40、5。

方案一　依据发明原理35 物理或化学参数改变原理（改变柔度），得到解如下：

使用无规格限制的胶状物代替传统的编织环或石墨等填料，变固-固接触为固-胶接触。如图13-5所示。

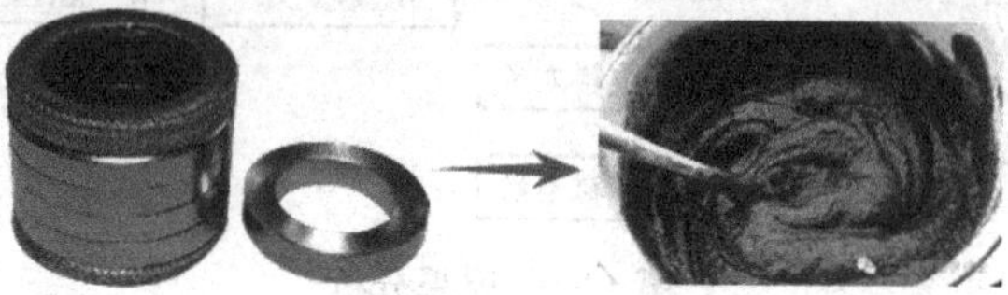

图13-5　新型材料的填料密封环

方案二　依据发明原理40 复合材料原理，得到解如下：

使用层状剪切式密封填料（图13-6）。在轴旋转运动过程中，最里层与轴同步，形成一个“旋转层”，即不会产生相对摩擦；在填料函内壁附近，则形成一个“不动层”，起到密封作用（外层与内层做剪切运动，摩擦力很小）。

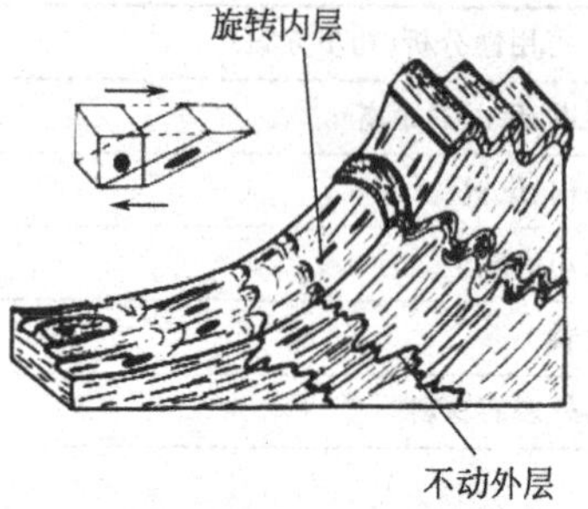

图13-6　层状剪切式密封填料

以**“冷却水对填料冷却不良”**为入手点解决问题。

（1）矛盾描述

为了加大“对填料的冷却作用”，要增加冷却水的流通速度，但这样做会导致水封系统的阻力损失增加，能耗恶化。

（2）转换成TRIZ标准矛盾

改善的参数：温度17，恶化的参数：能量损失22。

（3）查找矛盾矩阵

得到如下发明原理：21、17、35、38。

方案三　依据发明原理17 空间维数变化原理，得到解如下：

将水封环单层布水孔改为多排布水孔甚至网状布水孔（图13-7），达到多维度喷液，大

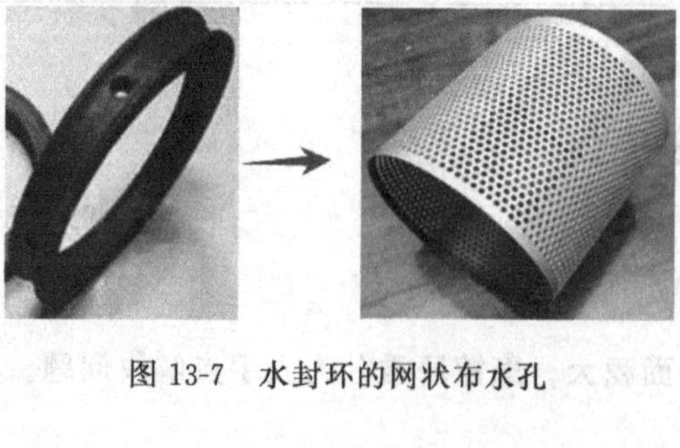

图13-7　水封环的网状布水孔

幅度增加冷却面积，快速降温。

13.3.2　运用物质-场分析及 76 个标准解进行求解

（1）建立问题的物质-场模型（图 13-8）

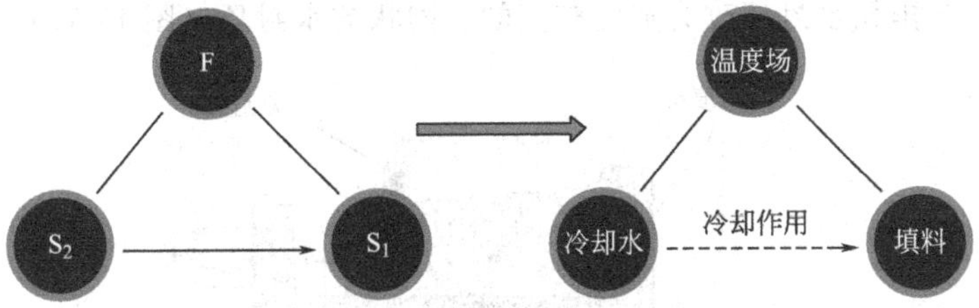

图 13-8　冷却作用的物质-场模型

（2）根据物质-场模型用标准解求解

用“S2.2　增强物-场模型”标准解解决流程，最终得到标准解为“通过加大对工具物质 S_2 的分割程度来达到微观控制，以此来获得增强系统功能效应”。

方案四　依据选定的标准解，得到解如下：

将固体填料用一种不溶于水、不对水产生污染的胶状的、液态的填料来替代，增加冷却效果。如图 13-9 所示。

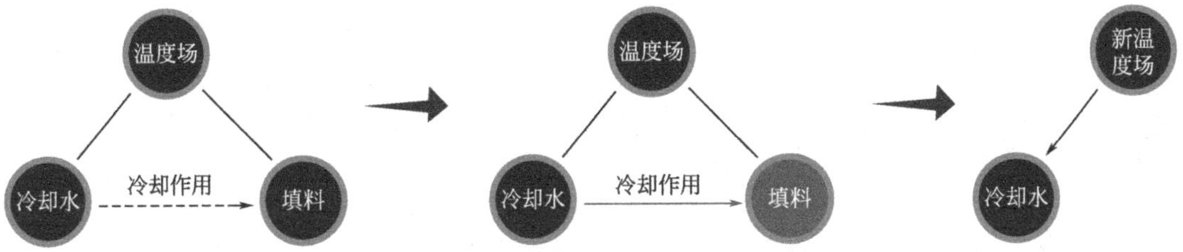

图 13-9　改进后的物质-场模型

13.4　最终方案

上述方案汇总为表 13-2。

表 13-2　方案汇总

序号	方案	所用创新原理	可用性评估
1	使用胶状物代替传统的编织环或石墨等软填料	技术矛盾：物理或化学参数改变原理（改变柔度）	结构简易，成本低
2	使用一种层状剪切式密封填料	技术矛盾：复合材料原理	设计结构简易，成本低
3	将水封环单层布水孔改为多排孔甚至网状孔	技术矛盾：空间维数变化原理	结构简单，成本低廉
4	将固体填料用一种不溶于水、不对水产生污染的胶状的、液态的填料来替代，增加冷却效果	物质-场	寻找这种物质比较困难

依据上面得到的若干创新解，通过评价，确定最优解。最终选定采用方案 1、2、3 和 4 的合并原理：

① 将填料箱中间注入胶状剪切式密封填料，前后端装入编织环等普通填料以保持胶状物；

② 将窄的、单排孔水封环改为宽度较宽的、网状的水封环（图 13-10）。

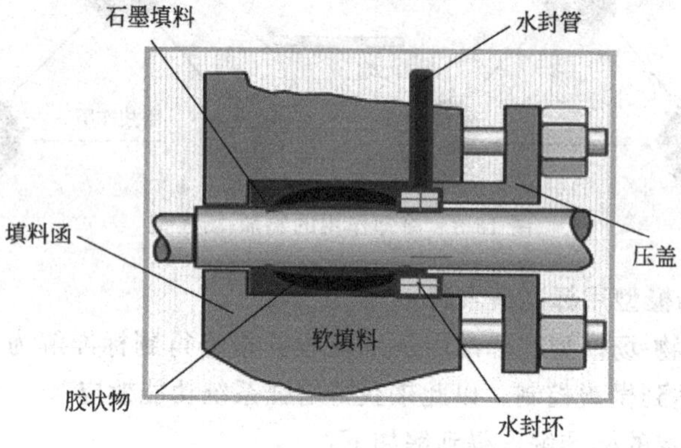

图 13-10 最优解方案示意图

案例十四 防止钢件在淬火工艺中烟雾扩散

14.1 问题引入

14.1.1 问题背景

钢的淬火是将钢加热到临界温度以上的温度，保温一段时间，使之内部结构发生变化，然后快速冷却，进行马氏体转变的热处理工艺。

淬火的目的是使过冷奥氏体进行马氏体或贝氏体转变，得到马氏体或贝氏体组织，然后配合以不同温度的回火，以大幅提高钢的强度、硬度、耐磨性、疲劳强度以及韧性等，从而满足各种机械零件和工具的不同使用要求。

工作时，大型钢件在淬火炉中快速加温至临界温度以上，保温一段时间，由吊车从淬火炉中取出，放入冷却油槽中快速冷却，降至常温。在淬火工艺中处理小型或小批量钢件时，产生的烟雾量不大，可以通过车间内的通风设备快速将烟雾驱散；在处理大批量或大型钢件时，产生的烟雾量较大，车间内的通风设备无法快速驱散，致使烟雾快速上升，遮挡吊车司机的视线，影响操作，并对吊车司机的呼吸产生影响。

14.1.2 问题描述

（1）技术系统的功能

大型钢件淬火（图 14-1）工艺主要用到的设备有高温炉、吊车和冷却油槽，实现给大型钢件淬火的功能。

（2）技术系统的工作原理

如图 14-1 所示，大型钢件淬火工艺中，钢件在高温炉中快速升温后，用吊车取出，迅速放入冷却油池中冷却至常温，从而实现内部组织强化的效果。

图 14-1 大型钢件淬火

(3) 当前系统存在的问题

在淬火工艺中，处理小型或小批量钢件冷却时，产生的烟雾量不大，可以通过车间内的通风设备快速将烟雾驱散；在处理大批量或大型钢件冷却时，产生的烟雾量较大，车间内的通风设备无法快速驱散，致使烟雾快速上升，遮挡吊车司机的视线，并对吊车司机的呼吸产生影响。

(4) 改进后的要求

改进后的设备能减少烟雾的产生，并及时吸收或驱散烟雾，净化工作环境。

14.2 问题分析

14.2.1 组件功能分析

整个钢件淬火系统由吊臂、吊钩、油槽、冷却油和吊车司机等组件组成，超系统组件有烟雾和钢件。功能模型如图 14-2 所示。

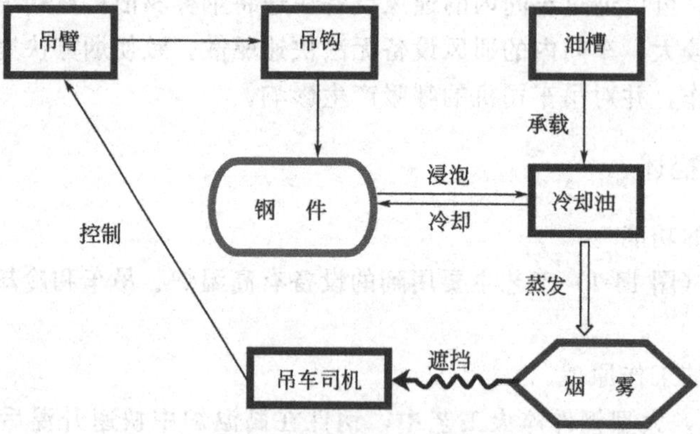

图 14-2 钢件淬火系统的组件功能分析

14.2.2 因果分析（图 14-3）

从功能分析来看，烟雾无法快速驱散，致使烟雾快速上升的原因是产生烟雾后排烟设备效能不足所致。也就是烟雾产生速度太快。如果减少烟雾量产生，或减少烟雾扩散，又会使设备增加，成本增加。

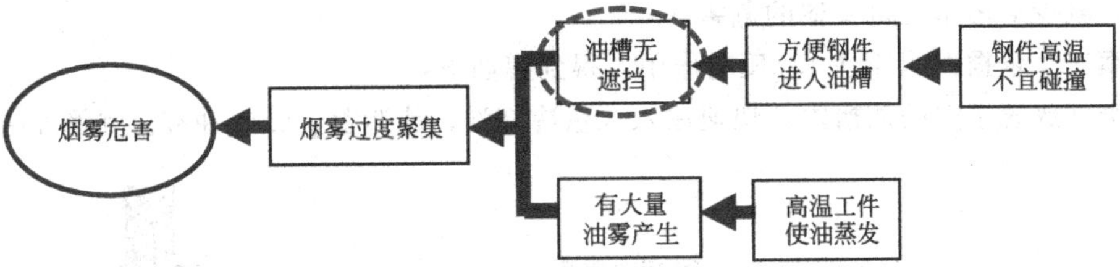

图 14-3 因果分析

14.2.3 资源分析（表 14-1）

表 14-1 资源分析

类别		资源名称	可用性分析(初步方案)
系统内部资源	物质资源	油槽箱体	可用,支撑其他结构
	其他资源	空间资源	可用,油槽内还有可用空间
系统外部资源	场资源	温度场	可用,控制冷却油温度
	其他资源	空间资源	可用,周边设置吸风设备

14.3 问题求解

以“油槽有遮挡油雾的功能，不让油雾扩散”为入手点解决问题。

14.3.1 矛盾描述

为了减小油雾扩散带来的遮挡效果，需要添加遮挡装置或吸烟装置，但是增加了设备的操作复杂性。

14.3.2 转换成 TRIZ 标准矛盾

改善的参数：运动物体的体积（7）、物体产生的有害因素（31）。
恶化的参数：可操作性（33）、设备的复杂性（36）。

14.3.3 查找矛盾矩阵

查找冲突矩阵，得到如下发明原理。
（7、36）：26、复制原理；1、分割原理。
（7、33）：15、动态特性原理；13、反向作用原理；30、柔性壳体或薄膜原理；12、等势原理。

（31、33）：无。

（31、36）：19、周期性作用原理；1、分割原理；31、多孔材料原理。

方案一 依据发明原理 1 分割，得到解如下：

将大的油槽分成多个小的油槽，分批进行钢件冷却，每次产生的油雾量减少，会减少视线遮挡，减少对吊车司机身体的危害。

方案二 依据发明原理 13 反向作用，得到解如下：

将钢件放置于空的油槽内，快速注入大量冷却油，能遮盖、吸收油雾。如图 14-4 所示。

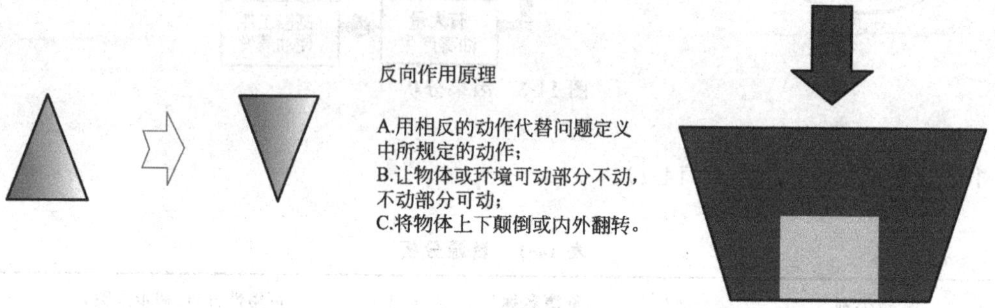

反向作用原理
A.用相反的动作代替问题定义中所规定的动作；
B.让物体或环境可动部分不动，不动部分可动；
C.将物体上下颠倒或内外翻转。

图 14-4 反向作用原理

方案三 依据发明原理 15 动态特性，得到解如下：

油槽顶端设计成可控制闭合的结构，钢件即将进入冷却油时，油槽处于闭合封闭状态。如图 14-5 所示。

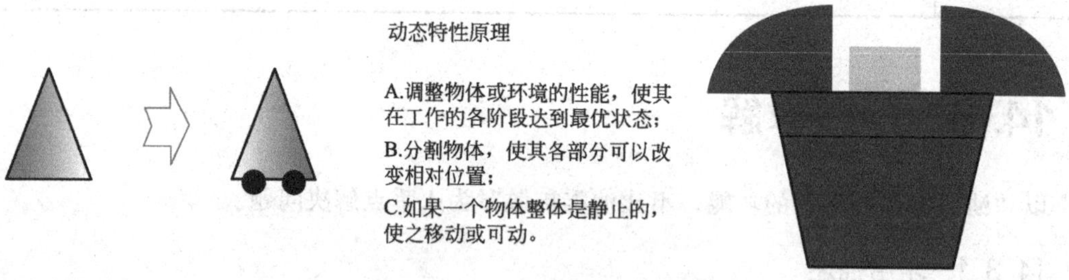

动态特性原理
A.调整物体或环境的性能，使其在工作的各阶段达到最优状态；
B.分割物体，使其各部分可以改变相对位置；
C.如果一个物体整体是静止的，使之移动或可动。

图 14-5 动态特性原理

方案四 依据发明原理 30 柔性壳体或薄膜，得到解如下：

在冷却油表面散布一层耐高温、密度低、附着性强的小球浮在油面上，产生油雾后小球会第一时间吸收油雾，可有效减少油雾的产生。如图 14-6 所示。

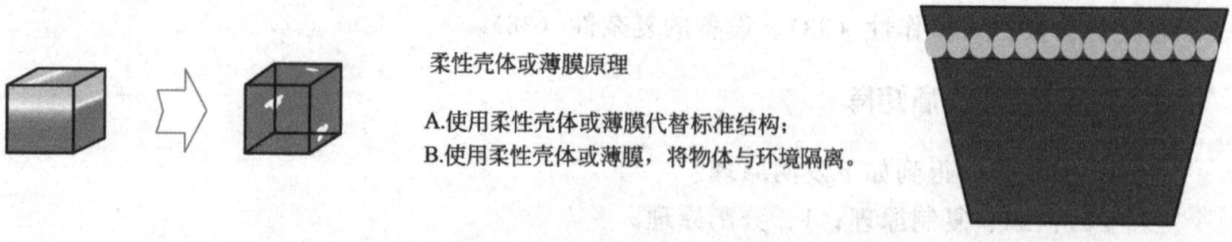

柔性壳体或薄膜原理
A.使用柔性壳体或薄膜代替标准结构；
B.使用柔性壳体或薄膜，将物体与环境隔离。

图 14-6 柔性壳体或薄膜原理

14.4 最终方案

上述方案汇总成表 14-2。

表 14-2 最终方案汇总

序号	方案	所用创新原理	可用性评估
1	将大油槽改为数个小油槽	分割原理	较难实施
2	向油槽内注入冷却油	反向作用原理	容易实施
3	设计可开合的盖子	动态特性原理	较难实施
4	放置可吸附油雾的小球	柔性壳体或薄膜原理	容易实施

根据 TRIZ 原理提示，结合工程实际情况，最终选定方案 4。

案例十五 一种柴油型汽车燃油预热装置

15.1 问题引入

15.1.1 问题背景

某大型露天开采矿山，年采剥总量 1.25 亿吨，采用矿用重型汽车运输。由于矿山地处高寒地区，最低气温可达－40℃，如果不能及时根据气温变化更换车用柴油，冷空气会导致汽车供油系统温度过低，造成柴油结蜡变稠（图 15-1），使汽车发动机无法正常运转。目前解决办法是根据季节变化使用－35＃柴油，结果使企业运输成本增加高达几千万元。那么，如何阻隔或抵消外界冷空气对车辆供油系统的影响，成为高寒地区矿用重型汽车亟待解决的问题。

正常柴油　　结蜡柴油

图 15-1　正常柴油和结蜡柴油对比

15.1.2　问题描述

（1）技术系统的功能

把矿用重型汽车的供油系统作为技术系统进行研究，包括油箱、油管、柴油过滤器、输油泵、进油歧管、喷油嘴、燃烧室等组件。它的功能是给汽车发动机提供合格的燃油。

（2）技术系统的工作原理

柴油被输油泵从油箱吸入，经输油管、过滤器、进油歧管进入喷油嘴，喷油嘴将柴油雾化喷入燃烧室。

（3）当前系统存在的问题

当前存在的问题是在 0℃以下的冷空气中，由于供油系统直接暴露于冷空气中并无保温措施，冷空气会导致供油系统温度过低，造成柴油结蜡变稠，使发动机无法正常运转。

15.2　问题分析

15.2.1　组件功能分析

组件功能模型如图 15-2 所示。

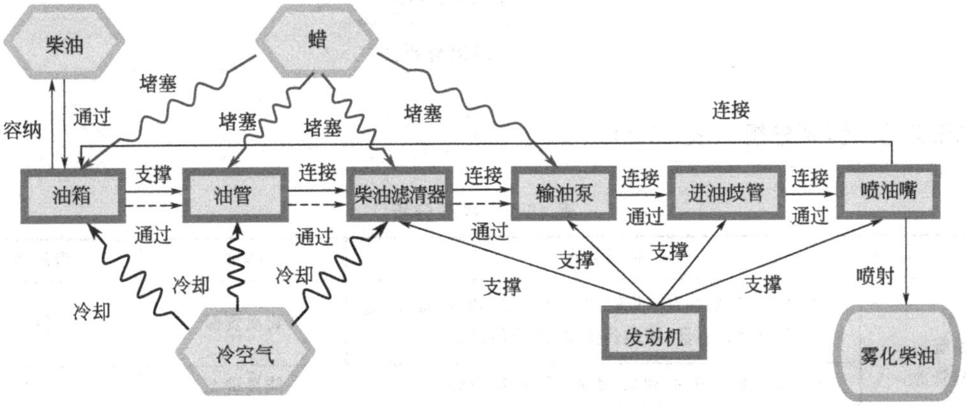

图 15-2　组件功能分析图

从组件功能分析图中我们可以看到，冷空气对油箱、油管及柴油滤清器内的柴油有降温作用，致使柴油结蜡，堵塞供油系统组件；组件自身对于冷空气的防范功能是不足的。

15.2.2　因果分析

通过因果分析（图 15-3）可以看出，导致冬天汽车发动机不能工作的主要原因是所使用的柴油标号过高，当气温低时，柴油结蜡，使得进油歧管堵塞，汽车发动机不能工作。

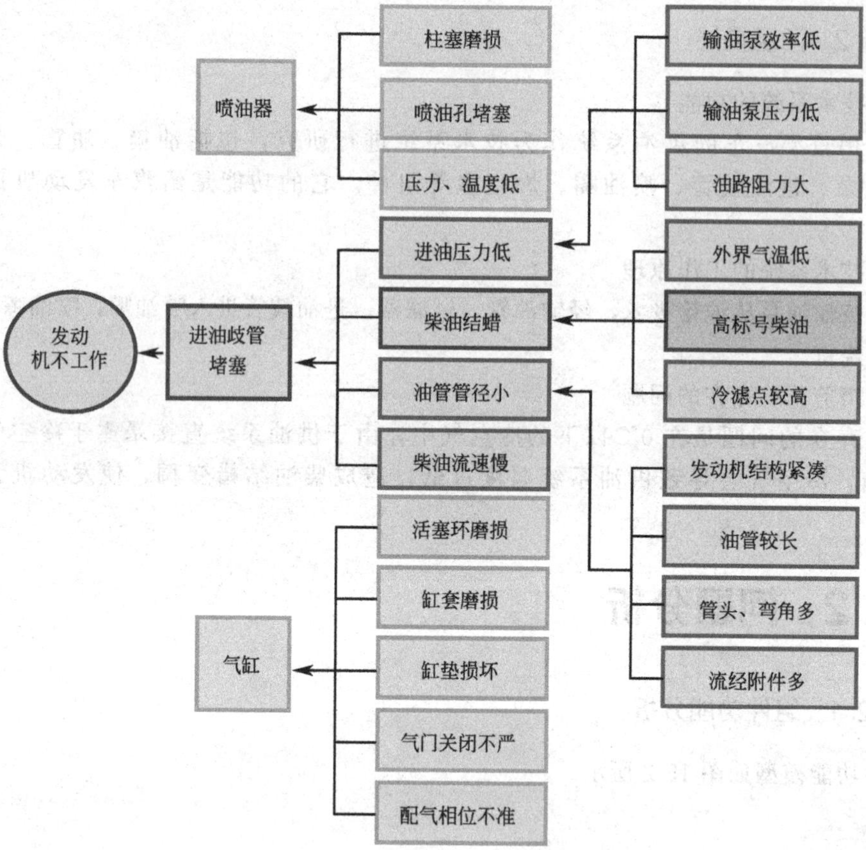

图 15-3 因果分析图

15.2.3 资源分析（表 15-1）

表 15-1 资源分析

	资源名称	类别	可用性
系统内部资源	柴油、油箱、输油泵、油管、柴油滤清器、蜡、喷油嘴、进油歧管、温度传感器、液位传感器、压力传感器	物质资源	可用
	相位能、重力场、振动场、动能、热场、压力场	能量资源	可用
	温度、压力、液位、流量、密度	信息资源	可用
系统外部资源	冷空气、热空气、保温装置、加热装置、水箱、冷却水、液压系统、冷却系统、控制系统	物质资源	可用
	光能、电能、热能、风能	能量资源	可用
	重力、阻力	信息资源	可用

15.3 问题求解

使用物质-场分析进行求解。

15.3.1 物质-场模型

由组件功能分析可知，冷空气对油箱、油管以及柴油滤清器等设备的冷却作用是有害的，解决了这一问题，发动机油路堵塞问题就会得到解决。为此，围绕这一问题建立物质-场模型，如图 15-4 所示。

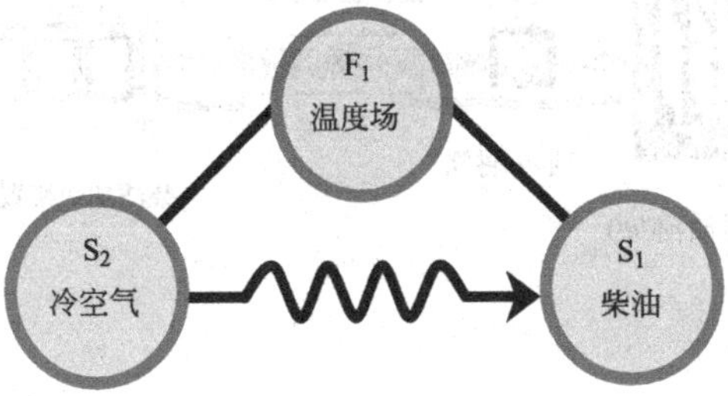

图 15-4 冷空气物质-场模型

15.3.2 标准解

根据 76 个标准解，查找对应的标准解为 S1.2.4 标准解：用另外一个场 F_2 来抵消有害作用，如图 15-5 所示。

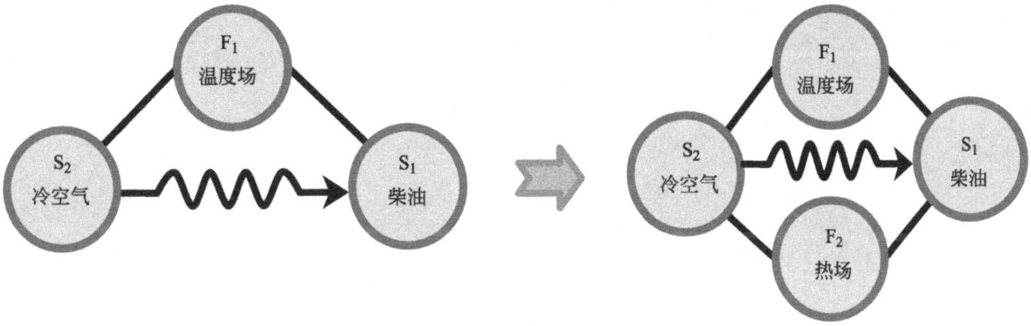

图 15-5 改进后的物质-场模型

依据 S1.2.4 标准解，得到解决方案如下：在油箱内部增加一个热场，抵消环境影响。那么热源从何而来呢？根据资源分析可知，系统内部可用的资源里存在发动机热能和冷却系统循环的热水，所以可以在油箱内部加入热交换装置，热交换装置接入发动机冷却系统循环的热水，对上述装置进行加热。

15.4 最终方案

设计燃油预热装置。预热装置的热源为发动机尾气的热能、电制动产生的热能、液压系统的热能等。预热装置的组件由油箱热交换装置、油管保温装置、柴滤保温装置等组成。预热系统如图 15-6 所示。

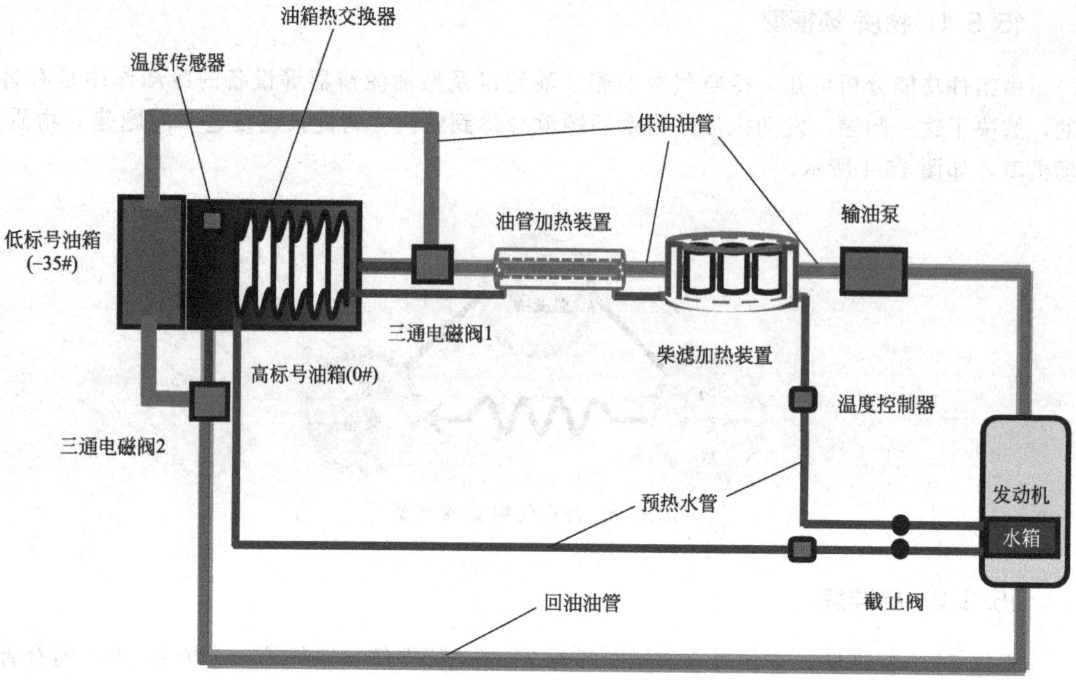

图 15-6 带预热装置的供油系统原理图

案例十六

防止风力发电机组齿轮传动系统断齿

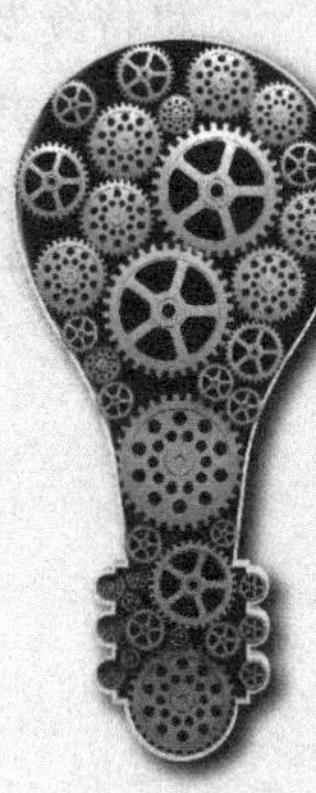

双馈式风力发电机是一种由风力带动风轮系统，通过齿轮箱加速后带动发电机发电的风力发电设备，也称有齿轮风力发电机。双馈异步发电机的定子绕组直接与电网相连，转子绕组通过变流器与电网连接，转子绕组电源的频率、电压、幅值和相位按运行要求由变频器自动调节，机组可以在不同的转速下实现恒频发电，满足用电负载和并网的要求。由于采用了交流励磁，发电机和电力系统构成了“柔性连接”，即可以根据电网电压、电流和发电机的转速来调节励磁电流，精确地调节发电机输出电流，使其能满足要求。

直驱式风力发电机是一种由风力直接驱动的发电机，亦称无齿轮风力发动机。这种发电机采用多极电机与叶轮直接连接进行驱动的方式，免去齿轮箱这一传统部件。由于齿轮箱是目前在兆瓦级风力发电机中属易过载和过早损坏率较高的部件，因此，没有齿轮箱的直驱式风力发电机，具备低风时高效率、低噪声、高寿命、减小机组体积、降低运行维护成本等诸多优点。

16.1 问题引入

16.1.1 问题背景

现代变速双馈式风力发电机的工作原理是通过叶轮将风能转变为机械转矩（风轮转动惯量），通过主轴传动链，经过齿轮箱增速到异步发电机的转速后，通过励磁变流器励磁而将发电机的定子电能并入电网。如果超过发电机同步转速，转子也处于发电状态，通过变流器向电网馈电。

双馈式风力发电机组在运转工作中，风吹动叶片带动主轴转动，从而将较低的转速输入齿轮箱，经过齿轮箱加速后，将较高的转速输出给输出轴，带动发电机转动，进而带动发电机持续发电。在实际运行过程中发现，由于异常情况，PLC 发出紧急制动信号，制动盘进行紧急刹车，齿轮箱内高速齿轮容易出现齿轮断齿现象。因此，企业提出对齿轮箱内部齿轮传动进行技术改造。

风力发电机增速齿轮箱的位置如图 16-1 所示。

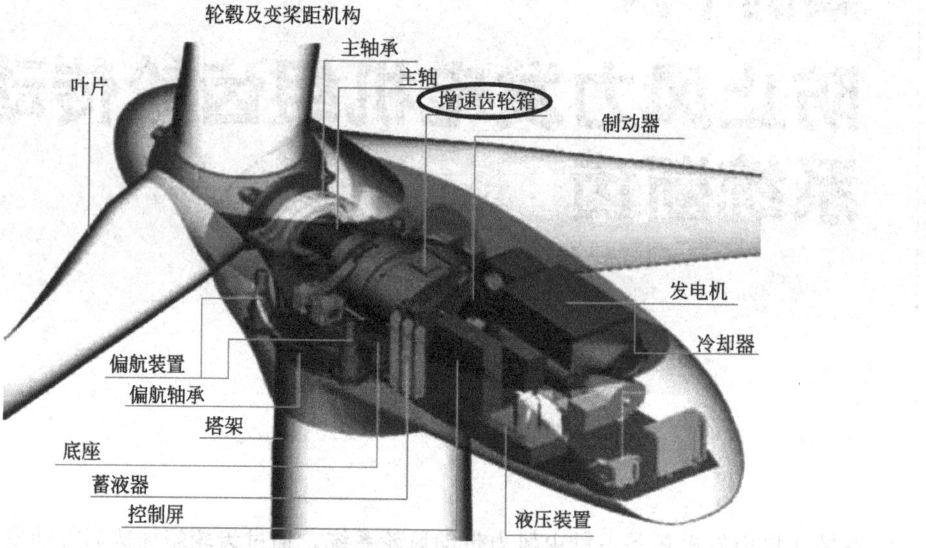

图 16-1　风力发电机增速齿轮箱的位置

16.1.2　问题描述

(1) 技术系统的功能

双馈式风力发电机组增速齿轮箱由行星轮系和二级增速齿轮轮系组成，实现提升转速的功能。其结构如图 16-2 所示。

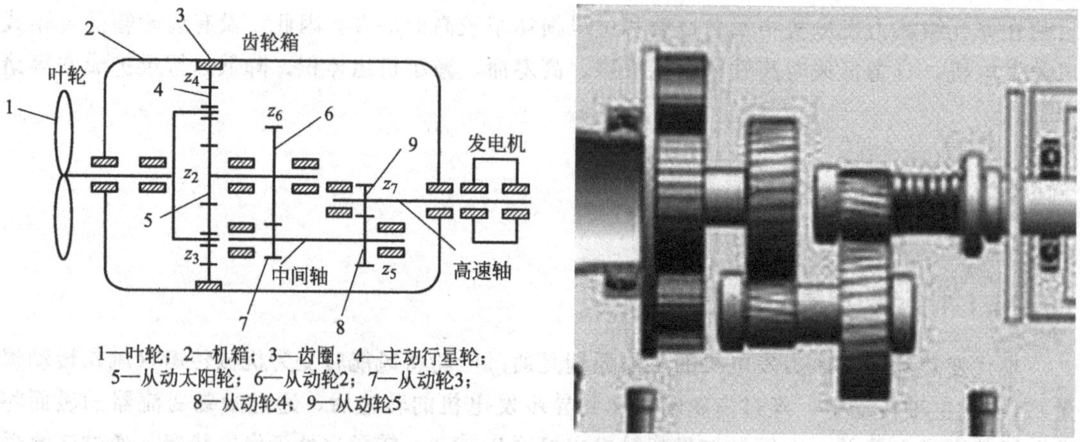

1—叶轮；2—机箱；3—齿圈；4—主动行星轮；
5—从动太阳轮；6—从动轮2；7—从动轮3；
8—从动轮4；9—从动轮5

图 16-2　风力发电机增速齿轮箱的结构

(2) 技术系统的工作原理

如图 16-2 所示，风吹动叶轮转动，动力从叶轮处通过主轴进入齿轮箱，带动行星轮系转动，通过转轴带动从动轮 2 转动，从动轮 2 通过啮合传动带动从动轮 3 转动完成第一次增速，从动轮 3 通过转轴带动从动轮 4 转动，从动轮 4 通过啮合传动带动从动轮 5 转动完成第二次增速，从动轮 5 通过高速轴带动发电机高速运转，从而实现发电机发电工作。

（3）当前系统存在的问题

风机运转过程中，如遇强风，主轴传递的动力不平均，或风机运行状态受影响等情况，PLC 发出紧急制动信号，制动盘进行紧急刹车，齿轮箱内高速齿轮容易出现齿轮断齿现象。

（4）改进后的要求

改进后的齿轮箱在风机运行工况条件下齿轮箱内齿轮无断齿现象。

16.2 问题分析

16.2.1 组件功能分析

双馈式风力发电机组增速齿轮箱由行星轮系和二级增速齿轮轮系组成。功能模型如图 16-3 所示。

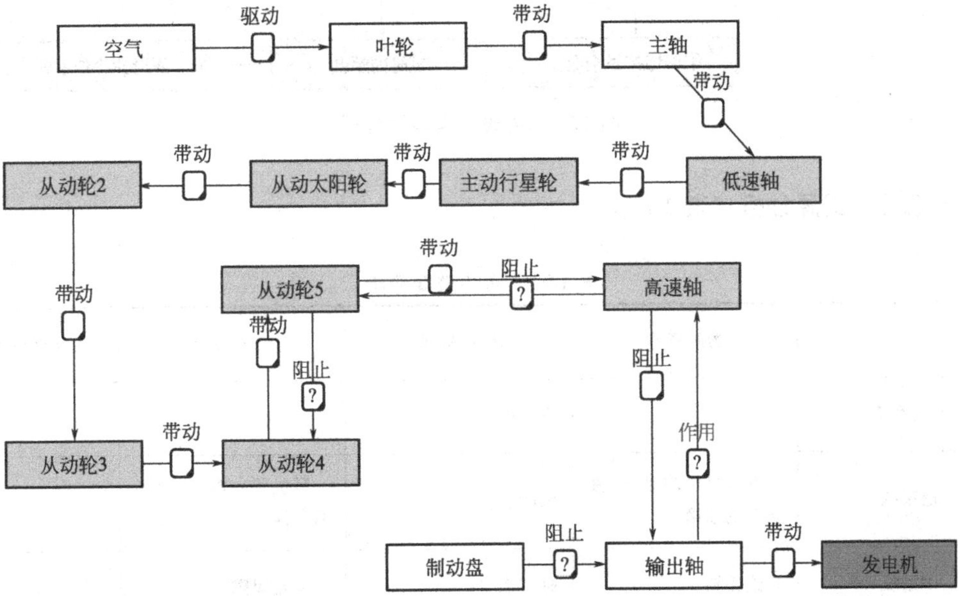

图 16-3 风力发电机增速齿轮箱的组件功能分析

16.2.2 因果分析（图 16-4）

从功能分析来看，风力发电机组在紧急制动时，齿轮传动系统出现齿轮箱轮齿断裂的现象的原因，是齿轮强度不够所致，也就是紧急制动时产生的阻力过大。如果齿轮强度足够大，又会使齿轮箱重量增加、尺寸加大。

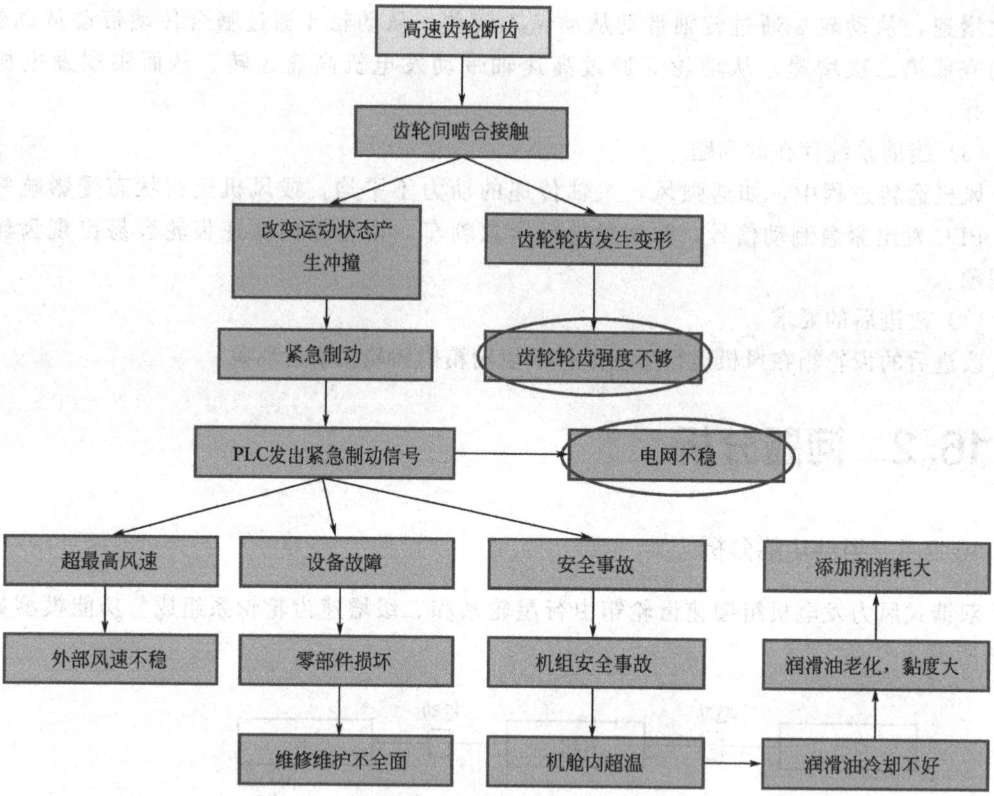

图 16-4　齿轮断齿因果分析

16.2.3　资源分析（表 16-1）

表 16-1　可用资源分析

	物质资源	能量资源	空间资源	功能资源
当前系统		机械能		
超系统	发电机冷却系统、液压系统油箱	风能、电能	风机所在高度、风场的空地	
子系统	连接轴	机械能	齿轮间隙	

16.3　问题求解

对于本系统，高速运动的输出轴与制动盘紧急刹车是断齿的重要原因，因此不需要输出轴高速运动是解决问题的关键。针对功能模型中的有害作用、不足作用及过剩作用等小问题，应用裁剪规则直接裁剪，得到功能模型如图 16-5 所示。

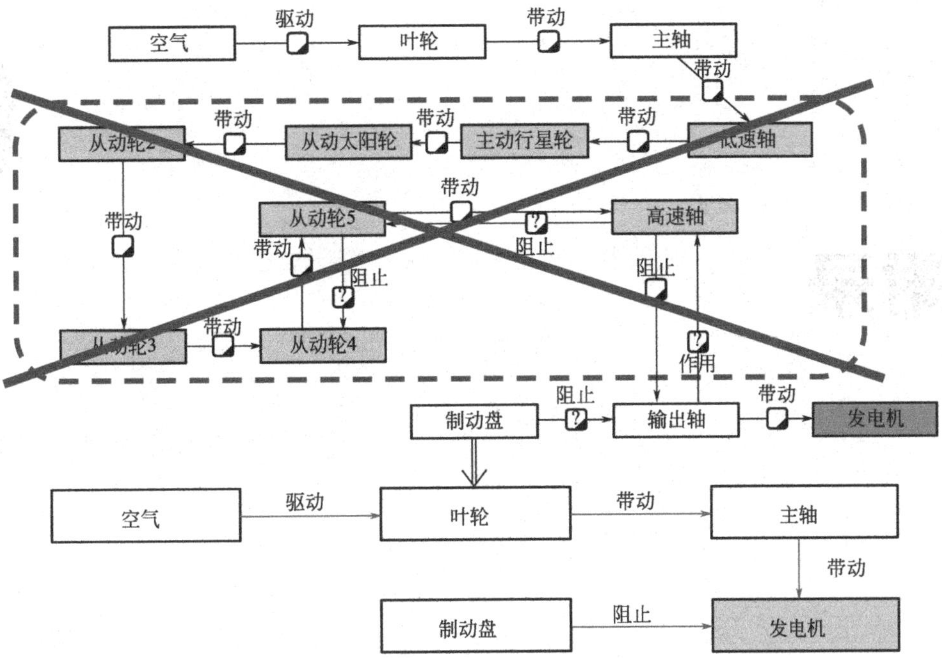

图 16-5 裁剪后的组件功能模型

依据裁剪原理，得到解如下：

低转速的主轴直接连接风机发电机，增加发电机内定子的磁极数，同样能达到额定发电量。

16.4 最终方案（表 16-2）

表 16-2 最终方案

序号	方案	所用创新原理	可用性评估
1	裁掉齿轮箱	裁剪	结构改变较多,需更复杂设计

根据 TRIZ 原理提示，结合工程实际情况，最终选定裁剪掉齿轮箱，如图 16-7 所示。

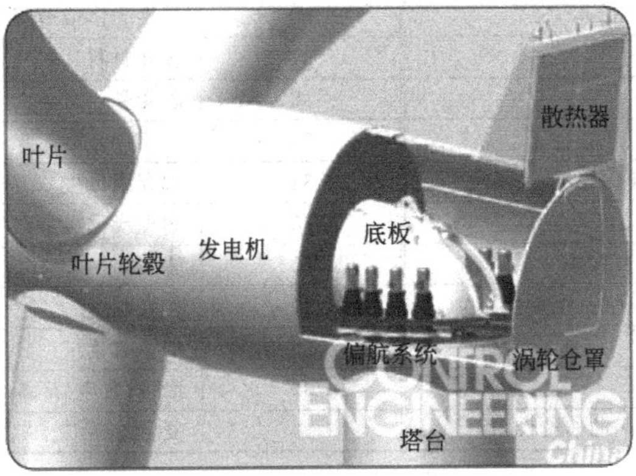

图 16-7 最终解决方案

附录

附录1　40个发明原理

编号	发明原理	编号	发明原理
1	分割	21	减少有害作用时间(快速通过)
2	抽取	22	变害为利
3	局部质量	23	反馈
4	增加不对称性	24	借助中介物
5	组合(合并)	25	自服务
6	多用性	26	复制
7	嵌套	27	廉价替代品
8	重量补偿	28	机械系统替代
9	预先反作用	29	气压或液压结构
10	预先作用	30	柔性壳体或薄膜
11	预先防范	31	多孔材料
12	等势	32	改变颜色
13	反向作用	33	同质性
14	曲率增加(曲面化)	34	抛弃或再生
15	动态特性	35	物理或化学参数变化
16	未达到或过度作用	36	相变
17	空间维数变化(一维变多维)	37	热膨胀
18	机械振动	38	加速氧化
19	周期性作用	39	惰性(真空)环境
20	有效(益)作用的连续性	40	复合材料

各原理的具体描述可参看《创新方法与创新思维》(化学工业出版社，2018年出版)。

附录 2 39×39 矛盾矩阵表

恶化的通用工程参数（列）；改善的通用工程参数（行）

CSA-1969	1	2	3	4	5	6	7	8	9	10	11	12	13	14	15	16
1			15.8.29.34		29.17.38.34		29.2.40.28		2.8.15.38	8.10.18.37	10.36.37.40	10.14.35.40	1.35.19.39	28.27.18.40	5.34.31.35	
2				10.1.29.35		35.30.13.2		5.35.14.2		8.10.19.35	13.29.10.18	13.10.29.14	26.39.1.40	28.2.10.27		2.27.19.6
3	15.8.29.34				15.17.4		7.17.4.35		13.4.8	17.10.4	1.8.35	1.8.10.29	1.8.15.34	8.35.29.34	19	
4		35.28.40.29				17.7.10.40		35.8.2.14		28.1	1.14.35	13.14.15.7	39.37.35	15.14.28.26		1.40.35
5	2.17.29.4		14.15.18.4				7.14.17.4		29.30.4.34	19.30.35.2	10.15.36.28	5.34.29.4	11.2.13.39	3.15.40.14	6.3	
6		30.2.14.18		26.7.9.39						1.18.35.36	10.15.36.37		2.38	40		2.10.19.30
7	2.26.29.40		1.7.35.4		1.7.4.17				29.4.38.34	15.35.36.37	6.35.36.37	1.15.29.4	28.10.1.39	9.14.15.7	6.35.4	
8		35.10.19.14	19.14	35.8.2.14						2.18.37	24.35	7.2.35	34.28.35.40	9.14.17.15		35.34.38
9	2.28.13.38		13.14.8		29.30.34		7.29.34			13.28.15.19	6.18.38.40	35.15.18.34	28.33.1.18	8.3.26.14	3.19.35.5	
10	8.1.37.18	18.13.1.28	17.19.9.36	28.1	19.10.15	1.18.36.37	15.9.12.37	2.36.18.37	13.28.15.12		18.21.11	10.35.40.34	35.10.21	35.10.14.27	19.2	
11	10.36.37.40	13.29.10.18	35.10.36	35.1.14.16	10.15.36.28	10.15.36.37	6.35.10	35.34	6.35.36	36.35.21		35.4.15.10	35.33.2.40	9.18.3.40	19.3.27	
12	8.10.29.40	15.10.26.3	29.34.5.4	13.14.10.7	5.34.4.10		14.4.15.22	7.2.35	35.15.34.18	35.10.37.40	34.15.10.14		33.1.18.4	30.14.10.40	14.26.9.25	
13	21.35.2.39	26.39.1.40	13.15.1.28	37	2.11.13	39	28.10.19.39	34.28.35.40	33.15.28.18	10.35.21.16	2.35.40	22.1.18.4		17.9.15	13.27.10.35	39.3.35.23
14	1.8.40.15	40.26.27.1	1.15.8.35	15.14.28.26	3.34.40.29	9.40.28	10.15.14.7	9.14.17.15	8.13.26.14	10.18.3.14	10.3.18.40	10.30.35.40	13.17.35		27.3.26	
15	19.5.34.31		2.19.9		3.17.19		10.2.19.30		3.35.5	19.2.16	19.3.27	14.26.28.25	13.3.35	27.3.10		
16		6.27.19.16		1.40.35				35.34.38					39.3.35.23			
17	36.22.6.38	22.35.32	15.19.9	15.19.9	3.35.39.18	35.38	34.39.40.18	35.6.4	2.28.36.30	35.10.3.21	35.39.19.2	14.22.19.32	1.35.32	10.30.22.40	19.13.39	19.18.36.40
18	19.1.32	2.35.32	19.32.16		19.32.26		2.13.10		10.13.19	26.19.6		32.30	32.3.27	35.19	2.19.6	
19	12.18.28.31		12.28		15.19.25		35.13.18		8.15.35	16.26.21.2	23.14.25	12.2.29	19.13.17.24	5.19.9.35	28.35.6.18	
20		19.9.6.27								36.37			27.4.29.18	35		
21	8.36.38.31	19.26.17.27	1.10.35.37		19.38	17.32.13.38	35.6.38	30.6.25	15.35.2	26.2.36.35	22.10.35	29.14.2.40	35.32.15.31	26.10.28	19.35.10.38	16
22	15.6.19.28	19.6.18.9	7.2.6.13	6.38.7	15.26.17.30	17.7.30.18	7.18.23	7	16.35.38	36.38			14.2.39.6	26		
23	35.6.23.40	35.6.22.32	14.29.10.39	10.28.24	35.2.10.31	10.18.39.31	1.29.30.36	3.39.18.31	10.13.28.38	14.15.18.40	3.36.37.10	29.35.3.5	2.14.30.40	35.28.31.40	28.27.3.18	27.16.18.38
24	10.24.35	10.35.5	1.26	26	30.26	30.16		2.22	26.32						10	10
25	10.20.37.35	10.20.26.5	15.2.29	30.24.14.5	26.4.5.16	10.35.17.4	2.5.34.10	35.16.32.18		10.37.36.5	37.36.4	4.10.34.17	35.3.22.5	29.3.28.18	20.10.28.18	28.20.10.16
26	35.6.18.31	27.26.18.35	29.14.35.18		15.14.29	2.18.40.4	15.20.29		35.29.34.28	35.14.3	10.36.14.3	35.14	15.2.17.40	14.35.34.10	3.35.10.40	3.35.31
27	3.8.10.40	3.10.8.28	15.9.14.4	15.29.28.11	17.10.14.16	32.35.40.4	3.10.14.24	2.35.24	21.35.11.28	8.28.10.3	10.24.35.19	35.1.16.11		11.28	2.35.3.25	34.27.6.40
28	32.35.26.28	28.35.25.26	28.26.5.16	32.28.3.16	26.28.32.3	26.28.32.3	32.13.6		28.13.32.24	32.2	6.28.32	6.28.32	32.35.13	28.6.32	28.6.32	10.26.24
29	28.32.13.18	28.35.27.9	10.28.29.37	2.32.10	28.33.29.32	2.29.18.36	32.28.2	25.10.35	10.28.32	28.19.34.36	3.35	32.30.40	30.18	3.27	3.27.40	
30	22.21.27.39	2.22.13.24	17.1.39.4	1.18	22.1.33.28	27.2.39.35	22.23.37.35	34.39.19.27	21.22.35.28	13.35.39.18	22.2.37	22.1.3.35	35.24.30.18	18.35.37.1	22.15.33.28	17.1.40.33
31	19.22.15.39	35.22.1.39	17.15.16.22		17.2.18.39	22.1.40	17.2.40	30.18.35.4	35.28.3.23	35.28.1.40	2.33.27.18	35.1	35.40.27.39	15.35.22.2	15.22.33.31	21.39.16.22

CSA-1969	17	18	19	20	21	22	23	24	25	26	27	28	29	30	31
1	6.29.4.38	19.1.32	35.12.34.31		12.36.18.31	6.2.34.19	5.35.3.31	10.24.35	10.35.20.28	3.26.18.31	3.11.1.27	28.27.35.26	28.35.26.18	22.21.18.27	22.35.31.39
2	28.19.32.22	35.19.32		18.19.28.1	15.19.18.22	18.19.28.15	5.8.13.30	10.15.35	10.20.35.26	19.6.18.26	10.28.8.3	18.26.28	10.1.35.17	2.19.22.37	35.22.1.39
3	10.15.19	32	8.35.24		1.35	7.2.35.39	4.29.23.10	1.24	15.2.29	29.35	10.14.29.40	28.32.4	10.28.29.37	1.15.17.24	17.15
4	3.35.38.18	3.25			12.8	6.28	10.28.24.35	24.26	30.29.14		15.29.28	32.28.3	2.32.10	1.18	
5	2.15.16	15.32.19.13	19.32		19.10.32.18	15.17.30.26	10.35.2.39	30.26	26.4	29.30.6.13	29.9	26.28.32.3	2.32	22.33.28.1	17.2.18.39
6	35.39.38				17.32	17.7.30	10.14.18.39	30.16	10.35.4.18	2.18.40.4	32.35.40.4	26.28.32.3	2.29.18.36	27.2.39.35	22.1.40
7	34.39.10.18	10.13.2	35		35.6.13.18	7.15.13.16	36.39.34.10	2.22	2.6.34.10	29.30.7	14.1.40.11	25.26.28	25.28.2.16	22.21.27.35	17.2.40.1
8	35.6.4				30.6		10.39.35.34		35.16.32.18	35.3	2.35.16		35.10.25	34.39.19.27	30.18.35.4
9	28.30.36.2	10.13.19	8.15.35.38		19.35.38.2	14.20.19.35	10.13.28.38	13.26		10.19.29.38	11.35.27.28	28.32.1.24	10.28.32.25	1.28.35.23	2.24.32.21
10	35.10.21		19.17.10	1.16.36.37	19.35.18.37	14.15	8.35.40.5		10.37.36	14.29.18.36	3.35.13.21	35.10.23.24	28.29.37.36	1.35.40.18	13.3.36.24
11	35.39.19.2		14.24.10.37		10.35.14	2.36.25	10.36.37		37.36.4	10.14.36	10.13.19.35	6.28.25	3.35	22.2.37	2.33.27.18
12	22.14.19.32	13.15.32	2.6.34.14		4.6.2	14	35.29.3.5		14.10.34.17	36.22	10.40.16	28.32.1	32.30.40	22.1.2.35	35.1
13	35.1.32	32.3.27.15	13.19	27.4.29.18	32.35.27.31	14.2.39.6	2.14.30.40		35.27	15.32.35		13	18	35.23.18.30	35.40.27.39
14	30.10.40	35.19	19.35.10	35	10.26.35.28	35	35.28.31.40		29.3.28.10	29.10.27	11.3	3.27.16	3.27	18.35.37.1	15.35.22.2
15	19.35.39	2.19.4.35	28.6.35.18		19.10.35.38		28.27.3.18	10	20.10.28.18	3.35.10.40	11.2.13	3	3.27.16.40	22.15.33.28	21.39.16.22
16	19.18.36.40				16		27.16.18.38	10	28.20.10.16	3.35.31	34.27.6.40	10.26.24		17.1.40.33	22
17		32.30.21.16	19.15.3.17		2.14.17.25	21.17.35.38	21.36.29.31		35.28.21.18	3.17.30.39	19.35.3.10	32.19.24	24	22.33.35.2	22.35.2.24
18	32.35.19		32.1.19	32.35.1.15	32	19.16.1.6	13.1	1.6	19.1.26.17	1.19		11.15.32	3.32	15.19	35.19.32.39
19	19.24.3.14	2.15.19			6.19.37.18	12.22.15.24	35.24.18.5		35.38.19.18	34.23.16.18	19.21.11.27	3.1.32		1.35.6.27	2.35.6
20		19.2.35.32					28.27.18.31			3.35.31	10.36.23			10.2.22.37	19.22.18
21	2.14.17.25	16.6.19	16.6.19.37			10.35.38	28.27.18.38	10.19	35.20.10.6	4.34.19	19.24.26.31	32.15.2	32.2	19.22.31.2	2.35.18
22	19.38.7	1.13.32.15			3.38		35.27.2.37	19.10	10.18.32.7	7.18.25	11.10.35	32		21.22.35.2	21.35.2.22
23	21.36.39.31	1.6.13	35.18.24.5	28.27.12.31	28.27.18.38	35.27.2.31			15.18.35.10	6.3.10.24	10.29.39.35	16.34.31.28	35.10.24.31	33.22.30.10	10.1.34.29
24		19			10.19	19.10			24.26.28.32	24.28.35	10.28.23			22.10.1	10.21.22
25	35.29.21.18	1.19.21.17	35.38.19.18	1	35.20.10.6	10.5.18.32	35.18.10.39	24.26.28.32		35.38.18.16	10.30.4	24.34.28.32	24.26.28.18	35.18.34	35.22.18.39
26	3.17.39		34.29.16.18	3.35.31	35	7.18.25	6.3.10.24	24.28.35	35.38.18316		18.3.28.40	3.2.28	33.30	35.33.29.31	3.35.40.39
27	3.35.10	11.32.13	21.11.27.19	36.23	21.11.26.31	10.11.35	10.35.29.39	10.28	10.30.4	21.28.40.3		32.3.11.23	11.32.1	27.35.2.40	35.2.40.26
28	6.19.28.24	6.1.32	3.6.32		3.6.32	26.32.27	10.16.31.28		24.34.28.32	2.6.32	5.11.1.23			28.24.22.26	3.33.39.10
29	19.26	3.32	32.2		32.2	13.32.2	35.31.10.24		32.26.28.18	32.30	11.32.1			26.28.10.36	4.17.34.26
30	22.33.35.2	1.19.32.13	1.24.6.27	10.2.22.37	19.22.31.2	21.22.35.2	33.22.19.40	22.10.2	35.18.34	35.33.29.31	27.24.2.40	28.33.23.26	26.28.10.18		
31	22.35.2.24	19.24.39.32	2.35.6	19.22.18	2.35.18	21.35.22.2	10.1.34	10.21.29	1.22	3.24.39.1	24.2.40.39	3.33.26	4.17.34.26		

参考文献

[1] [美] 谢尔盖. TRIZ 打开创新之门的金钥匙 [M]. 孙永伟，译. 北京：科学出版社，2015.
[2] 创新方法研究会. 创新方法教程（初级）（中级）[M]. 北京：高等教育出版社，2012.
[3] 周苏. 创新思维与 TRIZ 创新方法 [M]. 北京：清华大学出版社，2015.
[4] 卢尚工，梁成刚，高丽霞. 创新方法与创新思维 [M]. 北京：化学工业出版社，2018.
[5] 王亚非，梁成刚，胡志强. 创新思维与创新方法 [M]. 北京：北京理工大学出版社，2018.
[6] 温兆麟. 创新思维与机械创新设计 [M]. 北京：机械工业出版社，2012.
[7] 张春林，李志香，赵自强. 机械创新设计 [M]. 北京：机械工业出版社，2016.